U0345848

URBAN POSITIONING AND STRATEGIC PLATFORM CONSTRUCTION
BASED ON GLOBAL CITY REGION

基于全球城市区域的城市定位与战略平台构建

功能性国际城市

城市空间战略平台构建

—— 以邢台为例

张健 【著】

同济大学 出版社
TONGJI UNIVERSITY PRESS

图书在版编目(CIP)数据

城市空间战略平台构建:以邢台为例 / 张健著. --
上海:同济大学出版社,2020.6
(功能性国际城市)
ISBN 978-7-5608-8862-0

Ⅰ.①城… Ⅱ.①张… Ⅲ.①城市空间—空间结构—
城市规划—研究—邢台 Ⅳ.①TU984.252.3

中国版本图书馆 CIP 数据核字(2019)第 262524 号

城市空间战略平台构建——以邢台为例
张 健 著

责任编辑 胡晗欣 **助理编辑** 吴世强 **责任校对** 徐春莲

出版发行 同济大学出版社 www.tongjipress.com.cn
(地址:上海市四平路 1239 号 邮编:200092 电话:021-65985622)
经 销 全国各地新华书店
排 版 南京月叶图文制作有限公司
印 刷 上海安枫印务有限公司
开 本 889mm×1194mm 1/16
印 张 18.25
字 数 584 000
版 次 2020 年 6 月第 1 版 2020 年 6 月第 1 次印刷
书 号 ISBN 978-7-5608-8862-0

定 价 152.00 元

本书若有印装质量问题,请向本社发行部调换 版权所有 侵权必究

序

第二次世界大战以来,世界范围内经济全球化和区域范围内城市化的快速发展,是推动世界格局演进的国际和区域性动力。世界经济全球化加速发展极大地推动了以制造业为主的经济生产活动在全球范围内不断扩散,商务交易的复杂性增加,先进的通信技术使得对这种生产活动的控制不断地向世界级大城市集中。承担着世界经济控制中心功能的全球城市,以及以全球城市为核心的世界级城市群,已经成为经济全球化时代国家参与国际竞争的载体和平台,生产力要素也加速了在全球范围内进行新的空间布局演进和整合。这一全球化趋势还推动着国内的或者说区域性的城市化进一步发展,朝着更高水平的、更高发展质量的城市化方向演进。

在这一演进过程中,原来松散的城市群落会演变成有机的、基于产业链分工和职能协同的城市网络体系,并逐步形成多中心、网络化、扁平化的空间形态。这个演进伴随着网络内部城市战略地位重塑和城市职能、产业链功能的重新分配。随着全球城市区域的形成,域内除首位城市以外,周边其他城市也开始承担部分全球城市的功能,并与全球城市一起成为全球市场竞争的地域功能平台。世界城市体系中存在"全球城市""区域性国际城市""功能性国际城市"三级城市功能,全球城市区域中这些围绕全球城市的众多周边城市,就是功能性国际城市。它们在世界城市体系中承担特定的职能分工,在世界城市网络体系中具有独特价值和国际化的属性。一般而言,功能性国际城市具有发达的现代生产性服务业和消费性服务业的高价值端,能够在世界级城市群中承担一个或者多个特定的具有国际化特点的功能。区域内城市之间的经济关系,逐步从传统的垂直产业分工体系,向网络化、扁平化的职能分工体系转变。这是世界城市群发展所呈现出来的普遍性规律。

对于全球城市区域中的众多周边二级城市而言,它们并非天然地就具有符合全球城市网络需求的独特价值,就能承担城市网络所需要的特定职能分工。事实上,很多全球城市区域中的二级城市,正处在被边缘化的过程中,既没有战略性产业和战略性通道这些核心城市竞争力要素,现代生产性服务业滞后,没有适合国际化要求的消费性服务业高价值端,也没有建立起与全球城市互补互融的城市关系,没有真正融到全球产业链和价值链中去。

当然,我们必须看到,对于这些周边二级城市而言,危机与机遇是并存的。当前全球城市区域的价值网络构架正在演进之中,尚未定型,每一个二级城市都有承担特定职能分工、打造世界城市网络体系中独特价值节点的战略机遇。把握这一历史机遇,关键是要有明确且富有远见的城市功能战略定位,在全球城市体系中寻找自身的功能坐标。很显然,"功能性国际城市"符合这些全球城市区域中的二级节点城市的战略定位。

怎么才能实现世界级城市群中的二级城市向"功能性国际城市"的进阶？从城市规划学科来看，关键在于城市要加快构建城市功能平台，主要是现代生产性服务业和消费性服务业的高价值端集聚平台。城市本身是"最具深度的基础设施"，在全球化经济时代，城市本该具有带领区域连通世界和获取价值链核心要素的强大平台功能。融入全球产业链，获取全球产业价值链中的核心要素，如知识、信息、人才和资本等创新密度大、价值含量高的核心生产要素，除了要有机场、高铁、航运等战略通道，让世界创新性的商务流、人才流、信息流等便捷地汇聚目标城市，更要紧的是城市要有高端要素的承接能力、利用能力、消化和吸收能力，乃至进一步的创新能力。这些能力的构建，就需要战略性的城市平台，主要包含现代生产性服务业和消费性服务业的高价值端集聚平台两个方面。一是从生产性服务业看，包括现代物流、信息服务、服务外包、金融、科技服务、商务会展、科技研发等在内的现代生产性服务业，具有创新性要素高度集聚、创新活动密集的特点，隐性知识频繁、高质量地在创新人群和组织中的传播、扩散，自然会对活动产生空间高度集聚性的内在要求。因此，要建设城市级的现代生产性服务业集聚区，对于发展现代生产性服务业至关重要。二是从消费性服务业的高价值端的必要性看，城市创新要素的获取，核心是获取知识、信息和人才等高端创新要素。在这些高端要素中，人才是最具有主观能动性的因素，只有融入城市群乃至全球范围去获取、利用好高端人才这个要素，才能够保证持续的创新，才能够生产、吸纳和利用好知识和信息这些创新性要素。在对高端人才尤其是国际人才的吸引力方面，城市有没有适合高端人才生活方式的设施和环境至关重要，而这正是高度发展的消费性服务业所能提供的。为适应国际化的生活方式，在城市平台建设上，都是以创新要素集聚的城市活力空间和现代消费性服务业的平台建设为要旨，构建适合国际人才生活方式的消费性服务业平台，包括国际社区、国际医院、国际购物和国际消费中心这样的城市平台空间。

张健作为一名年轻的城市规划工作者，对城市发展理论有着深刻的理解，能在规划实践中自觉地结合当前世界经济学科、城市规划学科和管理学科中最前沿的理论研究成果，并通过思考，加以创造性地应用，甚至进行局部理论创新。本书有两个较为突出的可贵之处。一是本书明确提出了"功能性国际城市"这一颇具学科创新性的概念。本书明确提出："功能性国际城市，是指在世界城市体系中承担特定职能分工，具有独特价值的、具有国际化属性的城市。"将城市的主导功能、城市国际化属性和实现路径有机统一起来。二是本书以京津冀世界级城市群中具有典型代表性的地级市邢台市为例，基于规划实践的成果以及规划过程中每一个阶段的深度思考，从国内外多座城市的战略性区域典型案例研究着手，对"城市的中央生态公园"和"高铁新区"两种类型战略空间，进行了详尽的对比分析研究，清晰地归纳总结出城市核心战略空间构建现代生产性服务业集聚区和消费性服务业高价值端集聚区这两大城市功能平台的普遍性规律。尤为可贵的是，本书从"京津冀世界城市群"这个视角，研究世界级城市群区域下的典型二级城市如何向"功能性国际城市"进阶，创新性地提出构建两大类城市功能平台的路径。这对于京津冀世界城市群区域下的其他二级城市、"长三角世界级城市群""珠三角世界级城市群"乃至全国其他城市,如何在新的发展阶段中,准确进行城市功能定位和实现城市进阶,都具有非常强的借鉴意义,因此本书具有非常强的实践价值。

希望这本书所讨论、探索的内容,能够引起更多专家学者、规划从业人员,尤其是城市管理者和决策者的关注,也希望这本书所研究的问题能够引发读者更多新的思考,让我们的城市变得更具有竞争力,让我们的城市能真正高质量发展。

是为序。

吴庆生

2019 年 11 月

前　言

功能性国际城市,是指在世界城市体系中承担特定职能分工,具有独特价值和国际化属性的城市。一般而言,功能性国际城市具有现代生产性服务业和消费性服务业的高价值端,能够在世界级城市群中承担一个或者多个特定的具有国际化特点的功能。

在经济全球化时代,世界级城市群是生产力空间布局的最高形式,城市的功能定位必须放在世界城市体系或者城市群的大视野下进行。城市的各种结构性因素(资源、区位、产业等)决定了城市在一定区域范围内所能承担的政治、经济、文化、社会职能。世界城市体系的功能分工、分级随着全球化的深入而不断演进。根据要素禀赋、战略地位、产业优势等因素,世界城市体系中的城市功能可以分为"全球城市(Global City)""区域性国际城市(Regional International City)""功能性国际城市(Functional International City)"三级。其中,全球城市或世界城市指在社会、经济、文化或政治层面对全球事务有举足轻重影响的城市。目前,世界上公认的全球城市仅有纽约、伦敦和东京三个,它们扮演着全球金融中心、跨国公司总部和国际组织总部聚集地、主要的交通枢纽等重要角色。区域性国际城市总体影响力比全球城市小,主要有三方面特征:经济实力雄厚,区域性国际高端资源流量与交易量巨大,具有一定的全球影响力,如巴黎、柏林、北京、上海、香港、大阪、芝加哥等。功能性国际城市在世界城市体系中承担特定职能。如欧洲联盟和北大西洋公约组织总部所在地布鲁塞尔定位为"欧洲之都",聚集了大批高科技公司的印度班加罗尔定位为"亚洲硅谷",荷兰鹿特丹定位为"国际航运中心"。很明显,功能性国际城市在城市主导功能定位上高度聚焦,以专业化的功能实现自身在城市价值网络中的突破。

明确而富有远见的城市功能定位,对城市发展有着直接且深远的促进作用。在全球城市体系中寻找自身的功能定位,以速度更快、程度更深、领域更宽、水平更高的态势融于世界城市体系中,正成为当前国内诸多城市的发展战略。北京、上海、深圳等一线城市已经分别在远景规划中明确,到21世纪中叶实现"全球城市"的功能定位。世界级城市群体系下的二线城市(包括地级市),也应积极主动地行动起来,用国际视野、开放思维在全球城市体系中寻找适合自身的功能定位,并以此引领发展战略,率先成为"区域性国际城市"或者"功能性国际城市",在城市体系的价值构成中占有一席之地。

本书第1章阐述了邢台建设功能性国际城市的战略背景,包括研究的理论基石,全球化、国家战略等宏观背景和邢台发展战略背景;第2章重点阐述了邢台战略大平台的谋划,包括其谋划过程和谋划的战略决策分析;第3章阐述了如何通过空间和产业发展增长极的构建,实现做大、做强邢台功能性国际城市的战略破局;第4

章重点阐述了高铁枢纽和中央生态公园这两大发展动力引擎的战略落位,其中高铁新城旨在构建面向经济全球化的国际化城市新区,而中央生态公园旨在为邢台提供一个既具有高端产业内容,又有城市特质的生态型战略空间。

他山之石,可以攻玉。邢台市构建功能性国际城市的战略科学决策,需要借鉴国内外成功城市的经验。为此,本书第5章研究了国内外高铁新区、中央生态公园的多个案例。同时,考虑到邢台市中央生态公园是在原采矿形成的地质塌陷区上建设的,为了满足规划科学性和可行性的要求,本书附录A收录了塌陷区生态景观建设地质可行性研究报告。对战略大平台的主要决策者、时任市委书记张古江同志的采访,真实生动地还原了建设邢东新区战略大平台的历史决策过程,亦是本书不可或缺的部分,故将其作为附录B收录书中。

目录

1

战略背景

1.1 研究的理论基石

1.1.1 弗里德曼的世界城市理论

1. 世界城市的概念和内涵研究

1986年，弗里德曼（John Friedmann）系统地提出了"世界城市假说"[1]。他认为世界城市的兴起，根本性原因是新的国际劳动分工和全球经济一体化。世界城市是全球经济系统的中枢或组织节点，具有集中控制和指挥世界经济的战略性功能。世界城市有两个判断标准：一是城市与世界经济体系的连接是否够紧密，主要考察它作为跨国公司总部所在地所发挥的作用、国际剩余资本投资的安全性、其面向世界市场的商品生产者的重要性、作为意识形态中心的作用等；二是城市控制资本空间分配的能力是否够强，主要考察金融及市场控制的范围是全球性的，国际区域性的，还是国家性的[2]。

弗里德曼的世界城市理论包括以下五个要点：①世界城市是区域、国家或国际经济和全球经济的结合点，是全球经济体系中的组织节点；②全球资本积累空间在地域上尚只占很小范围；③世界城市是具有紧密的经济与社会互动关系的大型城市化空间；④世界城市具有等级与层次关系，在这个等级与层次结构中，城市的地位与其经济能量相一致，其对全球投资的吸引能力、接受技术创新和政治变迁等外部冲击的能力是重要的考量因素，当然，每一个世界城市在世界城市体系中的序列位置是动态变化的；⑤具有强大控制力的世界城市内有一个跨国界的资产阶层，有着具有国际影响力的文化和消费主义意识形态[3]。

2. 世界城市的特征和功能研究

弗里德曼与沃尔夫认为世界城市的经济从制造业向生产服务业和金融业快速转移，全球化进程使世界城市具有超越国家的影响力，特别体现在跨国界资本的快速流动[4]。

弗里德曼指出，尽管历史背景、国家政策和文化因素在世界城市的形成过程中有着重要作用，但经济变量是不同等级世界城市对全球控制能力的决定因素，并认为世界城市的形成过程是"全球控制能力（global control capability）"的生产过程，而且这种控制能力的产生表现为少数关键业务的快速增长，包括企业总部、国际金融、全球交通和通信、高级商务服务[5]。

与此同时，他认为世界城市还具有政治和文化中心的功能。世界城市除了具有典型的经济学内涵，同时也具有城市生活中包括历史、社会文化、管理、政治和环境等因素在内的重要特征。

3. 世界城市分类研究

1986年，弗里德曼采用主要的金融中心、跨国公司总部、国际性机构的集中度、商务服务部门的快速增长、重要制造业中心、主要的交通枢纽、人口规模这七个指标，按照核心国家和半边缘国家两大类型，对世界的主要城市进行分类（图1-1）。

1995 年，弗里德曼增加了人口迁移目的地指标，并放弃了区分核心国家和半边缘国家的做法，转而按照城市所连接的经济区域的范围大小，重新进行了世界城市分类，这是迄今为止最具影响力的世界城市等级分类[6]。

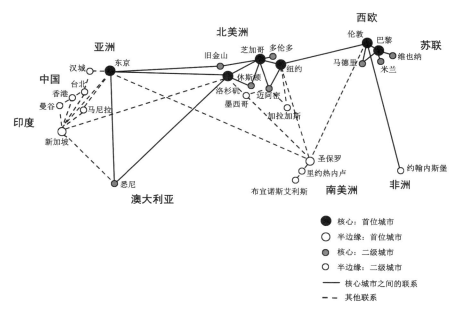

图 1-1　弗里德曼的世界城市体系图
（资料来源：*The World City Hypothesis*[1]）

在被广泛引用的弗里德曼的世界城市体系图中，东京、伦敦、巴黎、鹿特丹、法兰克福、苏黎世、纽约、芝加哥、洛杉矶为核心国家（发达国家）中的一级世界城市。在核心国家中，弗里德曼还选定了布鲁塞尔、米兰、维也纳、马德里、多伦多、迈阿密、休斯顿、旧金山和悉尼九个二级世界城市。在亚洲和拉丁美洲的半边缘国家中，有圣保罗和新加坡两个一级世界城市，布宜诺斯艾利斯、里约热内卢、加拉加斯、墨西哥、香港、台北、马尼拉、曼谷、汉城（首尔）、约翰内斯堡十个二级世界城市[3]。

4. 世界城市形成机制研究

弗里德曼认为，在新的国际劳动地域分工下以及在与世界经济的融合过程中，所有城市均会重组其经济结构和空间布局，一些城市在此过程中发展成为全球性的关键城市。这些关键城市很少再直接生产工业产品，主要功能转为积累和扩散国际资本，并通过复杂的全球城市体系成为整合全球生产和市场的指挥者和协调者，即世界城市。他还进一步指出，世界城市是世界经济体系的空间表达，而世界经济体系是由经济发展水平不同的区域经济系统构成。经济实力越雄厚的区域，其拥有的世界城市的等级就越高，反之就越低[6]。

5. 世界城市的主要特点

弗里德曼在《世界城市假说》（*The World City Hypothesis*）中提出了世界城市的七个共同性特点：

（1）城市与世界经济一体性的形式及其延展，以及城市在新的劳动地域分工中的职能，对城市结构变化具有决定性影响。

（2）世界上的重要城市都被全球资本作为其与产品和市场相连接的基地。

（3）世界城市的全球控制能力反映在其产业和就业的结构及变化上。

（4）世界城市是国际资本汇集和积累的区域。

（5）世界城市是大量国内居民和国际移民的聚集地。

（6）世界城市集中体现产业资本主义的主要矛盾，即空间与阶级的两极分化。

（7）世界城市的增长所产生的社会成本，可能超出了政府财政负担能力范围[3]。

1.1.2　萨森的全球城市假说

1. 全球城市的概念内涵

如果说弗里德曼强调世界城市是以跨国公司总部和分支机构网络为表征的全球资本支配（global capital control）中心，那么萨森则更关注全球城市"以生产性服务业为表征的全球资本服务（global capital service）中心"这一特征。许多研究表明，全球资本支配中心和全球资本服务中心并非完全重叠，但有些全球城市（如纽约和伦敦）既是全球资本支配中心又是全球资本服务中心[7]。

萨森认为弗里德曼的世界城市概念并没有将 20 世纪 60 年代中期开始的跨国公司的全球化进程纳入概念范畴[8]。萨森所提出的全球城市概念强调了全球城市在国际生产分工体系中的位置及其衍生特征，她认为全球城市为企业的全球化运作提供了服务和资本。按照萨森的说法，全球城市概念更强调其作为世界资本主义生产体系中全球资本服务中心这一特征。

弗里德曼研究世界城市，主要从宏观的角度。萨森则着重从企业区位选择这一微观角度来研究全球城市。萨森认为，全球城市在世界经济中发展起来的关键动力在于其集中优良的基础设施和服务，从而使自身具有了全球控制能力。萨森通过对纽约、伦敦、东京的大量实证分析，指出这三个城市是主要的全球城市，位于世界城市体系金字塔的顶端。"全球城市三角"之间已经形成了一种全面的互补关系，它们一起覆盖了世界所有时区范围，由此控制着全球经济系统的运行[6]。

2. 全球城市的特征和功能作用

全球城市具有以下四个基本特征：一是高度集中化的世界经济控制中心；二是金融和特殊服务业的主要所在地；三是包括创新生产在内的主导产业的生产场所；四是作为产品和创新成果的市场。

萨森对全球城市"生产服务综合体（producer services complex）"进行系统研究，认为金融和生产性服务业是具有特殊生产过程的产品，并形成了颇具规模的独立市场，已成为决定城市在全球经济中竞争力强弱的新的重要因素，并且它体现为一种建立在全球生产和服务交换过程中的"控制能力"，而全球城市就是产生这种控制能力的中心。[9]萨森还指出，全球城市服务功能的发展会因为全球投资和贸易的迅速增长以及由此带来的对金融和特别服务业的需求而进一步壮大[10]。随着国际交易成为世界经济的主体，政府在世界经济事务中的管理和服务职能也会逐步被全球城市所替代[6]。

萨森在其著作《全球城市：纽约，伦敦和东京》（*The Global City：New York，London，Tokyo*）中，提出了根据生产性服务业来鉴别全球城市，把全球城市定义为发达的金融和商业服务中心[9]。一般认为，全球城市是国际城市的高端形态，是城市国际化水平的标志，是具有世界影响力、聚集世界高端企业总部和人才的城市，是国际活动召开地、国际会议之城、国际旅游目的地[11]。

3. 全球城市形成机制研究

萨森认为经济活动的全球化大大增加了商务交易的复杂性，伴随着先进的通信技术，企业命令与控制职能集聚具有更便利的条件。全球城市的形成动力来自两股强大的经济力量的结合：一是以制造业为主的经济生产活动在全球范围内不断扩散，二是对这种生产活动的控制不断地向大城市集中。当然，也要认识到，每一个全球城市的功能在一定程度上要通过当地制度环境和法律、行政框架才得以形成和发展[6]。

1.1.3 新经济地理学

1. 新经济地理学概述

新经济地理学又名空间经济学。由于经济全球化与区域一体化的发展，主流经济学理论在解释现有经济现象时遇到越来越多的问题。因此，以克鲁格曼（Paul Krugman）为代表的西方经济学家又重新回归到经济地理学视角，以边际收益递增、不完全竞争与路径依赖为基础，拓展分析经济活动的空间集聚与全球化等经济现象，借此开创了"新经济地理学"[12]。相较于传统经济学理论，新经济地理学在空间聚集与知识溢出、技术创新的关系认识上较为独到。该理论认为新经济时代的空间集聚与知识溢出有关。显性知识可以编码化，能够通过信息网络，以直接和间接方式在较大的空间范围内交流传播。隐性知识通常源自个体层面的交流，由于隐性知识难以通过信息技术进行传输，因而知识溢出的空间约束产生了强大的集聚力。具有高知识密度和信息强度的创新生产机构，往往集中在核心区域，而标准的、常规的生产机构布局在外围区域[13]。

2. 经济活动的空间集聚理论

新经济地理学以收益递增作为理论基础，并通过区位聚集中"路径依赖"现象，来研究经济活动的空间集聚。收益递增、完全竞争和比较优势是传统经济学中三个基本的假设条件，新经济地理学也是经济学中对收益递增原则的应用。新经济地理学认为，在空间集聚的过程中，收益递增是指经济上相互联系的产业或经济活动，由于在空间上相互接近而带来成本降低，或者是由于产业规模扩大而带来规模经济等。

克鲁格曼在他的著作中，以收益递增为基础，建立一种新经济区位理论。在他看来，收益递增本质上是一个区域和地方现象。空间集聚是收益递增的外在表现形式，是各种产业和经济活动在空间集中后所产生的经济效应以及吸引经济活动向一定区域靠近的向心力。

除了用来解释产业活动的集聚或扩散以外,作为新经济地理学的基础,收益递增模型还被用来解释城市增长动力机制。在研究产业活动的区域分布和特定产业在某些区位集中的基础上,克鲁格曼在解释城市中人、财、物的集聚时指出,人们向城市集中是由于城市可以提供较高的工资和多样化的商品,而工厂在城市集中是因为城市能够为他们的产品提供更大的市场。新经济地理学者认为,空间集聚是导致城市形成和不断扩大,以及区域发展的基本原因。

在收益递增规律及相应的集聚或扩散模型的影响下,新经济地理学将区域和城市的发展定性为"路径依赖"和"历史事件"。与新古典的经济均衡模型不同,克鲁格曼采用历史方法,强调影响集聚的力量的持续和积累,"路径依赖"和"历史事件"发挥着越来越重要的作用。新经济地理学认为,区域的优势是由一些小的历史事件所引发的,并会在后续发展中不断强化。

3. 区域增长集聚的动力机制

区域的长期增长与空间集聚的关系是新经济地理学的主要研究内容之一。标准的新古典主义增长模型假定资本和劳动是收益递减的,在这个理论假设下,一个相对贫穷、资本储备较低的国家将有更高的资本边际生产率和资本利润率。据此预言,较贫穷的国家经济增长较快,最终能赶上较富裕的国家。但巴罗和沙拉马丁的实证研究显示,区域收敛率在整个美国、欧盟、加拿大、日本、中国以及澳大利亚范围内是十分相似的,但是区域收敛率却相当低,每年大约为 1.2%,这要比简单的新古典主义增长模型低得多。区域收敛率较低的事实以及对新古典主义增长模型有效性的怀疑,引出了区域增长、空间集聚与收益递增模型之间的联系[14]。

按照新经济地理学,资本外部性的相对规模(市场作用的范围)、劳动力的可移动性和交通成本将决定经济活动和财富在空间配置上的区域整合程度。一方面,当资本外部性的相对规模及劳动力的迁移通过区域整合增加时,新经济地理学模型预言,更大规模的空间集聚将发生,同时,富裕中心和较差的边缘区之间的差距将进一步加大,事实上,实证研究也是支持这个预测的;另一方面,如果区域之间存在语言和文化方面的障碍等不可流动性因素,那么中心地区的劳动力成本、拥挤而带来的成本就会相应增加,经济活动的扩散会增强,区域集聚效应会减弱。

4. 克鲁格曼的"核心-周边"模型

克鲁格曼提出了新经济地理学理论中最有代表性的"核心-周边"模型。该模型展示了两个外部条件原本相同的区域,如何在收益递增、人口流动与运输成本的共同作用下,最终演变出完全不同的生产结构。该模型假设世界经济中仅存在两个区域和两个部门——收益不变的农业部门和收益递增的制造业部门。农业工人在这两个区域均匀分布,农业工资处处相同;制造业工资的名义值和实际值则存在地区差异,制造业工人从低实际工资区域向高实际工资区域流动。它通过将收益递增条件下的制造业份额与流动工人的份额加以内生,得出区域生产结构随运输成本变化而呈现出非线性关系的规律。模型显示,在中等水平的运输成本下前向与后向联系的效应最强:一个区域的制造业份额越大,价格指数越低,厂商能够支付的工资越高,越能吸引制造业工人。在这种情况下,经济的对称结构变得不可持续,从制造业原本均匀分布的经济结构中将逐渐演化出一种"核心-周边"结构。核心区域占世界产业的份额大于其占世界要素禀赋的份额,由于制造业收益递增的缘故,它将成为制成品的净出口者。由于这些区域的大小及其演变都是内生的,因而通过这一模型得出的结论比一开始就假定国家大小是外生的新贸易模型更加具有说服力[15]。

5. "核心——周边"模型的拓展——国际专业化模型

为了进一步研究国际范围内的经济活动分布,必须引入由于国界以及语言和文化等方面的差异对人口流动构成的障碍这一客观存在的变量要素,维纳布斯凭借产业间的直接"投入-产出"联系假设,建立起国际专业化模型。按照他的假设,国家之间虽然因为国界和语言等障碍,限制了劳动力的流动,但可以通过国际贸易来实现。假设各个国家具有相同的禀赋和生产技术,拥有农业和制造业两个生产部门,劳动力可以在国内部门间流动。农业部门为完全竞争型部门,农业产出为"单一投入-劳动"的增凹函数。制造业部门为不完全竞争型部门,使用劳动和中间产品的组合作为投入,厂商之间存在直接的"投入-产出"联系,每一家厂商的产出既作为提供给消费者的最终产品,又作为其他厂商所需要的中间投入品。制造业作为中间商品的生产者和消费者的双重身份使得与传统集聚有相近逻辑的国际专业化过程得以发生。

拥有较大制造业部门的区域通常能够提供较多种类的中间产品,而中间产品种类较多的区域有较低的价格指数,使得使用中间产品的厂商可以获得较低的成本生产,这就构成一种前向联系——既有的产业集聚,构成对外部厂商的吸引,中间产品需求较大的厂商倾向于在拥有较大制造业部门的区域生产;反过来,厂商生产成本中的中间产品采购部分是厂商之间后向联系的来源,在一个区域生产的厂商越多,对中间产品的需求越大,在其他条件相同的情况下,该区域在制成品上的总支出也越大,这就为中间产品提供了一个巨大的当地市场。由于国与国之间不存在劳动力的流动,前、后向联系的结果不可能是人口集中在特定的国家,但是,它们却能够导致制造业(或特定产业)在有限的几个国家集聚的专业化过程。此外,正是由于劳动力不能在国家之间流动,特定国家的制造业集聚会导致劳动力供给的趋紧,从而使该国的制造业与农业工资同时上升,在农业生产函数为严格凹的假设下,农业边际产出上升,制造业对农业劳动力的吸引减弱。

国际专业化模型展示的一体化与集聚之间的非线性倒 U 形关系揭示了厂商对经济一体化可能做出的区位响应。在较高的贸易成本下,厂商将分布于禀赋相同的区域以满足最终需求;在居中的贸易成本下,某些区域会比其他区域吸引更多的产业,区域差异将逐渐形成,但并不会达到完全专业化的程度;在较低的贸易成本下,集聚会随着低工资区域产业份额的逐渐上升而溃散。相对于更为工业化的区域来说,早期进入低工资区域厂商的动机是对较低价格的非流动要素的考虑;然后,随着某些部门内部临界厂商群落的建立,更多的厂商将搬迁过来以充分利用前向和后向联系。这一模型表明,全球化背景下的经济增长需要实行高度的对外开放,不仅需要商品领域的自由贸易,而且需要各国在投资和服务(尤其是生产性服务)贸易领域表现出更大的灵活性和自由度[15]。

6. 隐性知识、知识溢出与空间集聚机制

迈克尔·波兰尼根据知识能否得到清晰的表达和有效的转移,认为可以把知识分为显性知识和隐性知识。与可以通过书面文字、图表和数学公式加以表述的显性知识不同,隐性知识是未被表达的知识。隐性知识具有默会性、个体性、非理性、情境性、文化性、偶然性、随意性、相对性、稳定性、整体性的特点[16]。

知识溢出是新经济地理学等经济学分支解释集聚、创新和区域增长的重要概念之一[17],具体指包含信息、技术、管理经验在内的各种知识通过交易或非交易的方式流出原先拥有知识的主体。对知识溢出内涵的研究多从知识的传播路径、形式、收益与效益等方面阐述,如科学理论成果通过论文的形式进行知识溢出,具有显性,可以被查询跟踪。但有些知识具有隐性特征、黏性、模糊性,如技术发明、科学研究与试验发展、人际交流这类知识是隐性的、不可见的,且信息价值高的隐性知识难以编码,仅能通过面对面的交流进行传播[18]。

基于此种情况,克鲁格曼提出将空间与知识联系起来,认为知识溢出是知识运用的结果,和经济管理存在着内在的联系,是知识管理的经济型效应和表现形式。自此知识溢出的空间因素逐渐成为研究知识溢出的重点之一[19]。

知识溢出的发生机制包括人员流动、投入品(中间产品)、研发合作(或非正式交流)、专利引动等途径,因此知识在溢出过程中需要依托载体才能传播。

Baptista研究认为,新技术扩散是空间的变量,新技术的外部性在本地层面表现更明显,因为同一区域内用户之间在空间上更为临近[18]。Caniëls和Verspagen指出知识空间溢出作用强度呈现出随距离增加而衰减的特征。地理因素与知识(尤其是隐性知识)、创新活动有着密切关联,有助于企业的技术、知识溢出和创新绩效的提升,并且知识溢出的强度依赖于两个地区之间的地理距离。Breschi等研究发现,通过专利引用所体现的知识流动的本地化程度,与劳动力流动和网络关系的本地化程度显著相关。这说明,地理因素不是知识本地化的充分条件,它需要以充分参与网络间的交换为前提。

知识植根于知识人才个体,因此,知识人才的流动是知识(尤其是隐性知识)溢出的主要途径。知识人才在不同空间范围流动,并与周围群体发生互动和交流,促进了新知识的创造,加快了知识在不同群体之间的传播。特别是在产业活动空间集中的区域或人口密度大的城市中,知识人才在不同企业和区域的流动以及与不同群体的互动交流,促进了知识的传播扩散,进而促进技术进步。Malecki, Almeida和Kogut等的研究提供了这方面的证据[20]。

基于知识人才流动的知识溢出与经济主体的吸收能力(经济主体意识到、吸收以及应用科学知识)是紧密联系的。知识溢出吸收效率受吸收能力影响,还受知识溢出类型(自然科学知识溢出和社会科学知识溢出)以及知识溢出机制的影响。此外,社会网络与社会资本影响着知识溢出效率。社会网络与社会资本能够把不同的个人、群体、产业和区域有效地连接起来,形成具有历史延续性、建立在共同信任及理解基础上的联系,能够有效促进信息交换,以及集群中知识的持续流动和扩

散,特别是隐性知识的溢出。

在内生增长理论中,大学研发机构和企业研发部门是知识创造和溢出的重要源泉。产、学、研之间的交流和研发合作为知识溢出创造了可能。通过建立稳定的合作关系,公司技术人员、大学研究人员以及企业家通过非正式交流或各种正式的学术研讨会交换异质性知识,实现技术知识的溢出或扩散。研究型大学作为重要的知识溢出源泉,通过义务支持当地区域发展、转移技术以及安排学生在当地就业等形式,为企业、个人和政府机构相互交流提供了平台,从而便于知识溢出。Charlot 和 Duranton 基于法国城市中个人工作交流外部性的研究展示了通过交流发生的知识溢出。产、学、研合作和交流过程中,技术的相似性以及文化的相似性影响知识溢出的地理分布与效率,因为这些因素影响互动交流的效率,进而影响知识溢出的效率。此外,较高的外部进入溢出(incoming spillovers)对产、学、研合作的可能性以及相应的知识溢出具有正面影响,企业可拥有的公共知识池(knowledge pool)对其自身来说十分重要,原因在于企业可能从与其他研发机构的合作创新过程中获得收益。

通过企业家发生的知识溢出与新企业的建立和成长有关。企业家活动不仅涉及发现机会,还包括溢出知识的利用,企业家在企业聚集区域创业,能够获得大量的隐性知识,拥有创意或专利的企业家通过创立企业并与不同的群体发生互动和交流,在与他人的合作过程中发生知识溢出。基于企业家创业发生的知识溢出会以新建企业率、自我雇用率和就业率等形式表现出来。Audretsch 和 Stephan,Zucker 和 Brewer 对新生物科技企业与明星科学家区位分布关系的研究证明,大学内的明星科学家能够在新创企业运用他们的知识,新创企业中存在明星科学家的知识溢出效应。通过对新创企业中知识溢出现象的研究,知识存量产生了知识溢出,企业家创业活动在知识溢出过程中发挥了重要的作用。区位在企业家创业活动中发挥了重要作用,在经济活动集中的区域,企业在地理空间上的邻近不仅为面对面的交流提供了便利,还有利于企业间前向与后向的市场联系,更有利于劳动力的进一步集聚以及知识溢出。新知识的溢出扩展了企业家的技术选择范围,为企业家识别、利用机会以及创立企业提供了可能。同时,企业家创立企业可以吸引其他资源在该区域进一步集中,在具备一定基础设施的条件下可形成集群。

贸易是技术知识溢出的重要渠道,贸易商品是物化型技术知识外溢的一种重要形式。嵌入了先进技术的贸易商品给予技术落后区域模仿前沿技术的机会,技术落后区域在"干中学"的模仿过程中,掌握、应用这些创新知识,提高自身的技术水平和竞争力。除了贸易之外,跨区域投资,特别是跨国公司国际直接投资(Foreign Direct Investment,FDI)同样是知识溢出的重要渠道。跨国公司在东道国实施国际直接投资过程中,采用的先进技术对当地企业产生示范作用,或者通过与当地企业合作或合资进行技术知识溢出或转移。更为普遍的是,跨国公司子公司会以供应商、顾客、合作伙伴等身份与当地企业建立起业务联系网络,从而通过前向联系与后向联系带来技术知识溢出。在通过贸易投资发生知识溢出的过程中,落后区域吸收溢出知识效率的高低取决于该区域本身知识存量和吸收能力,一个区域只有在拥有大量知识并具备一定的吸收能力的前提下,才能理解、评估、融合与使用外部环境中的知识,才能将区域的外部知识转化为可应用的知识[20]。

1.1.4 彼得·霍尔的巨型城市区域理论及文化工业理论

彼得·霍尔是当代国际极具影响力的城市与区域规划大师,他结合世界城市的概念,提出了文化工业,认为创新、文化工业是世界城市的重要功能,为文化与创新在世界城市理论中的拓展奠定了基础。

1. 创新城市与文化工业

在《文明中的城市》中,霍尔将城市的活力、创新能力与文化创造力结合起来。他提出城市文化的力量正取代单纯的物质生产和技术进步,日益成为城市经济发展的主流。他从创新角度,将西方城市的历史划分为三个时期:技术-生产(technological-productive)创新、文化-智能(cultural-intellectual)创新以及文化-技术(cultural-technological)创新时期。

(1)技术-生产创新时期,如 18 世纪 70 年代,英国曼彻斯特的工业革命,19 世纪 40 年代英国格拉斯哥的机器工业,以及 19 世纪 70 年代德国柏林的工业技术设计和创新。

(2)文化-智能创新时期,如 20 世纪 20 年代美国洛杉矶好莱坞的出现,1955 年美国田纳西州孟菲斯城的猫王李维斯对音乐工业的革命性影响等。城市技术、智能创新造就了一座座伟大的世界城市。当前新的文化工业正成为城市发展的新动力和创新方向。

(3)文化-技术创新时期,表现为艺术与技术的结合,以互联网技术为物质基础,以新的、含有附加价值的服务业(new value-added service)为支撑。

霍尔预见新的创新城市将出现在三种城市中:历史悠久的大都市,如伦敦、巴黎、纽约等;宜人适居的都市,如温哥华、悉尼等;复兴中的老城市,如格拉斯哥、纽卡斯尔等。

当代西方城市正处于新经济时代,文化工业正成为经济发展的主体。根据 1998 年英国文化媒体和体育部统计,包含广告、建筑设计、艺术古董、音乐制造、出版等数十个行业的新领域,就业总人口已高达百万人,其人均工业输出已达近 6 万英镑。旧城中心区的新文化工业带动了城市旅游业发展,城市空间和城市经济的复苏带给旧城新的生命力。这一观点贴切地体现了西方城市近期研究的焦点,即新经济空间(new economic spaces),如 Allen Scott 对城市文化经济的研究,Florida 对创新阶级(creative class)的研究,Andy Pratt 对英国新媒体工业的研究等。特别是 Hutton 最近对西方城市新经济的研究,比较系统地描绘了在互联网经济坍塌之后,以设计、广告创意等创造性和知识性为基础的新经济活动正在为伦敦、温哥华、西雅图等城市带来新鲜血液,新的社会空间正在形成。

霍尔对城市未来发展提出了自己的看法:"(城市集聚)到了尽头的预言只不过是一种夸大的说辞。"在他看来,通信技术的发展虽然降低了人类联系通勤的成本,但同时也大大刺激了人类在经济活动中进行直接交往的欲望和面对面的需要,集聚效应大于分散效应。与萨森的看法相同,他认为控制型的跨国经济公司(集团)需要集聚以实现对信息的高效调控,以信息制造、传递和消费为特征的新服务业需要方便可达的劳动力,这些都是空间集聚存在的动力。技术进步会带来城市、社会和经济活动的此消彼长,并使不同空间产生竞争。远程通勤、远程工作等会使多中心边缘城市的开发成为可能。传统城市中心将依靠历史基础与之长期竞争,而新文化产业的时空分离性将决定这场竞争的结果:不同层次的商业中心、边缘城市、远距离边缘城市和专业化的城市(以体育、会展、主题公园等为核心)将构造新的、富于活力的、规模更大的多中心城市区域。

20 世纪后期,在废弃的制造业基地和国际移民聚居区等地形成新的"灰色空间",空间与社会问题共同造成严重的社会分异。萨森对全球城市纽约、伦敦、东京的研究表明了跨国精英和服务业劳动力的社会极化趋势:社会经济构成的两端出现膨胀,而中等收入人群在减少。城市空间的变化被界定为"碎化"和"分割",防卫型社区(gated community)和下层阶级聚居区(underclass ghetto)形成新的城市空间的两极。从这一点上来说,未来大城市将会在通信技术和城市功能扩散中继续存在下去,但将会不那么健康。真正得益的将是大城市周边的小城市和中小城镇,良好的就业环境、比较均质的人口构成以及与大城市之间便捷的交通条件将为这些城市(区域)带来无限活力[21]。

2. 霍尔的世界城市理论——巨型城市区域理论

霍尔作为与卡斯代尔(Castells)、弗里德曼(Friedmann)和哈维(D. Harvey)齐名的大师,对世界城市的理解非常深刻。霍尔认为新国际劳动分工和全球化的出现使生产和创新在全球扩展,为新的全球等级网络结构的出现提供了物质基础。他非常强调历史对于城市现实和未来的影响以及不同区域的差异性。他的世界城市理论非常显著地体现在 POLYNET 的巨型城市区域实践中[22]。

霍尔于 2005 年起承担欧盟委员会负责的欧洲都市区研究项目,该项目是欧盟委员会资助的西北欧城市研究(Interreg ⅢB 计划)的一部分,取名为 POLYNET。POLYNET 项目主要负责人为霍尔[23]。霍尔在规划实践该项目前,提出了欧洲的巨型城市区域(Mega-City Region,MCR)理论,以指导实际研究①。他认为,整个西欧大致划分为八个巨型城市区域,分别为英格兰东南部(South East England)、兰斯塔德(Randstad)、比利时中部(Central Belgium)、莱茵鲁尔(Rhine Ruhr)、莱茵-美因(Rhine-Main)、瑞士北部(Northern Switzerland)、巴黎地区(Paris Region)以及大都柏林(Greater Dublin)。每个区域有一个相应的中心大都市,称为首位城市(first city),与其他欧洲(乃至世界)大都市连接,但区域内部又是多中心(polycentric)的,各中心呈现较强的独立性。虽然该理论不用"世界城市"等术语,但八个区域的中心大都市多为不同级别的世界城市,实际上是将欧洲世界城市放在欧洲城市区域中进行考察,因此该理论的提出,实质是霍尔对世界城市理论的总结、升华。

在霍尔的巨型城市区域理论中,有以下要点:

(1)巨型城市区域理论的一个核心点是城市的多中心化、分散化。霍尔认为,八个区域互相之间以及内部都是多中心的(polycentric)。POLYNET 项目所依据的一个理论假设为:随着城市的发展,更多的人口及就业将出现在最大的中心城市以

1 战略背景

① 霍尔将欧洲城市发展从中心化到去中心化划分为六个阶段。因该理论描述的是欧洲城市一般发展过程,不是针对欧洲大都市、欧洲世界城市的论述,故此处不展开。有兴趣的读者可参见 HALL P. New Trends in European Urbanization [J]. The ANNALS of the American Academy of Political and Social Science, 1980, 451(1):45-51.

外,相对小的城市或城镇之间将会有更紧密的联系,并逐步出现不经过中心大城市就进行信息交换的现象。

最为值得称道的是霍尔对于城市区域化发展的预测。他认为,在中心城市以外,小城市、城镇将逐步获得独立性,且小城市、城镇之间将直接进行有效的交通、通信联系。霍尔将中心城市与周边小城市组成的城市区域称为"特大城市",也就是今天"巨型城市区域"的前身。霍尔将此概括为是一个城市核心圈去中心化(core-ring decentralization)的持续过程,并对此进行了理论化的阐述。

(2)巨型城市区域理论在理论体系上延续并发展了霍尔长达30余年的城市发展理念[22],对高端生产性服务业(advanced producer services)和城市影响力非常重视。银行(金融)业、保险、法务、财会、广告及管理咨询等高端生产性服务行业成为研究各个城市的重要参数,并在此基础上,对欧洲重要城市的全球连通性和影响力进行了分析(表1-1)[22]。

表1-1　　　POLYNET中八个世界城市全球连通性排名(connectivity rankings)

排名	城市	系数
1	伦敦	1.00
2	巴黎	0.70
4	阿姆斯特丹	0.59
5	法兰克福	0.57
6	布鲁塞尔	0.56
7	苏黎世	0.48
9	都柏林	0.43
12	杜塞尔多夫	0.39

资料来源:http://hdl.handle.net/1765/1021.

综上,我们发现,霍尔的巨型城市区域理论主要有如下研究成果:

(1)世界城市[POLYTNET项目中称为"首位城市"(first city)]作用至关重要,在高端生产性服务业具有不可替代性。

(2)其他较低级别的副中心城市中的物流业、财会核算等行业,对世界城市的金融业、信息业起到了有力的承载、传播作用。

(3)世界城市的人口、资本、物资等集中情况仍十分明显,巨型城市区域内的集中现象仍是不可避免的趋势,世界城市还没有被分散及削弱的迹象。

(4)电子通信技术使世界城市进一步成为信息集散中心,最重要的交流通常在世界城市内部,重大商务活动仍然以面对面的形式进行,世界城市的经济职能并没有被削弱。

(5)世界城市培养、输出大量国际专业人才,高端国际型人才就职的大公司及其居住的住所仍然集中于世界城市。

(6)世界城市存在更多的知识分享与扩散,各世界城市之间形成了密切的联系与互补关系[22]。

1.1.5 全球城市区域：全球城市发展的地域空间基础

全球化和信息化对越来越多的城市和地区产生重大影响，在全球经济一体化进程中，各种类型的产业部门（制造业或服务业、高技术产业或低技术产业）都以前所未有的跨地域的广泛联系而生存与发展。这种联系程度的强弱，有时甚至能决定一个产业的市场竞争力。在这种情况下，单纯以城市为单元，已经无法充分解释全球化时代的产业竞争与发展现象。目前已经形成的现代国际大都市，特别是像纽约、伦敦、东京这样的超级全球城市，通过城市网络已全面融入区域、国家和全球经济的各个层次中，其特征是正在向全球城市区域的空间结构转变。通过高度的区际交流与合作，包括资本、信息以及人力资源流动，核心城市与周边区域作为一个整体，被整合在全球经济体系之中。这些现代国际大都市与其毗邻的周边城市或区域有着强大的内在联系，形成了所谓的全球城市区域。

1. 全球城市区域的形成机制

经济全球化使全球城市区域逐渐形成。全球城市区域是指在全球化高度发展的前提下，以经济联系为基础，由全球城市与其周边经济实力较为雄厚的二级大、中城市联合形成的一种独特空间现象。全球城市区域已经成为当代全球经济的基本空间单位（即全球经济的区域发动机）。

从表面上看，全球化与全球城市区域的中心作用是相互矛盾的。全球化强调地域的淡化，现代交通、通信等技术手段越来越先进，有助于消除空间障碍，使世界各地的相互往来日益密切。而恰恰在这种情况下，全球城市区域作为一种极为重要的空间现象出现，强调了区域的重要性。这看似矛盾的两个方面是如何统一起来的呢？

斯科特（Scott）用网络结构（以及相关的相互交易）来理解全球城市区域的空间逻辑。这种网络结构构成了经济组织和社会生活的基本框架。更确切地说，这个逻辑反映在经济和社会网络的内在二重性上。一是其作为一个实体的状态，有明确的空间结构标志，特别表现为任何双边或多边交易必然带来地域依赖的阻抗或成本；二是其作为一个社会组织的状态，有明确的结合与相互联系的方式，往往具有强烈的协同效应。根据这种经济和社会网络的内在二重性，斯科特发现在现实世界中，这种空间交易成本通常是一个很大的变量，它取决于生产活动的类型。

在任何先进的经济体系中，通常存在两种具有代表性的不同类型的生产活动。一种是高度常规化的生产活动，依赖于已经被规章化的知识形式，依靠机械及工艺，主要是重复行动模式。显然，这类生产活动的空间交易成本是较低的，即使参与者有很大的空间隔离，也不会影响交易的效率。在这种情况下，相关企业之间的联系对区位选择的影响可能是相当有限的，公司将选择价格比较便宜但与相关公司距离较远的区位。

与此相反，另一类经济活动存在着巨大的不确定性，参与者之间的互动性很强，对生产者的能力有特殊要求。例如，在高科技产业，生产者经常面临的不仅是技术自身的迅速变化，还有不同时期顾客对其产品需求的变化。又如，在专业商务服务和金融服务中，从项目导向转变为以客户为本意味着企业必须实行不同技能和资源的组合,以满足客户的特殊需求。这类工作高度专业化,以及产品或服务高度差异化、个性化,交易成本随距离而增加,效率因生产者地域分散而迅速降低。显然,当空间交易成本很高,特别是需要频繁地进行面对面交谈时,许多重要的经济环节依赖于各方距离的接近。

在工业化时代,经济活动主要趋向于常规化的生产,尤其是制造业。随着后工业化时代的来临,以及经济全球化的扩展,现代经济增长的主导力量变为高新技术产业、新工艺制造、文化产品、新闻媒体、商务和金融服务等。同时,由于经济环境比以往有了更多变化,也迫使许多企业采取更灵活的技术和组织模式。此外,新的信息技术越来越多地被运用于非标准生产过程,增加收入和开发更多的品种,扩大市场份额。因此,在整个经济体系中,第二种类型的生产活动越来越趋于普遍化,即使目前尚未占据主导地位,但这种灵活的网络化生产体系和价值链的产出已经占有越来越大的份额。

正是在这样的背景下,一些以全球城市为核心的城市区域,形成了参与全球市场竞争的公司网络,具有全球市场竞争的地域平台功能。随着全球化的发展,这些区域进一步扩大国际市场和生产领域,经济也随之增长。与此同时,许多地区正受到越来越大的全球竞争压力。因此,这些地区必须积极地参与全球化进程。这也促进了国家城市体系的稳步重构,使众多的中心城市演化为一个世界范围的、综合性的、丰富多彩的超级城市集群,即全球城市区域[24]。

2. 全球城市区域与城市区域

(1) 城市区域。

全球城市区域与城市区域的概念有一定的相似度。城市区域并不是一个新的概念。例如,美国在 1930—1960 年,先后提出了"大城市地区""标准大城市地区""标准大城市统计区"等概念。1980 年,美国政府又进一步提出了人口在 100 万以上的"大城市区域"的概念。一般来讲,城市化发展进入后期阶段,由于城市的经济辐射能力不断增强,经济辐射范围不断扩大,其扩散效应上升到主导地位,使城市范围得到扩大,导致城市区域化。在城市不断向周边地区扩张的过程中,逐步形成了城市区域[25]。

城市区域可以分为单一型城市区域和复合型城市区域两种类型。单一型城市区域是指城市本身就是一个区域,它的发展既表现为城区半径的扩大,也表现为城市群的组合。例如,伦敦先从较小的"伦敦城"发展到"内伦敦",再到"大伦敦",最后发展到巨大的"伦敦区域"。复合型城市区域是由于城市集中发展之后的循序性扩散与跳跃式扩散,使许多原本不相关的或联系很少的城市逐渐连为一体所形成的区域。

(2) 全球城市区域与城市区域的联系。

城市的扩散效应,使得各区域在空间联系上远远超出城市本身,将现有不同管辖权边界的中心城区、郊区、邻近地区乃至其周边地区的利益整合在一起。显然,这与具有明确管辖权边界的单一城市(包括所属的郊区)的概念是不同的。同时,这种联系主要是经济联系,而非单纯的地域联系,不仅是在城市空间扩展,也是在城市功能升级、产业扩散、经济空间联系日趋紧密过程中形成的地域现象。

城市区域的这些属性,也是全球城市区域所具有的,这是二者的共性。如果说城市区域是作为城市化进程的产物而提出的一个概念,那么,全球城市区域的形成,不仅仅是城市化进程的产物,更是经济全球化高度发展的直接结果[24]。全球化进程正在削弱地理的界限,使城市区域兴旺起来,逐步成为处理和协调现代生活的中心。

(3) 全球城市区域与城市区域的差异。

霍尔曾提及,如果全球城市的定义建立在其与外部信息交换的基础上,则全球城市区域的定义应当建立在区域内部联系的基础上[26]。因此,我们应从区域内部联系的角度来区分全球城市区域与城市区域之间的差异,并揭示其自身的特殊性。

首先,全球城市区域是以全球城市(或具有全球城市功能的城市)为核心的城市区域,而不是以一般的中心城市为核心的城市区域。在此区域中相互联系的诸多城市均参与经济全球化进程。作为区域核心的全球城市,以及其中的二级大、中城市都具有高度的国际化。这与一般城市区域内相互联系所体现的国内的、地方关系是完全不同的[24]。

其次,巨大的全球化压力和地区间竞争,使全球城市区域具有内在的更为宽泛的空间经济特征。由于全球化突出了空间接近和凝聚对提高经济生产能力和形成优势的重要性,因而,全球城市区域在其发展初期的领土、实体扩张中,出现了由邻近地方政治单位(县、都会区、市等)组成的松散联盟,以更高的效率应对全球化的威胁,迎接全球化带来的机遇。正是在这种有着高度经济联系的全球城市区域中,才有拥有足够的人力资源、资本动力、基础设施以及相关服务行业支撑的具备全球化标准的生产。因此,巨大的全球城市区域充当了企业参与全球市场竞争的地域平台。这些企业扎根于全球城市区域的资源中[27]。全球城市区域因此而成为企业集群或公司网络争夺全球市场的地域平台。从这一意义上讲,全球城市区域恰好是使全球化成为可能的空间结构。因此,全球城市区域不仅是经济全球化的结果,同时也是全球经济的驱动力之一。全球化与全球城市区域的发展不过是一个整体的两个不同局部而已[28]。

再次,全球城市区域是多核心的城市扩展联合空间结构,而非单一核心的城市区域。霍尔认为,全球城市区域应该具备多中心的圈层空间结构形态:核心是中央商务区;第二层次是新商业中心区;第三层次是内部边缘城市,主要是工商业用地的外围扩展;第四层次是外部边缘城市,由一些交通节点上的城镇组成,成为中心区与外部的联系点[29];第五层次是边缘城镇复合体,主要聚集了一些中心区企业的研发部门;第六层次则分布着遵循劳动地域分工的专业化次等级中心,为中心区及其他圈层提供教育、娱乐、商务会展服务等[30]。这一空间结构具体表现为圈层、带状或其他形态,可以进一步通过实证考察,但最为重要的是"多中心"的空间结构。在全球城市区域中,多个中心之间形成基于专业化的内在联系,各自承担着不同的角色,既相互合作,又相互竞争,在空间上形成了一个极具特色的城市区域[31]。从这一意义上讲,全球城市区域圈层的形成与专业化转变是同步进行的。

1.1.6 流空间理论

流空间理论以及在此基础上形成的城市网络理论,很好地解释了城市网络体系的网络化、多节点、扁平化和专业化特点。流空间(space of flows)概念由 Castells 在 1989 年出版的《信息化城市》一书中首次提到,其含义为不必地理邻接即可实现共享时间的社会实践的物质组织,流空间概念与场空间相对应。在《网络社会的崛起》中,流空间包含四个方面:一是"流"的物质载体,即各种基础设施空间;二是"流"去到的各节点、枢纽组成的网络空间;三是产生"流"的精英组织网络空间;四是承载"流"的虚拟空间。可将流空间的动力机制理解为:精英组织网络空间(产生)—物质载体与虚拟载体空间(运输)—节点、枢纽组成的网络空间(终点)—各个节点受地域差异影响触发生产力要素流动(动力)。

流空间理论认为,流空间基本要素包括流、网络、网络节点。流空间是由各种"流"运动所产生的网络及网络节点组成的。"流"可以是人流、物流、信息流、技术流、资金流等。这些"流"在处于支配性地位的精英组织网络空间的驱动下产生,精英组织网络空间可以是政府、跨国公司网络,生产性服务业网络,或者具有影响力的民间组织等。网络则是一系列网络节点由各种"流"串联到一起所形成的一个复杂系统。这里的网络节点可以是精英组织网络空间的公司、企业等,也可以是城市、区域甚至是国家等。不同的"流"运动作用会产生不同效果的网络节点,同时不同的网络节点属性也会影响"流"的运动以及整个流空间的网络结构。

与流空间对应的是场空间。场空间一般指由看得见的实物所组成的具有一定地理意义的实际空间,它具有一定的范围,受规模大小的限制。一般认为场空间的主体是中心,其竞争通常依赖成本的价值差异,体系结构单一,具有向心性;而流空间的主体是各个节点,不受规模限制,且竞争模式依赖的是服务品质差异,体系结构是多维点轴体系。虽然二者有区别,但流空间与场空间是相互融合与相互联系的。流空间可以塑造场空间,场空间也可以影响流空间。因此,不能完全脱离场空间,而单一地研究流空间。

流空间理论为网络城市的发展提供了理论支撑。Castells 认为流空间是组织和联系经济以及其他社会活动的网络,网络是需要节点的,而城市往往就是容纳这些社会实践与活动的社会容器,或者称之为网络节点,区域网络结构随之形成。区域空间结构是区域内城市各项功能活动区位选择下的结果,流空间的出现打破了传统的区位选择,信息的即时性、交通系统的高效性、交流的自由性等流空间所带来的福利缩短了区域间的距离,"流"流动的环节中取消了"中介"环节,弥补了物质空间存在的割据性,大大增加了可达性,区域中空间集聚与扩散的方式也由依托地缘和等级体系的扩散,逐渐走向依托流空间突破传统格局,产生跳跃性扩散的方式。流空间对社会、经济、空间等系统进行的解构与重构,颠覆性地影响了古典区位论视角下的区域空间结构[32]。

流空间所构成的网络是基于网络化逻辑的城市网络体系。去中心、多节点以及网络区位取代地缘区位是其两个基本特征。这个网络体系高度发育的表现就是区域一体化,还包括网络化、扁平化与专业化。流空间视角下的网络结构有两个层次,一是包括交通、通信及城市构成的空间网络;二是精英组织和网络运动组织构成的基本生产单位网络,他们必然会引领人流、物流、资金流、技术流与信息流的流动[33]。

1.1.7　城市网络理论

长期以来,世界各国的城市体系都有明确的等级结构,除了行政管理功能以外,每个城市长期形成的功能与其所处的行政等级基本相符,上级城市影响甚至控制着下级城市,同等级城市功能相似,本城市自身无法提供的产品或服务只能从规模更大的上级城市获得。但是,随着全球专业化分工的深入、要素及产品市场的扩大、交通通信等各项区域基础设施的完善,城市体系结构已然发生了深刻变化,以专业化分工为基础的产业地域分布打破了传统的城市等级结构,同等级或非同等级城市间的横向经济联系日趋密切。产业分工从原来的垂直性分工转向水平化分工,一些次级城市也能承担部分上级城市原来的职能,多中心、水平化的城市网络体系已经开始形成[29]。

1. 城市网络的内涵

城市网络理论是近年来出现的解释城市间非等级关系的理论。Camagni 提出城市网络,他认为网络并不是平的、单一层次的系统,而是由不同水平和垂直尺度的合作互动组成的;城市网络包含三个层次的空间组织逻辑,即地域(国家)、竞争性(等级)和网络(合作)。基于上述认识,Camagni 建构了从区域城市、国家城市到世界城市三个层次嵌套等级式的城市网络(图 1-2)[34]。

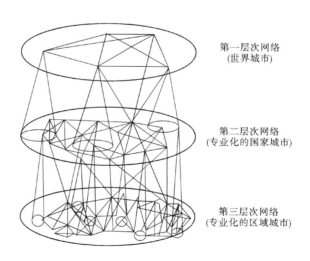

第一层次网络
(世界城市)

第二层次网络
(专业化的国家城市)

第三层次网络
(专业化的区域城市)

图 1-2　嵌套等级式的城市网络

(资料来源:*Stricture and Change in the Space Economy*[34])

地方化的过程形成了地方产业集群和区域性城市网络;全球化的过程形成了全球生产网络和世界城市网络。流动空间、网络模式、全球化、地方化等新的空间组织逻辑塑造了不同的产业和城市空间组织。在新的空间组织逻辑之下,伴随着无处不在的流动,空间变得光滑,产业形态体现为嵌入全球生产网络中的产业集群;尺度体现为邻里、区域、国家、全球之间的相互嵌套;空间体现为大都市区相互连接成巨大的且嵌入世界城市网络之中的区域性城市网络[35]。

2.城市网络产生的背景

（1）交通革命带来的时空压缩效应导致区位论的解释失效。

交通系统的演进是社会发展的重要驱动力,并对城镇体系的关系结构与空间布局产生重大影响。无论是早期的农业区位论、工业区位论,还是中心地理论,其理论建立时城镇之间的要素流通以物质和人员转移为主,各级中心地的发展显著受到区域交通可达性的制约,因此中心地理论将运输成本和交通时间作为评价区域地理条件的主要因素。近年来,以高铁、航空为代表的高速交通迅速发展,其所带来的时空压缩正在逐渐改变着空间的可达性,传统的空间关系被改变,进而促进区域经济格局和空间结构的调整。首先,可达性的提高显著改善了边缘地区的区位条件,改变了产业布局的区位选择;其次,中心城市的腹地范围随之扩大,其自身的功能覆盖范围与影响力也进一步得以扩大;再次,在高速交通基础设施的影响下,不同地区经济、社会系统之间的联系越发增强,区位条件不再成为影响城镇之间联系的绝对性因素。这一系列的改变使得以区位论为基础的中心地理论在解释城镇之间的关系时显得不充分。

（2）流空间理论的产生。

流空间是通过流动而运作的共享时间的社会实践的物质组织。以中心地理论为代表的早期研究受视角限制,通常将研究对象限定于一个自然地理单元或行政区划相对完整和独立的区域,并视研究对象为封闭区域的场所空间。流空间概念与传统场所空间概念的最大区别在于,后者是建立在地理距离的邻近基础上,而前者则将邻近概念抽象为社会行为与关系的接近、时间与过程的共享[36]。从20世纪50年代中期开始,人类社会开始由工业社会向信息社会过渡。信息流是流空间的主要构成要素之一,在空间上具有无约束性和无差别化的特性。信息流的产生进一步增强了城镇之间的交互关系,同时也增加了城镇体系组织结构的复杂程度。由于这一类虚体要素流具有去空间化的特征,因此将使生产协作与经济辐射具有更大的区位弹性,超出传统中心地理论中对研究对象所划定的明确界限。在信息技术的推动下,生产方式和空间组织呈现出多元化发展态势,城镇体系的结构也逐步向开放、流动、多中心的网络化模式转变[37]。

（3）全球化与生产网络的产生。

全球化和信息化正深刻影响着全球城市体系,对于地理空间而言,主要表现为不断加大的空间差异性和不断增强的空间联系性这两个对立统一的复杂变化特征,全球化成为国家与地方尺度下城镇系统演进的一个过程。在全球价值链和供应链的作用下,跨国公司力图在全球范围内寻找最佳的生产区位。经济一体化过程中的垂直一体化和横向一体化相互交融,导致全球生产呈现网络化的组织现象。原本相对隔离的生产系统通过各种渠道高度整合,高级生产活动从传统的物质产品生产向信息产品生产转移,在全球城市、区域中心城市高度集聚,而大量的标准化生产环节则无差别地向全球各地迅速扩散。城市越来越多地参与全球范围内的要素流动,由行政区划主导的等级空间逐渐向关系网络化的功能空间转变,同时,地方尺度下的市场规模已经无法满足中心城市的经济扩张,其对外联系也不再仅限于自身腹地。正是在这种发展轨迹和机制的转变背景下,城镇体系需要被放置在更大的空间尺度下来观察和理解,而非仅仅停留在传统中心地理论的地方尺度下。

（4）制度与体制演变——中心地组织原则的转变。

新制度经济学认为体制转型是推动当今世界、国家经济、社会发展的根本力量。1990 年以来,发达国家与发展中国家都经历着巨大的社会、经济体制转型,有关转型的讨论已经进入一种全面国际化的语境。以中国为例,在计划经济时期以及改革开放以来向市场经济转型的长期过程中,自上而下的城镇体系占据了主导地位,以中心地体系为代表的等级制在中国普遍存在。随着市场经济体制的确立,企业和个人作为经济活动主体的状态逐步形成,中国城镇体系的组织原则也随之发生改变。

在经济结构调整、社会结构变迁、地方政府治理转变与区域、城市等不同尺度空间重构的相互作用下,城市成为经济、社会活动的载体,城市中各种力量的成长、组合与演变也强烈地反作用于经济与社会活动过程,这种相互作用不断推动着立足于城镇体系复杂性、等级制与非等级制共存特性的城市网络理论的产生[38]。

3. 城市网络理论：城镇体系从中心地到网络化的进化

（1）主体特征：由中心性到节点属性。

中心地理论强调中心城市在城镇体系中由其功能地位所体现出的重要性。Christaller 认为重要性是一种城市经济效果的综合评价,而人口规模、空间规模并不能准确反映出中心地的重要性,因此他通过中心性、结节性指标量化这种中心城市对外围地区的服务能力,强调中心城市的重要性,相关研究基于规模—位序的研究思路与方法,研究结论通常为城镇体系的等级结构、金字塔结构[39]。与中心地理论立足于空间组织的向心性不同,城市网络理论更趋于研究城市作为网络节点所处的结构位置、发挥的功能属性及这一属性在网络中所承担的职责。由此可见,网络中的节点城市是承担一定职能的战略性地区,城市的重要性不仅体现在其规模等级上,也体现在其所发挥的职能与协调作用,体现在连通性、控制性、不可或缺性等诸多方面。城市的规模等级与其在网络中的地位并非绝对正相关,很多中小城市通过自身的某项突出职能与不可或缺性在城市网络中扮演着重要角色,并进一步产生和发挥区域性的影响,而不局限于地方空间。正是由于对城市节点属性的发掘,城市不再被简单地看作为贸易场所、港口、金融中心或工业重镇性质的中心地,而被视为网络中承担要素流通与循环功能的必要组成部分。

（2）主体关系：由等级从属到功能互补。

随着城镇体系的发展,中心地理论所阐述的城镇之间的等级制度逐渐变为对城镇关系的片面理解。中心地理论以等级制解析城镇关系,强调的是空间组织的向心性和自上而下的单向垂直联系,低等级依附于高等级,而不存在逆向的控制与被控制关系。然而,城镇体系是一个日趋复杂的自组织网络系统,不仅存在垂直的高等级对低等级城市的控制、低等级对高等级城市的依附,也存在水平的相同或相近等级城市之间的互相影响,即多等级的交互反馈机制。这就导致传统中心地理论无法从机制上解释当前各等级城市之间通过生产上的分工协作建立起来的紧密关系[39]。

城市网络立足于城镇体系中的分工协作、功能互补关系,揭示了城市的外部性。互补是指不同的城市通过承担不同的经济职能、提供不同的服务和履行各自的义务,互惠互利,最终增强了其他特性。实际上,功能互补并非新概念,早在多中心城市区域、城市群、都市区、大都市带产生时,功能互补已经被用于解释这些地理现象的内部机制。城市网络研究强调互补性,是为了通过描述在不同规模、等级城市之间双向流动的交互关系,指出城市网络中不仅存在垂直的制约关系,也存在水平的相互获取关系。由此可见,中心地理论中所强调的竞争和排他性的区域发展观正在被分工协作、网络化的新型城镇关系所替代[38]。

(3)空间尺度:由地方到全球。

Christaller 认为,每一种商品都有一个给定阈值的最小需求以及固定的地理域,例如功能分区、经济分区、生产协作分区。城市(或中心地)某一类或某一特定规模的单位所提供的消费品和服务的多样性取决于城市及其腹地的人口总和所能达到的阈值,即中心地理论将城镇关系触及的尺度限定于中心城市所影响的腹地与地方空间。长期以来,中国对城镇体系及其空间结构关系的理解和规划编制在很大程度上受到中心地等经典地理空间模型的影响,形成了直辖市、省会城市和计划单列市、地级市这一具有明确空间管辖权限和辐射范围的等级体系。

在流空间和全球化背景下,城市和区域的发展越发依赖于城市之间频繁的人流、物流、信息流、资金流和技术流交互所形成的关系网络。伴随着现代化交通和信息通信技术发展所带来的时空压缩,要素流在空间上呈现出无边界限制的延伸并产生影响,其所触及的空间不再仅限于城市腹地、经济区、功能分区,而是在更大的尺度上产生作用,直至全球尺度。原本相对独立且完整的地理单元,如国家、区域和地方,越来越受到外部力量的影响,因此列斐伏尔等人认为,必须把城市放在不断发展和空间扩张的资本主义所塑造的更宏观的地理背景下,才能更好地理解其含义。可见,城市网络理论使得城镇体系研究的着眼点由封闭系统变为开放系统,由地方空间尺度变为全球空间尺度。城市网络研究不仅关注少数全球城市在世界城市网络中的中心地位,近年来也开始关注边缘城市通过协同合作形成的区域网络以及其与世界城市网络产生的关联效应[39]。

1.1.8 传统城市学的主要理论

1. 田园城市理论

(1)理论产生背景和主要内容。

霍华德田园城市理论是对工业革命下高速城市化进程所带来的城市问题的早期思考。工业革命促使乡村人口不断地向城市迁徙,城市越来越拥挤,乡村越来越萧条[40]。城市空间以摊大饼的方式向外无序蔓延,使当时的城市异常混乱。于是人们开始把目光放在城市规划上,希望有计划的城市建设能消除这些问题,通过城市规划还他们一个健康美丽的城市。可以说,正是这样特定的时代背景,才导致田园城市理论的产生。

首先,田园城市的主体是"人"而不是"物"。人是城市的灵魂,一个城市的建设应以人为中心,对城市面积、人口布局、居民社区等做出精细规划。城市应体现它应有的利于人生存和集聚的功能,拥有足够的园林、绿地,以保证居民的生理和心理健康。霍华德为他的田园城市设立了一个象征性的水晶宫,它既是购物中心,又是城市花园,距离最远的居民也不超过 548 m。它不是单纯追求工程性或技术效率性,而是着眼于为人生存发展和公共交往提供富有生气的公共空间,是一个极富吸引力的公共场所。

其次,田园城市的精髓是城乡一体化。霍华德构想的田园城市是一个社会城市,也是一个城市簇群。它以乡村为背景,将其作为居民美好生活空间的一部分,人们可以步行到田园和农场。城市之间通过市际铁路连接,为人们提供广泛的经济和社会交往机会。

最后,田园城市的本质是规划和推行各项社会改革。土地问题是城市发展的基本问题,它既制约城市发展的空间,又决定了城市发展的规模与形态。霍华德认为,城乡之间最显著的差别在于土地租金不同。城市租金之所以比乡村租金昂贵,是因为大量人口赋予了土地巨大的额外价值。田园城市构想意在通过一系列社会改革解决以土地问题为核心的城市过分集中、乡村加速衰败的惯象[41]。

（2）启示。

田园城市理论为绿色生态城市规划与实践提供了理论支持。农业用地包围城市,既可以形成开敞的绿色空间,也可以为城市居民提供新鲜的农产品。保持城市的开敞性,实际也是城市形态上的跳跃型、间隙式空间布局。城市边界的限定和城市之间的不连续形成区域范围内的廊道空间。这也是组团式城市结构的理论支持[42]。

田园城市理论也为特色小镇和美丽乡村建设提供了理论支撑。城市化虽然仍是时代发展趋势,但城市化并不意味着全部人口都居住在中心城市,也不是说所有的空间和建筑形态都符合城市特征模型。在广大的城市连绵区和大都市区域中,还有很多各具特色的小城镇以及美丽乡村的空间存在。县城成为大中城市的有机组团,特色小镇则成为大都市区域中一个个具有特色产业和人口承载功能的空间。

2. 有机疏散理论

（1）理论产生背景和主要内容。

为缓解因城市过度集中所产生的弊病,例如交通问题、安全问题、社会问题及环境恶化等城市问题,芬兰著名规划师伊利尔·沙里宁提出关于城市发展及其布局结构的学说——有机疏散理论。他在 1942 年所写的《城市:它的发展、衰败和未来》一书中,从土地产权、土地价格、城市立法等方面论述了有机疏散理论的必要性和可能性。

有机疏散理论认为,城市需要以合理的城市规划原则为基础,使城市有良好的结构,以利于其健康发展。城市作为一个机体,它的内部秩序和有生命的机体的内部秩序相一致。如果机体中的部分秩序遭到破坏,将导致整个机体瘫痪和坏死。要按照机体的功能要求,把城市的人口和就业岗位分散到可供其合理发展的非传统中有机疏散论认为,重工业不宜布置在城市中心,轻工业也应该向外疏散。城市行政管理部门应设置在城市的中心位置,便于其提供服务。城市中心地区因工业外迁而置换出的大面积用地,应该用来增加绿地,也可以供必须在城市中心地区工作的技术人员、行政管理人员、商业人员居住,让他们就近享受家庭生活。城市中心地区的日常生活供应部门将随着城市中心的疏散,离开拥挤的中心地区。城市中心地区的许多家庭可以逐渐疏散到新区,得到更适合的居住环境。中心地区的人口密度随之降低。有机疏散论认为,个人日常生活应以步行为主,并应充分发挥现代交通方式的作用。城市的交通问题并不是现代交通工具使城市陷于瘫痪,而是城市的机能组织不善,迫使在城市工作的人每天耗费大量时间、精力于往返路程,造成城市交通拥挤堵塞[43]。

(2)启示。

有机疏散理论为卫星城和新城建设提供了理论支撑。中心城区的产业和人口高度聚集,导致空间不经济和城市病的大量出现。为此,可以建设新城和卫星城市,将不宜布局在中心城区的重工业和轻工业等产业部门疏散,城市中心区则主要作为现代生产性服务业和消费性服务业的高价值端聚集空间。现代规划理论进一步认为,新城不仅仅是承载中心城区落后传统产业的空间,也应该具有现代生产性服务业和消费性服务业的功能。这是现代产业发展高端化的现实所决定的,同时,也能避免新城在若干年后重走旧城产业低端化和城市病的老路。

3. 城市多样性理论

(1)理论产生背景和主要内容。

城市多样性理论首次出现在简·雅各布斯的《美国大城市的死与生》一书中,她指出要想使城市充满活力,就必须注重城市的多样性发展模式。雅各布斯将城市看作一个包含诸多要素的系统整体,而多样性则是其重要属性之一[44]。

"多样性是城市的天性。"雅各布斯认为如果想要深入地理解城市,就必须重视城市功能的多样性。城市多样性理论关系城市居民的社会和精神需求,还涉及城市居民之间的交往联系。雅各布斯说:"城市多样性无论来自何方,都和一个事实相关,即城市拥有成千上万的人,而他们的兴趣、品味、需求、感觉甚至偏好又都五花八门。"由此可见,城市作为一个复杂的有机系统,无论从经济角度还是社会角度看,都需要具有错综复杂并且相互补充的多样性。

混合功能是城市多样性的核心,它包括可以维系城市安全、公共交往以及可以交叉影响的因素。雅各布斯说:"大城市是多样性的天然发动机,也是各种各样新思想和新企业的孵化器。大城市是各种各样小企业的天然经济家园,而且城市的规模越大,制造业的种类和数量也越多。"[45]

雅各布斯还指出,小型制造业的发展离不开城市。脱离了城市,它们存在的可能性也会降低。因为小型制造业需要很多来自大城市内部的技术支持,而且它们的服务市场和服务面也相对狭窄,市场的波动会对它们造成相应的影响。相对而言,那些大型制造业就并非必须在城市,因为将厂房或者工业基地安置在城郊,更有利于它们的发展。小型制造业的发展依赖于城市,同样,城市的发展也需要它们。小型制造业依靠城市里各种各样的其他商业而存活,同时它们丰富的形式也进一步提高了城市多样性。雅各布斯总结出一点:城市多样性本身就可以激发并产生更大的多样性。[45]

(2)启示。

雅各布斯的城市多样性理论直指我国城市规划中普遍存在的问题,即规划采用鸟瞰式而非人视点,违背了以人为本的原则。例如城市的道路交通设计,过多地关注汽车的需求,使城区面积无限制扩大,各功能分区因此疏远和隔离,街区规划的功能与风格单一,城市容积率平衡不佳,从而导致城市土地被大肆浪费,城市三维空间失衡。

基本功能混合是城市多样性的要素之一。只有不同街区功能混合,才能保证不同需求人群的聚集,从而形成城市人群的综合化与多样化,达到为城市带来活力的目的。因此,在城市改造过程中要注重除基本功能外的各类辅助功能以及它们的综合性,形成互补共生的关系。在城市改造中,通过适当比例的不同功能混合,促进城市各种功能的有效衔接和混合,最终可以在一定程度上减少资源浪费。[44]

城市改造应该对城市中不同类型的历史建筑进行细分,对重要的历史建筑加以严格保护,对次要的历史建筑进行及时拆除更新。对于建设在历史建筑周边或是历史街区内的新建筑,应当对其高度、体量、退界、风格作出严格要求,从而保证城市历史风貌的统一。对于城市街道,不应规划得过长、过宽,这样不仅会给穿梭其间的居民带来诸多不便,长此以往还会破坏街区历史风貌与多样性。规划者还应及时调整对老建筑的改造观念,不能采取"一扫光"式的拆改,应该重新审视老建筑的价值,使城市彰显包容性与时代性,从而增强城市的人文气息与多样性,这也为城市更新中文化工业、城市历史文化街区、创意工场等规划,提供了理论指导[44]。

4. 城市等级体系相关理论

(1)Fujita 的城市等级体系演化理论。

新经济地理学者在中心地理论基础上,解释了城市等级体系存在的机制。Fujita 等构建的模型通过人口持续增长这一外生动力机制,演绎了城市等级体系的演化,类似于中心地的演化。该研究将差别化生产部门细分为多个产业,划分标准为特定产业内部产品间的相互替代程度(在新经济地理模型中,这将直接决定该产业中厂商生产的规模)和产品的运输成本,这两个标准与廖什界定的货物空间特征基本一致。在此基础上构建的新经济地理模型的空间均衡可以通过产业和城市(中心地区)两个维度进行观察。同时,城市的等级取决于其拥有产业的数量(与克氏的中心地理论的细微差别为地区可能拥有的产业等级不严格取决于该中心地的等级,这一判定标准更接近于廖什的理论)。

(2)亨德森的城市等级体系理论。

城市经济学在针对城市规模和类型结构的研究中,构建了关于城市等级体系的模型。亨德森认为,经济体为城市的集合提供两种相反的作用力,即产业在空间上集聚产生外部经济,以及城市的高通勤成本引发非经济性。产业间的规模经济存在差异,而城市非经济性决定于城市规模,因此存在大量具有不同规模的专业化城市。但亨德森的城市等级体系理论无法处理城市空间分布及相互作用等问题,因此可以被视为无空间城市体系模型。[46]

5. 城市规模分布相关理论

(1) 城市首位律。

城市首位律(Law of the Primate City)是马克·杰斐逊(M. Jefferson)在1939年对国家城市规模分布规律的一种概括。他提出这一法则是基于观察到的一种普遍现象,即一个国家的首位城市总要比这个国家的第二位城市(更不用说其他城市)大得异乎寻常。不仅如此,该座城市还体现了整个国家和民族的智慧和情感,在国家中发挥着异常突出的作用。他认为,一个国家在城市发展早期,无论出于什么原因而产生的规模最大的城市,自身都有着一种强大的继续发展的动力。它作为经济中心,把有力量的个人或活动从国家的其他地方吸引到这里,并逐渐变成一个国家、一个民族的象征,在很多情况下,就成为首都。一个国家最大城市与第二大城市人口的比值,被称为首位度,它是一种衡量城市规模分布状况的常用指标。一般而言,首位度大的城市规模分布称为首位分布。

(2) 城市金字塔理论。

把一个国家或区域中许多大小不等的城市,按城市规模大小分成若干等级,就有一种普遍存在的规律性现象:如果城市的规模越大,即城市的等级越高,则相应城市的数量越少;而城市的规模越小,城市的等级越低,则相应城市的数量就越多。把这种城市数量随着城市规模等级而变动的关系用图表示出来,就形成了城市金字塔(Pyramid of City)。城市金字塔的基础是大量的小城市,塔的顶端是一个或少数几个大城市。不同规模等级城市数量之间的关系可以用每一规模等级城市数与其上一规模等级城市数相除的商来表示。城市金字塔理论提供了一种分析城市规模分布的简便方法,为之后Zipf法则的形成和提出奠定了基础。

(3) 位序-规模法则与Zipf法则。

位序-规模法则(Rank-Size Rule)是从城市的规模和城市规模位序的关系角度来考察一个城市体系的规模分布状况,即一个城市的规模与它在国家所有城市中按规模排列所处的位序之间有密切的关系。奥尔巴克和辛格最早开始对这个问题的理论研究,他们认为城市规模分布可以用帕累托分布来描述,城市规模和城市等级存在以下数学关系:

$$R = A S^{-\alpha} \tag{1-1}$$

写成对数形式为

$$\ln R = \ln A - \alpha \ln S \tag{1-2}$$

式中,S为城市规模;R为城市规模在城市群中的位序;A为常数;α为估计值,又称帕累托指数。该模型可以称为帕累托分布模型。

齐普夫在位序-规模法则的基础上,提出Zipf法则。帕累托分布中,当$\alpha = 1$时,$R_i \cdot S_i = A$,这就是Zipf法则的最初表现形式。Zipf法则是位序-规模法则在$\alpha = 1$时的特例,它显示了城市等级和城市规模之间的经验关系。如果城市规模用城市人口来测度,人口最多的城市等级为 1,由 Zipf 法则可知,任何城市的人口乘以其在城市等级中的排序就等于最大城市的人口。

（4）城市集中度。

城市集中度是一个与城市规模体系十分相近的概念,用以衡量现有城市人口在不同城市之间分配的指标。随着研究的深入,城市集中度的内涵更加丰富,反映出一个国家或地区资源集中在几个大城市的程度,通常被用作城市规模结构测度指标。城市集中度的测定指标主要有三项:帕累托指数（Pareto coefficient）、H 指数（H index）、首位城市比率（primacy rate）。帕累托指数即位序-规模分布函数中的指数 α,首位城市比率即前面所述城市首位度。H 指数起源于对产业集中度的研究,其原本含义是产业中各企业市场份额平方的总和。H 指数越大,一个国家中的城市人口就越集中在少数大城市,城市集中度就越高。[46]

1.2　全球经济发展的深刻变革

1. 经济全球化在曲折中前行，全球交易网络加速形成

经济全球化日益深化,以互联网技术为代表的新技术进一步推进全球交易网络的形成和新国际分工体系的演进。2008 年全球金融危机后,以美国为首的主要发达国家以各种政策来限制贸易和投资自由化,全球的货物贸易和服务贸易在 2008—2017 年间增速明显放缓,造成了一定程度的逆全球化进程。但以互联网技术为核心的新技术革命推动全球经济发展进入新阶段,新型全球化正在兴起。在全球交易网络方面,由于互联网的兴起,全球数字贸易得到快速发展,打破全球交易壁垒,"卖全球、买全球"使得消费市场全球化,带来更加多元的商品输出;在全球产业链方面,互联网经济推动新型跨国公司形成新的国际分工体系,实现不同产业的全球分工及产业内的全球分工。

2. 全球经济中心进一步东移，东北亚成为世界经济增长新动力

以日本、中国和韩国为主,包括俄罗斯的东部地区、朝鲜、蒙古在内的东北亚地区,已经成为世界经济的增长极和新中心。截止到 2018 年年底,中国 GDP 达到 13.6 万亿美元,日本 GDP 达到 4.4 万亿美元,韩国 GDP 为 1.53 万亿美元,它们占全球 GDP 84.8 万亿美元的比重已经超过 20%,接近全球第一大经济体美国。更为重要的是,随着中日韩自由贸易区谈判的顺利推进,东北亚板块内各国在自然资源、人力资源、资金、技术等方面明显的梯度性优势会进一步体现,东北亚各国、各地区商品、技术、信息、服务、货币、人员、资金、管理经验等生产要素跨国、跨地区的流动,为将来地区内经济的快速增长提供可能性。根据世界银行《全球经济展望》报告,全球经济增长将长期维持在 3% 以下的水平,对比全球需求放缓的情况,东北亚经济圈仍具有较强的发展动力,必将成为新阶段中全球经济增长的新动力源之一。

3. 世界经济格局多领域、多层次深化调整

2008 年金融危机爆发后,世界经济的深化调整主要体现在经济增长格局变化、

全球价值链重构、全球产业调整、全球产业创新、全球经济治理体系调整。在经济增长格局方面，世界经济虽然仍由欧美等发达国家所主导，但新兴市场国家和发展中国家群体性崛起。近年来，新兴市场国家和发展中国家对世界经济增长的贡献率达到80%，经济总量占世界的比重接近40%，多个发展中心在世界各地区逐渐形成，使全球发展的版图更加全面均衡。在全球价值链及产业方面，发达国家认识到强大的实体经济对于稳定经济和就业至关重要，提出"再制造"战略，试图重夺国际制造业竞争的主导权，以重振经济；但与此同时，发展中国家和新型经济体也加快从资源和劳动密集型粗加工产业向资本和技术密集型精深加工产业转变，以推动产业结构升级，发达国家与新兴经济体之间展开了对资本、产业创新要素的全球化争夺。在全球产业创新方面，表现出再工业化、数字化、智能化、绿色化的发展趋势，物联网、大数据、工业机器人、3D打印以及生物、材料、节能环保等技术创新促进传统产业的改造和新型产业的兴起，推动产业数字化、智能化、绿色化发展。在全球化治理体系方面，全球经济治理体系加速调整，其理念、规则和机构出现新的变革；新的经贸规则从以往的边境措施向边境后措施深度拓展；虽然多边贸易谈判停滞不前，多哈回合贸易谈判迟迟未果，但区域一体化组织作为新的治理机构涌现出来，成为制定国际经贸规则的新平台；尤其是以中国为代表的发展中国家，通过自由贸易区等政策和积极参与区域经济一体化谈判，极大地推动了贸易和投资自由化。

4. 全球城市及全球城市区域在全球范围内空间重构，全球城市对全球经济与政治控制力不断加强

在全球城市时代，国家之间的竞争主要依靠世界级城市群这个空间载体展开，全球城市作为世界级城市群的核心，担负了国家竞争的战略使命。在全球范围内，被普遍承认的大型世界级城市群有以纽约和波士顿为核心的美国东北部大西洋沿岸城市群、以芝加哥为核心的北美五大湖城市群、以东京为核心的日本太平洋沿岸城市群、以伦敦为核心的英伦城市群、以巴黎为核心的欧洲西北部城市群、以上海为核心的长江三角洲城市群。除了公认的纽约、伦敦和东京三大全球城市，上海、新加坡、香港等国际大都市迅速崛起，也成为在全球范围内配置生产要素、参与国际政治与经济治理体系并有一定控制力和影响力的全球城市。北京及雄安新区，以及以香港、广州和深圳为核心的粤港澳大湾区，都是全球城市及全球城市区域空间重构中率先崛起的例子，它们发挥着引领区域崛起的增长极作用，并带动全球经济与政治治理体系的变革。

1.3 国家发展战略的转变

1. 十八大以来，党中央提出城市发展相关指导思想和理念

十八大以来，党中央提出和发展了一系列治国理政新理念、新思想、新战略，并形成了一系列纲领性文件和政策抓手。党的十八大报告提出经济建设、政治建设、文化建设、社会建设、生态文明建设"五位一体"的总体布局，以及"全面建成小康社会、全面深化改革、全面依法治国、全面从严治党"的"四个全面"战略布局。党的十八届五中全会提出了创新、协调、绿色、开放、共享的五大发展理念。五大发展理念是"十三五"乃至更长时期我国发展思路、发展方向、发展着力点的集中体现,也是改革开放40余年来我国发展经验的集中体现,反映出我们党对我国发展规律的新认识。

这些治国理政新理念对城市建设和发展也提出了更高的要求。比如城市发展不能再停留在规模扩大和空间扩张的城市化阶段,而应该重视城市功能和生态环境的质量型发展;又如,不能把城市化当成卖地和房地产开发,而应该更注重产城融合,为城市发展提供可持续的产业动力。

2. 我国经济发展步入"新常态",经济发展方式需要转变

2013年习近平总书记在中央经济工作会议上首次提出"新常态"后,"新常态"已经成为全国上下的共识。"新常态"重大战略判断深刻揭示了中国当前经济发展阶段的新变化,准确研判了中国未来一段时期的宏观经济形势,是统领今后相当长一段时期的战略性预判和决策依据。

2014年习近平总书记在亚太经合组织会议上系统、深刻地阐述了"新常态"的特征。经济的最大特点是速度"下台阶",从高速增长转换为中高速增长,效益"上台阶"。"新常态"下经济的明显特征是增长动力实现转换,经济结构实现再平衡,突出表现为:①生产结构中的农业和制造业比重明显下降,服务业比重明显上升,服务业取代工业成为经济增长主要动力;②需求结构中的投资率明显下降,消费率明显上升,消费成为需求增长的主体;③收入结构中的企业收入占比明显下降,居民收入占比明显上升;④经济发展动力转变,从要素驱动、投资驱动转向技术驱动、创新驱动。资源粗放投入明显下降,技术进步和创新成为决定成败的"胜负手"。在这些升升降降之中,先进生产力将不断产生和扩张,落后生产力将不断萎缩和退出,既会涌现一系列新的增长点,形成新的增长动力,也会使一些行业付出代价。

1.4 邢台发展背景的转变

1.《国家新型城镇化规划(2014—2020年)》的颁布为邢台发展中心城市提供支撑

2014年3月,中共中央、国务院印发了《国家新型城镇化规划(2014—2020年)》,提出要增强中心城市的辐射带动功能;要在全国一盘棋下,从数量结构和功能体系上统筹布局大、中、小城市城镇体系。该文件明确提出,在经济上有着重要地位、在政治和文化生活中起着关键作用的中心城市,要发挥其较强的吸引能力、辐射能力、综合服务能力,带动区域的协调发展。

2014年3月26日,河北省委、省政府发布了《关于推进新型城镇化的意见》,提出建设以京津为核心,石家庄、唐山为两翼,共同构建京津冀城市群的城镇化格局;明确提出邢台壮大机械、冶金、纺织等特色主导产业,建设成为冀中南地区的重要中

心城市。

邢台作为区域性中心城市,其规模较小,辐射带动作用不强,需要进一步扩大城市规模,加强辐射带动作用。

2.京津冀协同发展步伐加快,邢台城市发展迎来新机遇

京津冀一体化历经多年,思路逐渐清晰,迎来实质性推进。2014 年 2 月 26 日,习近平总书记召开京津冀协调发展座谈会,并从制度设计、规划编制、产业协作、城市布局与结构、生态空间、交通系统、市场一体化等七个方面对京津冀合作提出了工作要求。在《京津冀协同发展纲要》中,河北省的定位是三区一基地;邢台市的定位是国家新能源产业基地、产业转型升级示范区和冀中南物流枢纽城市。利用这些政策和战略措施,邢台迎来了一个更大的发展机遇。邢台需要增强自身实力,才能够与京津冀主要城市进行对接,并在区域发展中承担重要的角色。

3.以都市圈(城市群)和产业链为主体的群体竞争,成为当前区域竞争的新特点

随着中国城镇化的快速推进,近年来中国涌现出一大批都市圈或城市群,这些都市圈或城市群已成为引领和支撑中国经济高速增长的主导区域。根据国际经验,全球竞争已经由国家作为竞争主体转变成为以纽约城市群、伦敦城市群等世界六大城市群为主体和空间载体的竞争。当下中国已经初步形成了珠三角、长三角和京津冀三大主体城市群,武汉城市群、中原经济带等二级城市群初见雏形。在这种形势下,当前中国的区域竞争主要表现为各都市圈之间的群体竞争,而不是过去那种单个城市之间的竞争。例如,北京、上海、广州(深圳)之间的竞争,实际上是京津冀都市圈、长三角都市圈、珠三角都市圈之间的竞争。以都市圈和产业链为主体的群体竞争,已经成为当前区域竞争的新特点。邢台也需要顺应这种历史趋势,向上进一步融入京津冀城市群这一更大能级的城市群中,向下则进一步整合周边卫星城市和县城,走群体化发展道路,成为次级城市带中的主导功能城市,以应对更为激烈的区域竞争。

战略谋划

2.1 邢台战略大平台的谋划过程

2.1.1 为对接京津冀协同发展，提出建设邢台战略大平台

1. 邢台战略大平台的提出

2014年，京津冀协同发展成为国家战略，北京的非首都职能转移，河北作为北京非首都职能和产业的疏解集中承接地，需要有战略大平台。事实上，河北各地市都在争先恐后地建设各类平台，河北省上报了48个承接产业转移的平台。其中邢台有两个，但是平台的级别和能级都不够，无法支撑起区域产业发展的整体战略格局，无法打破城市化低水平发展的困局，难以扭转中心城市空间发展首位度不够的战略局面，无法从根本上赋予邢台城市发展新的动能。

2014年，时任河北省省长张庆伟提出，邢台缺少一个能够对上承接政策支持、对外承接产业转移、对内引领转型升级、支撑邢台跨越式发展的战略大平台。时任市委书记张古江同志带领邢台市委、市政府，就这一关系邢台未来长远发展的战略命题，在全市范围内展开大调研、大讨论。邢台面临着大平台构建东、西两个方向的战略选择，需要进行科学分析，远近结合，做出最终决策。

2. 东、西发展方向之辨

邢台战略大平台的最初设想有"太行新区"和"邢东四化同步综合试验区"两个，前者着眼于西部太行山的自然资源，后者着眼于东部蕴含的城市化、产业化、区域资源导入等重大战略机遇，各有各的特色和支撑。东、西两个方向问题是战略谋划的大事。

为此，作为邢台城市规划的主要参与方，上海同济大学规划团队应邢台政府和规划局要求，从城市发展和规划专业的角度，给出了明确建议，选择向东，即"邢东四化同步综合试验区"。该建议基于四个层面的专业分析，详细如下：

（1）"邢东四化同步综合试验区"平台更能紧扣当前"四化同步""产业转型""产城融合"的国家发展战略。以高铁新城为核心，整合上东片区、开发区、任县、南和等区域，具有集中性、外向性、开阔性、联动性，是当前摆在面前的最具有潜力的区域，是邢台四化同步战略理想空间的落脚点，更能有力推动产业转型升级，也更有利于产城融合、做大做强中心城市。

（2）"邢东四化同步综合试验区"平台更能抓住邢台面前的以高铁经济为代表的基础设施红利、京津一体化红利、投资洼地效应、城镇化加速效应四大重大战略机遇。

（3）"邢东四化同步综合试验区"平台的空间更为集聚，各个组团板块空间联系相对紧密，整体大且强，聚合效应更明显，较易形成规模效应，更具优势和动力。

（4）"邢东四化同步综合试验区"平台具有更丰富的可利用土地资源、产业基础、交通条件和区位体验，更具现实操作性。

经过规划专业人员的反复分析研究,以及政府有关部门多轮会议的利弊权衡,上海同济大学规划团队明确提出了邢台战略大平台向东发展的可行性建议,得到了邢台最高层领导的认可。上下统一思想,形成共识,为邢台战略大平台从战略谋划进入平台规划打下了扎实的思想基础。

3. 战略大平台的战略定位、产业选择、平台构建和空间组织谋划

在确定了发展方向后,邢台开始组织编制战略大平台的相关规划。上海同济大学规划团队应邀,主导参与了整个过程,针对战略大平台的战略定位、产业选择、平台构建和空间组织,向市领导提出了专业建议,并得到领导的高度认可。最终,在2015年,《邢台邢东新区总体规划纲要(2016—2030)》成稿,标志着战略大平台的战略定位、产业选择、平台构建和空间组织等重大事项取得了一致性意见,上下达成了一致共识。

(1)战略定位。科学确定邢东新区定位,必须守住发展和生态两条底线,解决邢台发展慢和环境差的问题;必须有利于产业转型升级,解决邢台产业层次不高的问题;必须立足区位特点和发展基础,充分发挥优势,统筹考虑长远发展与可能。邢东新区发展战略定位为新能源及新能源汽车产业基地、转型升级及产城融合示范区。

(2)产业选择。邢东新区重点发展先进装备制造、新能源及新能源汽车、节能环保、新材料、电子信息等战略性新兴产业,以及现代物流、服务外包、金融、会展等现代服务业。

(3)平台构建。规划提出"科技创智、金融创新、商贸物流、陆港枢纽、新基础设施、互联网＋、企业基地、人力资源、文化创意、生态环境"十大引擎以及18个功能子平台项目。

(4)空间组织。规划两大核心空间,一是依托邢台高铁的高铁新城,将其作为连接雄安新区的战略通道,以及城市产业升级的推动力;二是依托塌陷区建设的14 km²的中央生态公园,将其作为城市软实力的核心空间。

2015年11月,河北省政府常务会议专题讨论通过了《邢台邢东新区总体规划纲要(2016—2030)》。2016年1月29日,河北省政府批复了《邢台邢东新区总体规划纲要(2016—2030)》,邢东新区建设成为省级战略发展平台,并被纳入河北省"十三五"发展规划和京津冀协同发展规划。

4. 有关邢台战略大平台的重要文件和资料汇编

(1)邢台市委、市政府《关于建设冀中南新型城镇化试验区有关问题的请示》。

(2)《关于建设冀中南新型城镇化试验区有关问题的说明》。

(3)河北省城镇化工作领导小组《关于邢台市新型城镇化和城乡统筹试验区的批复》。

(4)河北省政府批复《关于邢台市邢东新区总体规划纲要的编制说明》。

(5)河北省政府《邢东新区总体规划纲要的批复》。

2.1.2 同济大学战略咨询报告

"太行新区"和"邢东四化同步综合试验区"两大战略平台构想,东、西两个发展方向,选择哪一个? 我们认为有如下四个层面的战略研判。

1. 哪个战略平台更能扣紧国家的发展战略

邢台的战略大平台必须抓住大势,必须能够紧扣国家和河北省当前时期的重大战略。当前国家层面、河北省省级层面经济建设的重大战略是四化同步、产业转型、产城融合、做大做强中心城市。

(1) 四化同步是党的十八大提出的重要纲领性战略内容,邢台应该高度重视,积极响应这一战略。

推动四化同步这一重大战略,在邢台最好有一个战略性、集中性的空间区域,可以快速导入新型工业化的内容和信息、科技金融等现代服务业。这一空间区域最好能够具有非常强的城市化动力,可以提供巨大的财政红利、基础设施红利、人口红利,从而实现强有力的产城互动发展。

以高铁新城为核心,整合上东片区、开发区、任县、南和等区域,整合工业发展、信息科技、城镇发展、现代农业四方面,快速推动邢台地区的四化同步重大战略落地。这必将是邢台在产业发展战略和城市发展战略的重大转型,必将是契合国家四化同步战略的重大平台。

(2) 推动产业转型发展是我们国家当前的重大战略,邢台无论从产业内容和产业发展模式上都需要转型。

邢台东部,以高铁为中心的联动发展区域,可以把新型产业内容、科技内容、现代服务业内容、外向型经济内容等引进来。还可以利用城市开发所产生的巨大红利,依托高铁新城、无水陆港、任县等县城,把各类产业平台构建起来,推动邢台传统产业向中高端迈进。区域大量人口资源的盘活,还可以促进大众创业、万众创新,培育出新的经济增长点。所以,东部在推动邢台产业转型发展方面的地位优势很明显。

邢台西部的发展思路主要是将邢台已有的传统工业和太行山的生态资源、旅游资源结合发展,在当前阶段,产业关联度低,服务业内容单一,城市支撑力不强,新型产业的导入和现代服务业的发展都有困难,产业转型升级动力不足。

(3) 产城融合是河北省的重大战略导向。东部在推动产城融合、产城一体发展方面,优于西部。

当前邢台开发区位于西部,任县、南和也有较好的产业基础,根据正在编制的"一城五星"规划,邢台主城的产业布局区域应该位于东部。因此,城市向东发展,有利于推动城市新城和产业园区的同步发展,形成南北走向的大城区和大产业园区,在空间和内容上互为支撑。如果战略大平台的主体空间不放在东部,就无法整合城市动力和产业动力,难以实现战略层面的产城互动、产城一体。

(4) 做大做强中心城市和县城是河北省针对自身问题提出的重大战略。邢台城市及空间的首位度问题严重地制约着自身的发展。选择东部是目前做大做强中心城市最为有力的空间选择。

"邢东四化同步综合试验区"处于上东片区、桥东区、开发区、任县、南和、沙河中间的区域，通过邢州大道连通西北新区，坐拥高铁站点、城市入口、陆港港区等重大支撑要素，比较容易打造启动区，且一区启动，满盘皆活，具有战略性、支点性的空间特征。而邢台西部，无论选择何处作为启动区，整合和联动的区域都有限，没有集中有力的主导空间。

综上所述，我们可以得出肯定的结论，选择东部，邢台的战略大平台可以更好地契合国家和河北省在党的十八大之后提出的重大战略，紧紧抓住时代机遇。

2. 哪个战略平台更能抓住邢台的战略机遇期

一个战略平台的优劣，其重要的体现就是能否抓住战略机遇，从而实现最大化、最快速度的自我发展。

（1）"邢东四化同步综合试验区"的平台构想就是要抓住高铁经济、陆港经济、高速城市门户经济，将这些重大战略机遇转换成切实的产业与城市发展动力。

（2）"邢东四化同步综合试验区"可以利用高铁站点的入口优势和 18 个功能平台的构建，借力京津一体化战略，推动产业承接和配套融合发展。

（3）"邢东四化同步综合试验区"可以更好地利用邢台的投资洼地效应。北部的京津冀、东部的山东半岛、南部的中原经济区，都为邢台提供了较为明显的投资成本优势，"邢东四化同步综合试验区"具有非常好的区位优势、城市优势、人口优势，可以建成规模化的城区和园区，将投资洼地效应转换成为产城发展动力。

（4）"邢东四化同步综合试验区"可以更加有力地利用和强化邢台城镇化的加速效应。邢台作为周边具有 700 万以上人口的市域范围内唯一的中心城市，人口刚刚达到 90 万，正处于城市化加速阶段，邢东战略平台构想就是要"借力"，同时也强化这一动力。

3. 哪个平台的主导空间更具优势和动力

战略大平台的主导空间是战略实施的关键，主导空间的内在动力、战略潜力很大程度上决定着战略大平台的战略能力。

（1）主导空间的集聚和分散是东、西两个平台在空间形式上的重要区别。西部各板块之间跨度较大，布局相对分散，整体大而散，集聚效应难以突显，在当前很难形成爆发性力量。东部各个组团板块空间联系相对紧密，整体大且强，聚合效应更明显，较易形成规模效应。

（2）东部空间更有利于拉大城市框架和集中做大产业空间、做大城市。西部区域基本在现有的主城区规划框架内，实质是旧城格局下的新组团片区。东部新区整合高铁片区、高新技术开发区、桥东区、邢台县晏家屯镇等区域，跨越式地拉大主城区框架，从而摒弃原有的零散产业布局，形成一个更加广阔的产业集聚空间。

（3）东部具有更强的资源整合力，可以整合老城与新区、城市与产业、主城与卫星城。以襄都路为界的东部新区将会近距离、全方位地拉动老城的更新与提升。东部城市与产业在高铁新城的统领下可实现产城融合、产城一体。主城与卫星城在功能上相互协作，空间上通过快速路实现同城化。西部幅员辽阔，城镇组团之间、产业组团之间、与老城之间距离太远，交通不便，可整合的城镇化内容、产业化内容较少，难度巨大。

（4）东部在"一城五星"中的整合作用更强，可以把南和、任县、沙河整合进来。通过发展东部，做大城市后即可整合南和、任县和沙河，三县拥抱产业，成为邢台市的产业融合组团，整体形成大产城互动区，战略大平台才有更广阔的发展空间。这一点更是西部所不具备的。

（5）东部推动邢台与外部区域空间一体化的能力更强，有利于推动邢台的空间、资源、产业、城市融入区域一体化发展之中。

4. 哪个平台更具可行性和战略策动能力

选择哪一个战略大平台，极其重要的一点就是看其是否具有可操作性。即要看哪一个战略平台能够在第一时间形成邢台的战略支点，把资源和潜力转换成现实的竞争优势，是否在第一时间就具有可行性，是否可以避免长期酝酿等待。

通过比较以下几方面内容，东部显然比西部更具有可行性。

（1）可利用土地资源，东部占优。东部土地平整，建设条件较好，而且建设用地相对集中，有利于大项目启动及区域概念形成。相比之下，西部虽然生态环境非常优越，但是地形地貌起伏较大，土地建设条件相对较差。从可利用的建设用地角度而言，东部在存量和增量上具有明显优势。

（2）与西部相比，东部是投资热点。产业新区的发展与产业平台、房地产开发、工业地产开发等市场配置是相辅相成的。从人气活力、配套基础设施等方面看，东部成为房地产开发最具活力、企业入驻最踊跃的地区，是近期市场开发的热点区域。

（3）东部能够比西部更快、更好地把产业做起来。东部本身就有产业基础，平台构建有资源支撑，产业发展有广阔腹地，产业引入有交通区位支撑，产业转型有平台构建。相对西部，东部区域显然是产业平台、产业空间、产业引入、产业转型能够快速形成的区域。

（4）东部可以多区联动，推动城市形成空间发展的规模效应、联动效应。东部本身是一个相对集聚的空间，核心区建设现实可行。核心区启动之后，多区可以快速联动，一体化发展，成为一个整体的东部战略新区。

（5）东部可以快速改变城市面貌和形象。依托高铁站、现有的基础设施和项目引资情况，东部区域可以"一年起好步，两年出形象，三年成规模"。东部通过标志性城市空间建设，可以展现邢台的新面貌，实现生态自然与城市人文和谐共生，传统旧城与城市新区并驾齐驱，创意革新与绿色崛起双轮驱动。

总之，通过分析我们认为，东部的战略选项紧紧扣住了党的十八大以来的战略主题，着眼于抓住邢台大的战略机遇，空间上具有对外承接能力和内生动力，操作性很强。而西部应该是重要的、长期性的、需要耐心培育的、近期实施有一定难度的战略选项。

因此,我们建议先东后西。东部近期启动,作为未来十年邢台的战略大平台;西部后期启动,作为战略大平台第二阶段的内容。

2.2 关于构建邢台战略大平台的战略决策分析

2.2.1 面对的重大战略问题

邢台发展的问题有很多,其中有一个核心战略问题,即整体战略构建中战略首位度较低,没有战略大平台;空间发展没有首位度的聚集效应;城市发展没有首位度的规模效应;产业发展没有首位度的引领功能。

(1)战略首位度。战略众多,没有符合当前时代城市发展和产业发展、没有落实"五位一体"和"四化同步"的发展大平台的构建。

(2)空间首位度。市域空间没有形成典型的首位度空间,没有空间引领效应,没有空间协调发展动力。

(3)城市首位度。城市发展空间小,城市人口基数少,"小马拉大车"。

(4)产业首位度。产业层次低、布局混乱、"有企业无产业"或"有产业无企业"现象严重。

因此,解决首位度问题,是解决产城互动、产业布局、转型发展、城市结构、城市特色、城市经济等问题的前提和基础。

2.2.2 面对的重大战略机遇

(1)高铁经济。高铁经济带来时空的变化、新的内容以及重大的城市空间结构变化。

(2)城市进阶。邢台人口跨越 80 万,城市进入规模和功能内容上的爆发期。

(3)新型城镇化。《国家新型城镇化规划(2014—2020 年)》进一步明确邢台处于京广发展带上,是国家城镇化战略格局中的重要节点城市,属于国家重点开发地区。新型城镇化需要邢台探索一条符合自身情况的城镇发展模式。

(4)区域一体化。小城市群和"一城五星"空间高效联动对邢台的发展提出新需求。

(5)产业转型。重要产业转移和产业转型发展,以及产业整合布局都需要强劲动力。

(6)京津冀一体化。邢台应承接京津冀外溢的城市功能和产业,在区域一体化格局中重新定位。

(7)交通大枢纽。邢台交通设施建设基本完成,枢纽平台潜力凸显。

(8)投资洼地。邢台已经成为山东、京津冀核心区、中原经济区核心地带的投资洼地。

2.2.3　新时期战略切入点

1. 城市

（1）战略新区：通过设立新区，实现跨越式大发展。

（2）组团：城市不能继续走蔓延式的"摊大饼"发展模式，应改为组团式联动发展模式。

（3）小城市群：将小、散、乱的城镇进行空间重组，集约资源、集中精力、集聚产业，以小城市群的形态形成规模效应和区域协同发展模式。

2. 产业

（1）产业整合及布局：产业体系需要重新梳理，结合空间要素重新整合及布局。

（2）产城融合：产业和城市一体化发展，以城促产，以产兴城。

（3）平台构建：梳理产业发展引擎，构建各类产业平台。

（4）组团落实：确定产业内容及发展平台后，通过组团化的形式逐步进行产业空间落地。

3. 区划

（1）城市框架：城市框架为城市发展提供空间，是做大做强中心城市的基础和前提。

（2）城乡统筹：统一规划、统一管理，引导周边的城镇协同发展，形成一个有机的整体。

（3）城市发展方向：避免各自为政，无序发展，通过共建共享形成合力。

4. 环境

（1）山：借用太行山前地带，建立国家级森林公园。

（2）水：内外三重水系，由外及内分别形成城镇水空间、环城水空间、内城场所水空间。

（3）田：梳理现代农业发展模式及现代农业与城市的空间关系。

（4）园：将生态绿地转化为城市公园，提炼出区域概念，促进城市生态文明发展。

2.2.4　做大城区的战略举措

1. 大城区战略空间构成

邢台自西向东形成大西城（滨江路西部新城、西北新区、老城区）、大东城（塌陷区、高铁区、开发区组合的邢东新区）、大园区（任县、南和形成的大产业园区）的主城空间格局，外围由皇寺（邢台县）、内丘、沙河、滏阳、东三召形成独立的产城组团。主城区通过河道、高速铁路等空间打开风口，形成可渗透的绿楔风道口，通过现代农业和生态绿地形成环城生态带（图2-1）。

1）主城空间格局

（1）两大城区。

①老城区：将现有的城区作为大西城区组团，即襄都路至滨江路之间的老城区，其发展方向是优化提升，推进功能更新和空间品质提升。

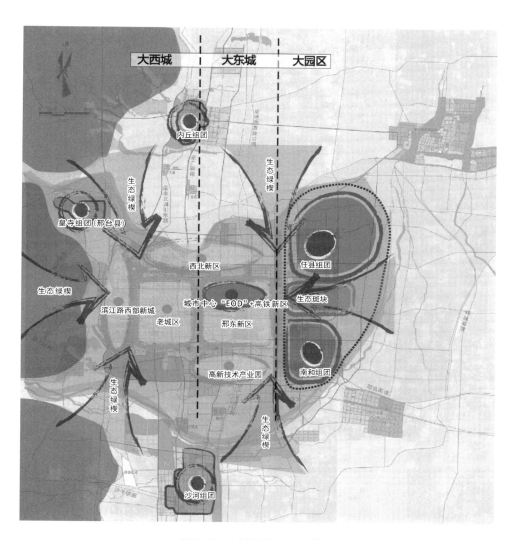

图 2-1　大城区战略空间结构

② 邢东新区:襄都路至大东环区域,整合京广高铁以西的塌陷区和东部的高铁新城,打造东部战略转型新城。东部新城的发展更能抓住城市的战略机遇,在此区域内可以实现高铁商务区、总部经济、EOD(绿色生态办公区)、科技人才港、陆港经济区等创新功能内容,促进城市转型发展。

(2)两小组团。

① 西部新区:结合南水北调形成的历史性机遇,滨江路以西大空间集聚都市型现代服务业,整合西部乡镇,打造滨江路西部新城。

② 北部组团:邢州大道以北的区域,以西北新区为基础,沿白马河向东拓展,打造白马河北部新城。

2)三大产业空间区域

(1)主体产业集聚区:将南和、任县作为未来规划主城区的两大产城融合组团,分别引领城市东北和东南两大产业布局空间,两大产城组团通过中间的生态绿地和组团路网联系,整合为一个大产业园区,与邢东新区相互支撑。

(2) 高新技术园区:考虑到开发区在先进制造业、新能源产业、传统产业方面已有的发展基础,将开发区原有的产业区独立出来,打造成高新技术产业园。

(3) 城市外围的工业组团:部分二类工业和城区重化产业向外迁移,布置到滏阳和东三召两个工业区,滏阳和东三召也可以作为两个相对独立的工业组团发展。

3) 五大外围产城组团

(1) 皇寺组团(邢台县):将邢台县新城区放在皇寺镇,综合发展科教、旅游、休闲度假和生态产业,作为一个独立的组团进行发展,恢复邢台县古时候的名称龙岗区。其以东部分分别划入桥西区、桥东区和邢东区。

(2) 内丘组团:虽然内丘自身发展现状与《市辖区设置标准(征求意见稿)》的要求尚有一段距离。但是,内丘现状产业主要为钢及钢制品、煤及煤化工、水泥建材,环境污染较为严重,对自身和中心城区都有一定污染,撤县设区有利于其调整产业结构、完善城市功能和改善生态环境。因此,内丘也可作为一个独立的区划组团发展,通过市一级政府统一协调,借力主城区市级要素和政策来发展相对落后的区级组团。

(3) 沙河组团:沙河具有很好的经济发展基础,基本达到《市辖区设置标准(征求意见稿)》的要求,其撤县设区将对邢台市本级财政产生巨大贡献。沙河作为一个独立的区划组团发展,远期可与主城区东南部产城融合区衔接靠近,将东部整合为一个大产业区。

(4) 滏阳组团(任县组团):邢台市主城区外围东北部的滏阳组团(任县组团)规划为生态产业新城。建设高标准的省级经济开发区,打造黑龙港流域发展振兴示范平台,创建邢台市科学发展、绿色崛起的示范区。未来主要发展食品制造、装备制造两大产业。

(5) 东三召组团(南和组团):该组团位于邢临高速公路以南、赞南公路以东区域。该组团主要承接京津冀转移产业、中心城市搬迁的钢铁、化工、水泥等重型企业,以及引进的新兴产业,主要以新材料、装备制造为主。

2. 区划方案

根据周边五县(市)的发展基础和发展需求,按照《市辖区设置标准(征求意见稿)》的要求,对其撤县设区的时序进行统筹安排。规划提出大、小两个方案。

(1) 大方案:一步到位,七变六模式。同时撤销邢台县、任县、南和、沙河、内丘五县,纳入市区。同时将隆尧县莲子镇、魏庄镇、东良乡、北楼乡、双碑乡以及巨鹿县西郭城镇一并划入,整合形成龙岗区、桥西区、桥东区、邢东区、沙河区、内丘区六个区。

(2) 小方案:分步走,三变二模式。近期将邢台县、任县、南和撤县,设置龙岗区(邢台县)和邢东区(南和、任县、高铁区片),远期沙河和内丘撤县设区。

两个方案中优先实施大方案,一次报批,一步到位。如不能实现,力保小方案的实现。

3. 大生态战略

(1) 山体空间(太行山国家森林公园系统)。以太行山为资源平台,整合自然景观、历史文化、生态人文等要素，打造一个国家级的森林公园风景区。

（2）大城市生态环。一次性划定城市边界，利用主城区与外围组团之间的区域，通过发展现代农业、森林培育，构建城市的大生态绿环、大生态绿楔、大郊野公园（图 2-2）。

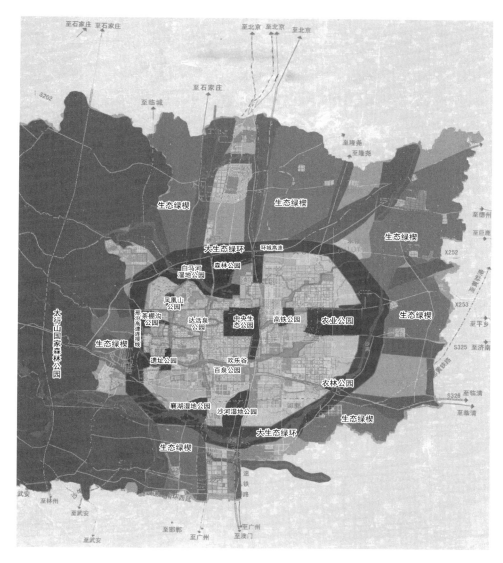

图 2-2　大城区生态战略构建

（3）三重城市水空间。内外三重水系，由外及内分别形成城镇水空间、环城水空间、城中水空间。

2.2.5　战略大平台的构建

战略大平台构建的实质是通过产城融合的方式，在空间上、产业上、功能上，将邢台核心的发展战略和要素，通过一个具象的空间集中组织起来，取得战略首位度效应、空间首位度效应、城市首位度效应、产业首位度效应，形成一个引领区域整体发展的平台。

1. 战略大平台的基本内容

1) 空间构成

通过邢东新区这一城市级战略大平台的构建(图2-3),尤其是上东新区EOD和高铁新区双核心引擎空间的联动,将邢东新区和老城区打造成东西向的城市综合发展轴,使得老城区与新区互为发展动力,实现空间上的耦合与互动。同时,邢台战略大平台体现出绿色发展的新理念,利用现有的山川、河流、林地、田园等资源,构建出城市级的绿楔空间,为城市的发展提供生态动力。

城市空间战略平台构建——以邢台为例

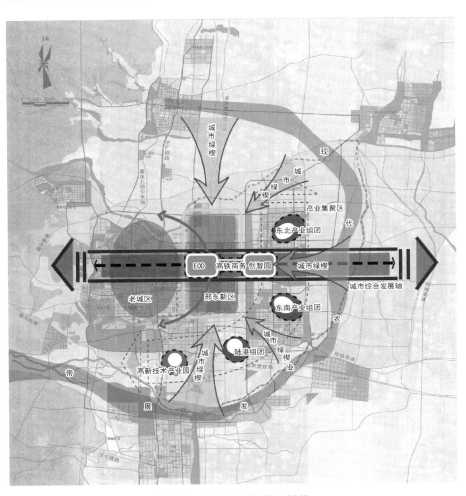

图2-3 战略大平台空间结构

2) 产业植入

(1) 大东城:创新驱动的城市现代服务产业发展集聚区。通过塌陷区、高铁区、开发区的组合发展,以创新驱动产业战略升级。大东城主要现代产业有总部经济、金融商务、新型都市商业、大商贸产业、现代物流产业、科技办公产业、服务外包产业等新型现代产业。

(2) 实体经济园区:城市新兴产业的集聚区。一方面,优化传统优势产业,推动建材、食品、纺织服装、医药化工等产业向产业链新兴环节发展;另一方面,立足先进制造业、现代服务业、新能源产业,将原有的开发区产业园打造为高新技术产业园,积极推进服务外包产业、陆港枢纽产业、研发服务产业的发展。

（3）京津冀产业协同发展产业区：积极培育新能源、新材料、高端装备制造等新兴产业，改造提升传统制造业，加快发展服务业，重点承接技术转移、配套生产环节。通过建立总部和制造基地、合作招商、共建园区等方式加强产业对接协作。

3）内置产城平台

（1）十大产业引擎：科技、文化、金融、市场、交通设施、人力资源、生产资料、企业基地、战略投资、生态环境。

（2）18大产业平台项目：人才港、生态科技港、无水港、高新科技产业区、中央活力区、高铁新城、东城EOD、龙岗新区、上东片区、京津产业转移基地、总部经济区、大商贸区、七里河休闲产业带、科教产业基地、文化创意基地、火车站商圈、呼叫中心、现代物流基地。

4）核心抓手

大东城和大园区具有极为重要的战略意义，两区融合，可以整体融入京津冀一体化的国家战略，成为与京津冀协作发展的一个大平台，也是邢台大都市区"四化同步综合试验区"的产城融合大平台（图2-4）。该平台核心抓手如下：

图2-4　邢台战略大平台

(1) EOD 和高铁新城启动。

(2) 大产业园格局拉开。

(3) 高科技园区。

(4) 人才港。

(5) 无水港。

2.战略大平台的产业推升战略

1) 产业体系构建

(1) 邢台市"十二五"规划的产业框架。

① 支柱产业：装备制造、新能源、煤盐化工。

② 传统产业：钢铁、建材、食品、纺织服装。

③ 新兴产业：新能源汽车、新材料、节能环保。

④ 现代服务业：现代物流、休闲旅游、金融保险、商贸服务、社区服务、商务服务、房地产。

(2) 京津冀协同发展时代的产业框架。

① 先进制造业：装备制造、煤盐化工、钢铁新型建材、纺织服装、食品、医药。

② 战略新兴产业：电子信息、节能环保、新能源、新材料。

③ 现代服务业：现代商贸业、现代物流业、金融业、会展与商务服务业、文化创意产业、旅游业。

2) 战略大平台的核心产业

① 新兴产业：高端装备制造、电子信息、节能环保、新能源、新材料。

② 现代服务业：现代商贸业、现代物流业、金融业、会展与商务服务业、文化创意产业、旅游业。

3) 引擎平台与产业推升示例分析(仅限于产业组织理论)

依据产业链价值分析，研究产业价值创造的关键环节，找出产业主导发展方向和发展动力。

(1) 产业链价值分析。

新能源装备制造业产业价值链(图 2-5)主要由能源科技研发、新能源材料生产、

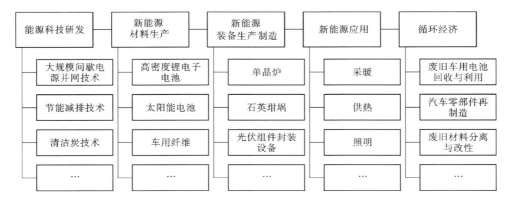

图 2-5　新能源装备制造业产业链

新能源装备生产制造、新能源应用、循环经济五大环节构成。其中,最上游的科技研发环节是确保产业链持续竞争力的关键环节;新能源材料生产、装备生产制造这些中间环节是产业链的主体构成,是实现技术研发向产业化方向转变的关键;新能源应用是产业市场化的关键,市场需求是产业发展的立足点和出发点;循环经济是当前新能源产业发展的一个新兴领域,也是这个产业今后实现价值的重要方向。

（2）提升途径分析。

向上游发展,技术革新推动产品升级;向下游进行价值延伸,推动产品民用化,直接面对终端消费者。

（3）发展动力来源。

① 增强科技平台力量。

② 增强市场平台力量。

通过上述分析,我们可以得出城市的市场平台和科技平台就是该产业的引擎平台。

4）产业引擎构建

基于分析,将科技、文化、金融、市场、交通设施、人力资源、生产资料、企业基地、战略投资、生态环境十大产业作为开始发展的核心引擎(图2-6)。

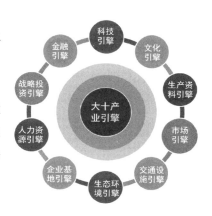

图2-6　十大产业引擎示意图

5）十八大产业平台项目

产业引擎需要以产业平台的方式组织起来,表2-1列出了邢台的18大产业平台项目。

表2-1　18大产业平台项目

序号	产业平台	内涵	案例借鉴
1	高铁新城	邢东新区的商务发展核心,邢台外向型经济门户,京津冀一体化对接的枢纽,加速京津冀人流、物流、信息流和金融流流通的商务平台	邯郸东部新区
2	东城EOD	集中商务办公、休闲商务、滨水休闲商业等功能的生态办公区,是邢东新区的生态商务中心	上海松江EOD
3	人才港	提供创新创业、高端人才乐业宜居的平台	上海浦东碧云社区
4	生态科技港	培育信息产业、服务外包,富有魅力的科技创新基地	合肥蜀山开发区
5	无水港	邢台参与京津冀国际化产业协作的内陆港口经济区,承担区域性物流集散、国际出口加工等国际化产业分工职能	宁夏石嘴山惠农无水港
6	高新科技产业区	科技创新、产业孵化,京津科技产业转移的承接区	杭州高新区
7	京津产业转移基地	培育新能源、新材料、高端装备制造等战略性新兴产业,建立制造基地,推行园区共建,承接、配套京津产业的分工协作发展和技术转移	廊坊永清开发区
8	总部经济区	商务办公、总部基地、研发基地	上海总部1号
9	大商贸区	专业化的市场集聚区	天津津滨大道现代商贸物流聚集区

序号	产业平台	内涵	案例借鉴
10	七里河休闲产业带	通过商业、商务、餐饮娱乐、主题休闲度假、文教体育、居住等多元业态促进滨水休闲产业发展	沈阳五里河滨河产业带
11	中央活力区	邢东新区的综合服务核心，大力发展商业、商务、文化教育产业、公共服务业	苏州工业园区金鸡湖
12	龙岗新区	邢台西北部集行政、文化、商务、商贸、居住等功能于一体的新区	
13	上东片区	商业、度假休闲、宜居乐活的生态新区	唐山南湖城市中央生态公园
14	科教产业基地	形成以职业教育为中心的科教产业园区	
15	文化创意基地	结合历史文化遗址和邢钢现代工业文化，培育文化创意产业	上海宝山玻璃厂改造、上海杨浦区老厂房改造
16	火车站商圈	邢台老城区商业、商务中心	郑州火车站二七商圈
17	呼叫中心	电子商务、信息外包	合肥蜀山开发区
18	现代物流基地	重点提供城市生活消费品物流集散服务、专业化产品市场的集散服务、物流外包服务	上海青浦商贸物流区（包含吉盛伟邦国际家具村、奥特莱斯）

3

战 略 破 局

按照邢台市委《关于开展"学讲话、转作风、优环境、促发展"大讨论活动的实施意见》，邢台市城乡规划局与同济大学承担了《做大做强中心城市专题研究》，从当前形势、问题和出路三个方面进行了论证，形成研究成果。

3.1 现状与问题

3.1.1 邢台市辖区建设现状

1. 人口情况：市辖区人口集聚程度不高

市辖区人口占全市人口比重不高，2013 年市辖区人口占全市人口比重为12.72%，市辖区城镇人口占全市城镇人口比重为 26.34%，市辖区城镇人口首位度为 2.9，市辖区人口集聚度仍有较大的上升空间（表 3-1）。

表 3-1   2013 年邢台市区县人口比较

区县(市)	总人口		城镇人口	
	数值/人	位次	数值/人	位次
市辖区	914 474	1	808 773	1
邢台县	323 838	12	84 846	14
南宫市	474 333	5	195 886	4
沙河市	416 039	6	199 609	3
临城县	206 523	16	74 534	15
内丘县	269 741	15	97 785	13
柏乡县	192 172	17	66 606	16
隆尧县	512 371	4	187 988	6
任 县	331 829	10	116 405	10
南和县	329 310	11	115 489	11
宁晋县	774 245	2	274 866	2
巨鹿县	379 128	8	142 097	8
新河县	171 741	18	60 281	18
广宗县	287 298	14	65 928	17
平乡县	303 603	13	106 018	12
威 县	563 485	3	157 510	7
清河县	390 858	7	188 784	5
临西县	347 612	9	127 504	9

2. 经济发展：市辖区缺乏引领经济发展的能力

市辖区经济发展实力不强。市辖区在社会消费品零售总额、财政收入等方面具有较大优势，说明其作为市域中心的地位比较突出。但是在 GDP 方面，市辖区与第二位的沙河市相差不大；在人均 GDP 方面，市辖区甚至不及沙河市和邢台县，而宁晋县、清河县等也处于快速发展之中（表 3-2）。可见市辖区的中心地位，尤其是经济地位正面临着较大挑战。

表 3-2　　　　　　　　　　　　　2013 年邢台市区县主要经济指标

区县 （市）	GDP		人均 GDP		社会消费品 零售总额		财政收入	
	数值/ 万元	位次	数值/ 元	位次	数值/ 万元	位次	数值/ 万元	位次
市辖区	2 996 376	1	32 766.114 73	3	1 521 054	1	642 144	1
邢台县	1 233 983	4	38 104.947 54	2	69 470	18	112 019	3
南宫市	787 599	8	16 604.347 58	9	358 175	6	41 138	9
沙河市	2 047 245	2	49 208.006 94	1	504 190	4	215 020	2
临城县	570 503	9	27 624.187 14	6	166 877	14	45 309	8
内丘县	834 645	7	30 942.459 62	4	252 402	9	76 089	6
柏乡县	250 146	17	13 016.776 64	11	133 973	16	17 000	16
隆尧县	897 172	6	17 510.202 57	8	372 607	5	66 266	7
任　县	337 783	15	10 179.429 77	17	240 429	11	31 087	15
南和县	360 518	14	10 947.678 48	16	213 721	12	32 806	13
宁晋县	1 540 006	3	19 890.422 28	7	611 765	2	111 336	4
巨鹿县	455 086	12	12 003.492 22	14	287 848	7	33 339	11
新河县	222 964	18	12 982.572 59	12	134 403	15	13 306	18
广宗县	336 904	16	11 726.639 24	15	128 686	17	14 168	17
平乡县	370 777	13	12 212.560 48	13	199 241	13	34 026	10
威　县	490 333	11	8 701.793 304	18	259 748	8	31 435	14
清河县	1 086 141	5	27 788.634 24	5	527 344	3	77 029	5
临西县	502 439	10	14 454.017 7	10	247 378	10	33 239	12

3.1.2　存在的主要问题和限制因素

通过对邢台市辖区发展现状的分析，可知其目前主要存在以下六方面问题。

1. 中心城区规模小，集聚效应不强

2013 年，邢台中心城区人口 91.45 万人，建设用地 90 km²，与市域 720 万人、1.25 万 km² 的规模极不协调，首位度不高，集聚效应不强，"小马拉大车"的问题十分突出。从全省范围看（表 3-3），邢台市中心城区人口、建成区面积、市域人口比例等指标均处于中等以下水平。

表 3-3　　　　　　　　2013 年河北省各地级市中心城区规划人口及用地规模

序号	地级市	中心城区人 口/万人	中心城区用 地规模/km²	市域总人口/ 万人	市域总面 积/km²	中心城区人口	
						比例/%	位次
1	石家庄市	300	287	1 060	15 848	28.30	2
2	承德市	80	84	423	39 519	18.91	7
3	张家口市	129.8	124	460	2 080	28.22	3
4	秦皇岛市	135	149	325	7 812.5	41.54	1
5	唐山市	220	210	990	13 472	22.22	4
6	廊坊市	118	118	570	6 429	20.70	5

序号	地级市	中心城区人口/万人	中心城区用地规模/km²	市域总人口/万人	市域总面积/km²	中心城区人口	
						比例/%	位次
7	保定市	205	210	1 242	22 109	16.51	8
8	沧州市	100	95	839	14 201	11.92	11
9	衡水市	70	70	450	8 815	15.56	9
10	邢台市	100	95	760	12 434	13.16	10
11	邯郸市	200	197	980	12 071	20.41	6

2. 中心城区实力较弱，辐射能力不足

从区域层面看，与河北省其他地级市市区相比较（表3-4），邢台市无论是总量指标还是相对指标，排名都处于中游偏下，人均GDP更是排名靠后。

表3-4　　　　　　　　　2013年河北省地级市中心城区主要指标及排名

序号	地级市	总人口		GDP		人均GDP		社会消费品零售总额		地方财政收入	
		数值/万人	位次	数值/亿元	位次	数值/元	位次	数值/亿元	位次	数值/亿元	位次
1	石家庄市	294.78	2	1 573.54	2	53 381	5	811.77	1	180.31	2
2	承德市	64.44	9	263.20	10	40 843	8	110.35	11	41.00	8
3	张家口市	106.69	6	433.06	8	40 591	9	193.25	6	13.31	11
4	秦皇岛市	106.89	5	618.42	5	57 856	4	309.49	5	85.55	3
5	唐山市	308.80	1	2 954.57	1	95 679	2	756.26	2	199.50	1
6	廊坊市	84.19	8	449.31	7	53 369	6	140.30	8	64.84	6
7	保定市	117.34	4	763.92	3	65 103	3	321.97	3	70.13	5
8	沧州市	60.36	10	582.92	6	96 574	1	117.38	9	59.51	7
9	衡水市	54.93	11	214.88	11	39 119	10	112.66	10	26.57	10
10	邢台市	91.45	7	276.06	9	30 187	11	152.08	7	36.61	9
11	邯郸市	145.36	3	660.35	4	45 427	7	309.52	4	85.12	4

在复杂的区域环境下，邢台中心城区与其他城市中心城区相比不具优势，在经济实力、财政收入方面还存在一定的竞争劣势，整体竞争力不高。面临众多的竞争对手，如何提升邢台市中心城区实力，更好地参与区域竞争，是邢台未来发展需要解决的重要问题。

从市域内部看，中心城区在经济指标方面，与其他县（市）并未拉开差距，在人均GDP方面，甚至不及沙河市和邢台县，中心城区的地位正面临着较大挑战。这也很大程度地制约着中心城区对周边区域的吸引力和自身的辐射能力，不利于中心城区发挥区域带动作用，实现全市的整体可持续发展。

3. 产业发展层次偏低，结构不合理，多数产业属于供给侧改革对象

2003年以来，邢台市的第二产业比重一直保持在55%左右。近一两年，由于政府加大了环境治理力度，部分企业关停并转，使得第二产业比重有所下降，但仍然在50%以上。第三产业占比不高，没有发挥对周边区域的引领作用。同时，在第二产

业内部结构中,传统产业占了很大比重,而且普遍存在企业规模小、技术装备差、工艺水平落后等问题,整个经济仍然没有走出"以资源换增长"的高投入、高消耗、高污染的初级发展阶段。

2012 年,邢台市规模以上工业增加值为 573.6 亿元,其中煤、焦、铁、非金属制品(玻璃为主)等相关产业规模以上工业增加值达 356.6 亿元,占总量的 62%,说明经济发展对资源的依赖性较大。而这些产业正遭受着市场需求和供给侧改革政策的双重挤压,市场需求不振,以无形的手挤压着产业发展前景;供给侧改革政策更是以有形的手快速对传统落后产业形成去产能压力,这给城市中短期内的产业发展形成了巨大压力。

4. 城市空间发展主导方向不明确,工业围城现象明显

邢台市在半个多世纪的发展过程中,不同外部条件的产生使得城市空间发展主导方向尚不明确。在城市化初期,这种不明确还没有对城市发展产生重大不良影响,然而随着城市化进程的加快,急需梳理城市空间脉络,明确城市未来空间发展的主导方向,以便优化资源配置,集中力量进行城市建设。

此外,由于缺乏统一明确的发展方向和规划协调,邢台中心城区工业围城现象比较明显,东有开发区企业集群,南有热电厂,西有德龙钢铁、邢台钢铁和冶金,北有建滔化工和旭阳工业集聚区,工业企业将邢台市区包围,对土地集约利用、企业之间的业务对接与协作和生态环境等方面造成消极影响。

5. 生态环境日益恶化,环境保护面临较大挑战

资源型、高耗能、高排放的产业结构导致环境污染,加上特殊的地理环境、生态空间结构不完善等因素,邢台雾霾频发。由于太行山的自然屏障和城市高层建筑的阻挡,大气层中出现上暖下冷的逆温现象,使得大气中的污染物不易向上扩散。寒冬季节容易形成雾霾,从而加剧大气污染。据市历年环境空气监测数据显示,邢台中心城区空气污染程度按照季节由重到轻依次是四季度、一季度、二季度、三季度,每年的 11 月至次年 3 月空气污染最严重。此外,该地主导风向南北方向缺乏生态廊道,斑块生态效应较差,加剧了雾霾的形成。邢台的空气质量差在全国乃至全世界范围都是广有报道的。英国卫报将邢台列入 2016 年全球空气质量最差的 20 个城市之一;中国环境监测部门的报告也指出,邢台 2016 年的 $PM_{2.5}$ 年平均值达到 131.4 μg,呼吸困难指数位居全国监测城市之首。

据《2011 年邢台市水资源公报》,全市地表水水质监测河流(总长 634.2 km)中,有水的河段长 498.4 km,Ⅱ 类水质河长 66.8 km,Ⅲ 类水质河长 38.9 km,劣 Ⅴ 类水质河长 392.7 km。未受污染的河段主要分布在各河流的上游山区,位于平原区的中心城区河段受污染严重。另外,地下水超采严重,导致泉水断流,在环境承载力方面限制了中心城区的发展,也不利于中心城区打造优美的滨水景观和塑造泉城特色。

6. 城市功能不够完善,城市缺乏吸引力,深度城市化进程面临较大阻力

深度城市化是深圳首度提出的一个概念,指城市化发展到一定程度后,在城市素质、功能结构和空间素质上以质量为考量关键的城市化新阶段。目前邢台市中心

城区存在城市功能配套不够完善、层次较低的问题,主要有两大类型的欠缺。

第一类是城市产业服务功能设施的欠缺,例如一些能够辐射区域的会议、会展、文化创意、高端商务等功能缺失。值得特别指出的是,城市生态环境质量低下,也极大地影响了其对周边区域的吸引力,不利于产业的转型发展。

第二类则是城市生活服务功能设施的欠缺。一些与居民生活息息相关的商业、文化娱乐、教育、医疗等公共服务设施缺乏,服务水平不高。以教育资源为例,虽然在数量上整体满足基本需求,但质量不高,缺乏名校等优秀的教育资源,医疗服务也存在类似的问题。这样使中心城区对周边县(市)人口缺乏足够的吸引力,成为集聚人口、做大中心城市的瓶颈。

3.1.3 做大中心城市的必要性

1. 应对区域发展变化,搭建城市发展战略平台的需要

近年来,邢台所处的区域环境发生了巨大变化,京津冀一体化、冀中南经济区、省会经济圈、中原经济区等国家和区域战略陆续被提出,邢台的发展需要在更大的战略平台上谋划。邢台周边城市都在谋划如何搭乘国家战略的快车,纷纷提出各自的发展战略和路径。如石家庄提出了"1+4"的都市圈战略,以省会为中心建设"石家庄都市圈",主动接轨京津冀一体化;邯郸则规划以主城区为核心,8个卫星城为重点的"1+8"城市群战略。邢台要在战略选择、平台搭建上找出适宜的发展途径,这也是邢台融于区域一体化发展中面临的迫切需要。

2. 顺应城市发展规律,实现城乡一体化的要求

根据世界城市发展经验与城市发展研究成果,规模较大的城市会产生明显的聚集效应,从而带来较高的规模效益、较多的就业机会和较大的经济扩散效应。大城市在节约土地资源和创造就业机会等方面也明显优于中小城市。同时大城市通过经济的扩散效应带动城乡实现一体化发展。

对于邢台市而言,现中心城区规模不大,实力不强,对周边区域的带动作用有限,不利于城乡一体化的实现。只有通过做大中心城市,并向外辐射,才能使得周边区域人民的生活水平得到不断改善,不断缩小城乡差别,形成城乡一体发展新格局。

3. 疏解老城、拉大框架,改善生态环境的需要

由于城市空间局促,现有中心城区人口密度较高,居住与工业用地相互混杂,城市开敞空间不足,缺少大型的生态通风廊道,交通拥堵等大城市病已经开始显现,尤其一些大型工业企业位于城区内部,污染物排放对城市环境质量产生了极大影响。

通过做大中心城市,尤其是做大中心城市空间规模,将极大地拓展中心城市的发展空间,有利于老城区人口和功能合理疏解,降低原有城区密度,留出更多开敞空间,同时为大型工业企业的搬迁提供更广阔的平台,能在更大的空间框架下处理好人口、经济发展与环境保护之间的关系,对改善中心城市环境质量具有重要意义。

4. 完善城市功能配套，提高居民生活品质的有效途径

当前邢台市中心城区整体实力不强，城市功能不完善，很大程度上是因为受到了可拓展空间的制约，主城区发展已近饱和。通过做大中心城市，可以为城市功能提供充足的空间，同时有利于促进经济发展，增加就业岗位。这不仅提高了原有居民的生活品质，还有利于人口从农村向城市转移、从中小城镇向大中城市转移，从而在更大范围增强人们的幸福感，让更多城乡居民共享改革发展成果，提高全体居民的生活水平。

5. 优化城市空间布局，推动产业转型升级的迫切要求

由于历史原因，邢台这类老工业城市中心城区的原有空间普遍存在布局不合理的问题，传统工业用地较大、城市公共服务设施欠账较多。通过做大中心城市，以增量空间为城市功能空间调整及布局优化提供更多的空间选择。

此外，产业与城市之间具有相互依存、相互推动的密切关系。产业发展为做大中心城市提供基本的动力，而做大中心城市必然为产业发展提供重要的载体和支撑。做大中心城市为产业发展提供巨大空间，改善城市原有产业功能混杂的问题，同时为产业发展提供更广阔的市场，有利于优化资源配置，提高生产经营水平，以及调整优化产业结构。

3.2 做大做强中心城市的发展战略及定位

做大中心城市不是盲目地做大，必须围绕建设现代化区域中心城市的总体发展目标，着力实现综合服务功能和辐射带动作用的提升。因此，必须科学定位，明确发展思路和发展途径。

3.2.1 发展战略

1. 区域分析

（1）从国家层面看邢台。

《全国主体功能区规划》提出了"两横三纵"的城镇化战略格局，并在《国家新型城镇化规划（2014—2020年）》中进一步加以明确。邢台处于三纵结构中最为重要的京广发展带上，是国家城镇化战略格局中的重要节点城市，属于主体功能区分类中的国家重点开发地区。

（2）从区域层面看邢台。

邢台区位优势明显，已成为连接东部沿海地区、华北地区和中原地区的重要交通枢纽。

邢台同时处于环渤海经济区、中原经济区、京津冀地区，但都在边缘区域（图3-1和图3-2），其政策的享受度及接受的辐射较弱，近年来的发展也可以看出，邢台并没有因此而腾飞。河北省发展战略中的冀南地区只有邢台和邯郸，但邢台发展的势头赶不上邯郸，被边缘化的趋势仍在加强。

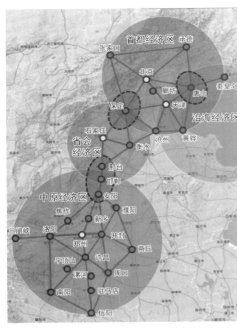

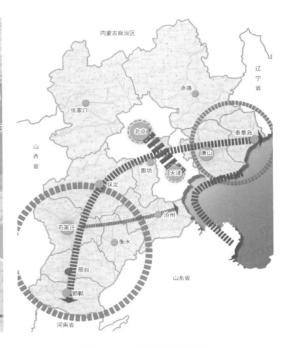

图 3-1 邢台与首都经济区、省会经济区、
　　　　中原经济区的关系

图 3-2 京津冀空间结构

　　目前,冀中南地区初步形成由石家庄省会都市圈、邢台都市圈和邯郸都市圈组成的石邢邯城镇密集带,邢台都市圈在空间表现为"一城五星",是石邢邯城镇密集带的重要组成部分(图 3-3)。但石家庄、邯郸在人口规模、经济总量等方面优于邢台,邢台处于被吸引的低洼地带和"过路"经济地带。

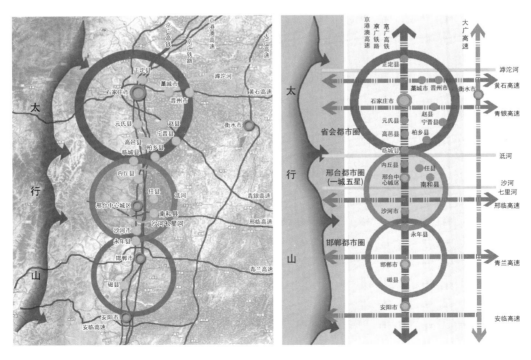

图 3-3 石邢邯城镇密集带

《邢台市"一城五星"城乡总体规划》指出,邢台必须借助环渤海经济圈、中原经济区、京津冀一体化、省会经济圈等国家和区域战略的政策优势,立足自身,挖掘优势,跨越发展,对接京津,对接省会都市圈,努力建设成为省会城镇群南翼枢纽。

2. 周边城市做大中心城市发展战略及定位

1) 省内同类型城市

保定、石家庄、邯郸同处于京广铁路沿线、太行山前地带,发展条件具有相似性,对于如何做大邢台中心城市具有借鉴意义。

(1) 保定。

① 城市结构:《保定市城市总体规划(2008—2020年)》确定城市空间结构为"一主三次","一主"指保定核心都市区,"三次"分别指涿州、定州和白沟-白洋淀温泉城。

② 发展战略:紧紧围绕建设京畿强市、善美保定的奋斗目标,深入贯彻落实科学发展观,坚持新型城市化与新型工业化、农业现代化同步发展,紧扣"提速、提质"主题,实施城市突破战略,以规划为引领,以增强综合承载能力为基础,以项目园区为主要抓手,加快做大做强中心城市,做优做美区域中心城市和县城,做新做特小城镇和中心村,促进大中城市和小城镇协调发展,努力构建"大马驾辕、多马拉车、众星捧月、各放异彩"的城市发展新格局,促进全市经济社会快速发展。

③ 城市定位:保定市是国家历史文化名城,京津冀地区中心城市之一,也是承接首都部分行政事业单位、高等院校、科研院所和医疗养老等疏解的服务区(政治副中心)。

(2) 石家庄。

① 城市结构:《石家庄市城市总体规划(2006—2020年)》确定城市结构为"1+4",市内五区及正定、鹿泉、藁城、栾城四县共同形成都市圈。

② 发展战略:加大辐射,拓展腹地,面向渤海,开放带动,适当挂靠,合理做大。积极融入全球价值链,提升与拓展经济腹地,建设石家庄都市圈,把握时机接轨京津。

③ 城市定位:河北省省会,京津冀都市圈第三极,京津向中西部辐射的第一中枢,河北省对外竞争、交流的第一平台。

(3) 邯郸。

① 城市结构:"一城、六片、十四组团",不同功能组团之间由河流水系、生态绿地、防护绿地相间隔。"一城"指中心城区;"六片"指中心片区、高新片区、城南片区、城北片区、马头片区、机场片区;"十四组团"指邯山组团、丛台组团、复兴组团、赵王城-邯钢组团、开发区组团、新区核心组团、代召组团、物流组团、高教组团、黄粱梦组团、苏里组团、马头西组团、马头东组团、机场组团。

② 发展战略:将邯郸打造成以名城、区位、资源三大优势为依托的,中原最重要、最具活力的新型制造业基地。战略重点:一是打造冀晋鲁豫接壤地区的中心城市;二是做大做强中心城市,拉大城市框架;三是合理安排大型基础设施;四是"以文为魂、以绿为脉、以水为韵",塑造独具魅力的特色城市。

③ 城市定位:国家历史文化名城,冀中南地区的重要经济增长极和冀晋鲁豫四省接壤区域的中心城市。

④ 发展目标:实现全面建设小康社会的奋斗目标,全面提升城市综合实力和竞争力,切实增强对冀晋鲁豫接壤地区的综合服务功能,建成国家级生态园林城市。

2) 周边地市发展定位

(1) 太原。

太原是国家煤炭能源服务中心、煤炭商品交易中心,国家重要的煤炭科技创新基地、机械装备制造业基地,黄河中游经济区重要的商贸物流中心,中部地区重要的综合交通枢纽,山西省旅游服务基地,山西省文化娱乐中心。

(2) 济南。

加强和完善的城市职能:全省的政治、经济、科技、文化、教育、旅游中心,区域性金融中心,全国重要交通枢纽。

培育和突显的城市职能:现代服务业和总部经济,高新技术产业和先进制造业。

(3) 郑州。

优先发展的城市职能:全国性综合交通枢纽、通信中心,全国性能源、原材料基地。

促进发展的城市职能:区域性物流、商贸中心,区域性金融中心,区域性旅游服务中心,区域性信息服务中心,区域性科、教、文、体、卫中心,区域性科技创新基地。

进一步加强的城市职能:先进制造业基地。

(4) 安阳。

安阳是世界文化遗产地,中国优秀旅游城市,河南省以现代制造业为基础的新型工业基地,豫北地区的商务信息中心、交通物流中心、教育科研中心和文化旅游中心。

(5) 衡水。

衡水是京津冀地区重要的旅游服务基地和特色加工制造基地;冀东南地区的文化、教育、科技、信息中心,交通枢纽和商贸物流中心。

(6) 廊坊。

廊坊是京津冀城镇群的重要功能节点,北京世界城市区域的重要组成部分和河北省国际化先锋城市,河北省环京津地区发展的领跑者和新的增长极,河北省城乡统筹改革"先行先试"的典范和经济发展转型示范区。

(7) 沧州。

沧州是京津冀城镇群的重要城市之一,我国北方地区重要的交通枢纽和出海口,河北省重要的经济增长极,河北省重要的化工产业基地,市域政治、经济、文化中心,著名的运河城市和武术杂技之乡,区域现代物流中心,和谐发展的宜居城市。

3. 邢台发展战略及定位

1) 发展战略

邢台采取"一城五星"的总体发展战略,立足自身,对接京津,借力省会经济区,努力将邢台建设成为京津冀南部重要的中心城市,国家重要的制造业基地与产业创新转型示范区,生态旅游城市与历史文化名城。

为落实总体发展战略和目标,规划提出四个分战略。

(1)生态战略:生态优先,网络发展,减霾治污。一是发展休闲旅游,重点打造太行山山水风光旅游度假基地;二是建设京津冀南部生态屏障与涵养基地;三是发展现代农业,建设绿色食品加工基地。

(2)空间战略:中心极化,组团发展,城乡融合。一是做大做强中心城市,完善城市功能;二是建设京津冀南部交通枢纽城市;三是发展枢纽型现代物流。

(3)产业战略:转型提升,集群发展,产城互动。一是承接京津制造业转移,发展先进制造业;二是加快科技成果转化,建设创新基地;三是大力发展职业教育产业。

(4)文化战略:强化保护,复萌文化,提升品质。主要是传承与发扬历史文化,创建国家历史文化名城。

2)发展定位

从"一城五星"分工协作、提升整体竞争力的角度,各组团定位如下:

(1)中心城区:邢台市行政商务文化中心,以高新技术、总部经济、现代服务为主的核心城区,历史文化名城。

(2)沙河组团:中国高端玻璃制造基地,以新型材料、装备制造、空港物流为主的城市组团。

(3)任县组团:城市商务副中心,以现代商贸服务、先进制造为主的城市组团。

(4)南和组团:邢台市工业基地,大宗物流中心,以承接中心城区产业转移和农副产品加工为主的城市组团。

(5)内丘组团:中医药产业基地,以新兴产业、文化旅游为主的城市组团。

(6)皇寺组团:科教休闲中心,以职业教育、休闲度假为主的城市组团。

3.2.2 发展目标

通过经济、政治、文化、社会、生态五位一体的建设,实现新时期的"邢州大治",在冀中南地区率先崛起,成为空间发展与治理的典范。结合功能定位,确定"一城五星"的发展目标为区域中心、创新基地、山水绿城、文化名都。具体来说,即以建设冀中南区域中心城市为目标,以坚持建设区域城市、宜居宜业城市、绿色城市、幸福城市为抓手,全力打造"山水泉城"城市品牌。

(1)区域中心:加强与京津对接,完善中心功能,将邢台发展成为京津冀南部重要的中心城市,省会南翼枢纽城市,邢台都市圈的核心区。

(2)创新基地:依托现有的玻璃、装备制造等优势产业,与京津冀的科研院所、高校、企业等合作,建设创新研究成果转化基地和产业化基地,打造国家级先进制造业基地;利用交通枢纽、产业基础和资源条件等发展电子商务、物联网、文化创意等产业,搭建企业创新平台,形成产业创新基地;结合现有产业升级转型的机遇,建设产业创新转型示范区。

(3)山水绿城:结合太行山及山前地带的山水格局,完善水系,治理污染,改善生态环境条件,创建国家公园,努力让百泉复涌,建设生态城市和文化旅游城市。

(4) 文化名都:作为省级历史文化名城,进一步发掘历史文化题材,塑造守敬故里,打造大遗址公园等,保护古城并恢复部分古都风貌,同时发展文化产业,建设国家级历史文化名城。

3.2.3　发展方略

为实现建设区域中心城市的目标,需要稳步推进,实施"三步走"战略。

第一步,将邢台打造成冀中南地区跨越发展的增长极。搭建做大中心城市、跨越式发展的战略平台,积极谋划新的发展空间,壮大主城区,发展各类产业园区和生态新城,将发展作为第一要务,扎实推进。

第二步,将邢台建设成为京津冀重要的现代化区域中心城市。积极对接京津,承接产业转移,协同建设交通等区域设施,引进科技、人才等。增强自身"造血"功能,进一步扩大规模,完善城市功能,扶持新兴产业,淘汰落后产业,成长为京津冀南部现代化区域中心城市。

第三步,打造名副其实的"山水泉城""文化名都"。在壮大城市规模和产业的同时,建设环境优美、宜居宜业的生态城市。充分利用"山-水-城-田"的格局,打造太行山、大陆泽国家公园,努力使百泉复涌,创建国家级生态城市。深入挖掘和保护历史文化资源,努力创建国家级历史文化名城,使得城市品位上档次,城市魅力再提高。

3.2.4　遵循发展规律,实现三个转变

在做大中心城市的同时,要实现"三个转变"。

一是从注重城市向"以城带乡、城乡统筹"发展方式转变,以城乡统筹为路径,不断加快联动发展的城乡一体化进程。

二是从注重经济向经济、社会协调发展转变,以百姓幸福指数体现经济发展质量和效益。

三是从一、二、三产并重,向以工促农、壮大地方经济总量、培养三产优势转变,促进发展规模、速度、质量、效益的同步提升。

3.3　做大做强中心城市的发展途径

从区域竞争的形势和"以人为本"的发展理念看,做大中心城市是基础,是载体。同时还要做精,这也是近年来国家对城市发展"扩容、提质"的要求。规划将做大中心城市内涵全面扩展,从"做大""做强""做优""做美"四个方面来全面提升中心城市的综合实力。

3.3.1　做大中心城市，拓展城市发展空间

"做大"，主要指扩大中心城市面积，谋划城市发展空间，整合城市资源，合理配置各类生产要素，增强其对区域经济的辐射带动作用。做大中心城市主要从行政区划调整、空间布局优化两个方面来实现。

1. 规划理念

坚持"一城五星"整体提升的理念，将"一城五星"区域建设成区域中心城市。

邢台中心城市的发展如果仍沿用固有思路，稳步发展，势必在区域竞争中失去先机。邢台必须跨越式发展，迎头赶上。"一城"及"五星"各县(市)空间距离近、社会经济联系紧密，分工协作的态势初步形成，未来成长为"邢台都市圈"势在必行。只有将"一城五星"作为邢台市新的中心城区，才有可能和保定的"一主三次"、石家庄的"1+4"和邯郸的"一城、六片、十四组团"同乘发展的快车。

2. 思想转型

要实现"一城五星"的整体提升，首先应转变思想观念。

(1) 树立大邢台的观念。依托发展战略平台，集中人力、物力和财力，全面调动各种要素，激活人流、物流、资金流、信息流，将"一城五星"作为一盘棋，落实发展战略中各县(市)的职能和分工，同时在考核时制定不同的标准，如邢台县，将以发展生态产业为主，生态保障能力和程度将作为考核的首要指标，工业发展可以不予考核。

(2) 放弃本位主义。要破除一亩三分地思维，不能因县(市)小区域经济发展利益，实行"诸侯割据"和各自为政。按照"一城五星"职能分工，项目不适合在本地落位的，可交给其他合适的县(市)，市政府可以制订财税分成政策，以鼓励各县(市、区)大力招商，发展经济。

(3) 树立经营城市的理念。经营城市，就是以城市发展、社会进步、人民物质与文化生活水平的提高为目标，政府运用市场经济手段，通过市场机制对构成城市空间和城市功能载体的自然生成资本(土地、河湖等)、人力作用资本(如路桥等市政设施和公共建筑)及相关延利资本(如路桥冠名权、广告设置使用权)等进行重组营运，最大限度地盘活存量，对城市资产进行集聚、重组和营运，以实现城市资源配置容量和效益的最大化、最优化。这样就有效地改变了原来在计划经济条件下形成的政府对市政设施只建设、不经营，只投入、不收益的状况，走出一条以城建城、以城兴城的市场化之路。

3. 行政区划调整

1) 调整的必要性

进行行政区划调整是拉大城市框架，加快建设大邢台的必然选择，可以进一步优化城市空间布局，提升中心城市功能，充分发挥区域中心对全市经济社会发展的带动作用，展示改革开放和建设发展的新形象，具有十分重大的意义。与此同时，行政区划调整还将为加快新型城镇化进程创造条件、提供空间，城镇化率将会得到较大提升，为全市发展注入强大动力。

中心城区、邢台县、南和县、任县的发展日益受到行政区划的限制。同时，作

为一级行政主体,其各自为政,发展无序,不能形成合力,发展空间受限,公共设施、基础设施建设不能有效共建共享。中心城区周边县(市)均有污染工业,造成重工业围城,污染问题加剧。各种要素缺乏有效统筹和管理,"散""乱"现象突出。

从石家庄、长沙、西安等地做大中心城市的经验看,它们均以行政区划调整为先导,用统一的规划、统一的行政管理体制来引导周边城镇协同发展,形成一个有机整体。

2)调整方案

根据周边五县(市)的发展基础和发展需求,规划提出大、小两个方案,详见2.2.4节中的"区划方案"。

3)新设区的范围及主要功能

(1)龙岗区(邢台县)。

邢台县位于中心城区外围,与中心城区空间紧邻,交通联系便捷,而且发展基础较好,符合撤县设区的标准。

邢台县没有自己的城区,与邢台市中心城区同城化势必产生行政管理、城市建设等多方面的问题和矛盾。一方面,邢台县会挤占市区的城市建设等资源;另一方面,邢台县地域较为广阔,下辖的乡镇和开发区的建设标准与中心城区差距较大,不利于城乡统筹协调发展。

因此,邢台县撤县设区后,建议调整行政区划:邢衡高速连接线西部区域为一个区,恢复邢台县古时名称"龙岗区";以东部分分别划入桥西区、桥东区和邢东区。

龙岗区主要以发展生态产业为主,将建设成为邢台市的生态屏障和后花园。

(2)邢东区(任县、南和县、高铁片区)。

任县、南和县位于中心城区东部,与中心城区距离不足10 km,与京广高铁邢台东站紧密相连,交通条件好,有一定的产业基础,基本符合《市辖区设置标准(征求意见稿)》的要求。

邢东区作为邢台东部生态新城,以总部经济、重型工业、食品业为主,将建设成为邢台转型发展、产城融合的试验区。

(3)沙河区。

沙河市位于中心城区南部,与中心城区距离相对较远,但随着其不断向北扩展,与中心城区距离将不断拉近,目前具有很好的经济发展基础,基本达到《市辖区设置标准(征求意见稿)》的要求。沙河市撤县设区将对市本级财政产生巨大贡献,有利于产业一体化布局,优化生态环境。

(4)内丘区。

内丘县位于中心城区北部,与中心城区距离相对较远,自身发展现状距离《市辖区设置标准(征求意见稿)》的要求尚有一段距离,因此其撤县设区将作为远期实施内容。内丘县产业主要为钢及钢制品、煤及煤化工、水泥建材,环境污染较为严重,对自身和中心城区都有一定污染,撤县设区有利于其调整产业结构、完善城市功能和改善生态环境。

4."一城五星"空间发展结构

1) 空间发展现状

目前,"一城五星"区域空间布局(图3-4)存在如下三方面问题:一是中心城区空间发展主导方向不明确,四处蔓延,分散拓展,土地集约利用程度不高;二是工业围城现象突出,严重影响城市环境质量;三是各组团缺乏统筹规划,难以形成合力。

图3-4 "一城五星"用地现状

2) 空间发展策略

(1) 融合发展,统筹协调:结合空间整体发展方向,统筹协调确定"五星"在整体空间框架中的分工,实现"一城五星"空间一体化发展。

(2) 调整工业,强化生态:以水网、绿道构建生态空间网络,形成良好生态基底;通过生态廊道设置通风风道,同时根据风向、距离等统筹协调工业布局,降低工业对城市环境的影响,提升环境品质。

(3) 拓展空间,建设新区:突破依托老城渐进发展的思路,跳出原有的空间框架,打造现代化新城区,做大中心城市空间规模。

(4) 塑造特色,传承文化:对历史文化空间进行整合提升,通过赋予其新的功能,注入新的活力,同时利用大型企业搬迁置换的用地形成文化产业空间。

3)"一城五星"城乡空间结构

规划主要采取新区带动与精明增长相结合的空间发展模式,形成"一城五星、一体两翼"的空间开发格局。既为城市长远发展拉大框架,又保证方案近中期的落实和实施,实现城市紧凑发展与跨越发展的有机结合。

一体指"一城五星"的中心城区;西翼指太行山区,形成西部生态保育区;东翼指滏阳经济技术开发区、三召工业园、现代农业示范区,形成东部产业发展区(图3-5)。

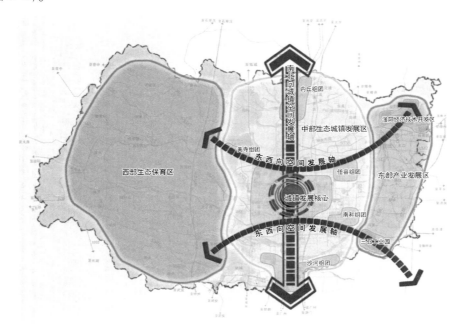

图3-5 "一城五星"城乡结构规划图

5. 城市空间发展方向

"一城五星"的大邢台构架为中心城区空间拓展提供了更多的选择,在对中心城区东南西北四个方向的优势条件和制约因素(图3-6)分析的基础上,确定中心城区

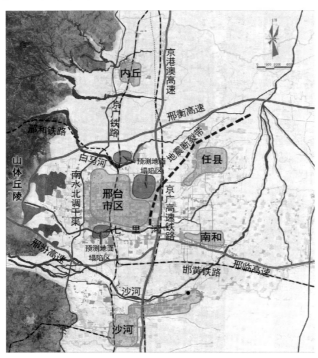

图3-6 空间发展限制性要素分析

发展方向。同时,结合"五星"的发展状况,确定各自的发展方向。

1) 中心城区发展方向

(1) 向北发展。

优势条件:北部交通优势明显,邢台市南北方向的大交通动脉有京广铁路、京港澳高速公路;北部为土地价格洼地,可适当发展与交通有关的物流、运输业。

制约条件:紧邻白马河,白马河北岸地势低洼,历史上属洪水泛滥区;不利于城市南北向通风,不适宜跨河搞大规模城市建设。

(2) 向西发展。

优势条件:未利用土地较多,交通便利,现状基础较好。

制约条件:南水北调工程使西部地区与中心城区之间形成割裂,不易与中心城区形成基础配套设施共享;西部处于二级水源保护区,排水、防洪等问题较难解决;向西逐渐进入丘陵地带,建设工程造价提高。

(3) 向南发展。

优势条件:跨七里河向南发展,地势平坦,距城市较近,且生态环境维护较好,适宜发展生态旅游业。

制约条件:七里河南侧西段属煤陷区,不宜发展;邢和铁路、邯黄铁路从七里河南侧通过,制约该地区未来发展;受沙河北部工业影响较大,且不利于南北向通风。

(4) 向东发展。

优势条件:京广高速铁路以东,地势平坦,适宜作城市建设用地;高铁新城的建立能带动中心城区与任县、南和一体化发展。

制约条件:农田较多,新区建设时基础设施建设投入较大。

(5) 结论。

综合以上分析,规划确定中心城区发展为东西发展,南北控制(图3-7)。

东西发展:东西方向是未来中心城区的主要拓展方向,是城市向外寻求更广阔空间的主要方向。向东依托高铁站的带动作用,跨越交通门槛,与南和、任县对接,打造集商务、总部办公、会展、体育等于一体的现代服务中心,建设成为邢台未来的城市新区。向西延续城市发展的惯性,在保护生态环境的基础上,结合皇寺、南石门、南大郭适度发展,并形成特色功能空间。

南北控制:南部主要优化现有空间,高新技术开发区在原有基础上进行填充式发展,同时优化城市生活及配套功能空间。对北部及内丘污染产业空间进行控制或搬迁,向北不再增设工业用地,完善相关的生活及配套功能空间。

2) 各城市组团的发展方向

(1) 沙河组团西侧有沙河机场,南侧为行政区划边界,发展空间有限,未来城市建设用地适宜向北、向东拓展。

(2) 任县组团西侧为邢台中心城区,易接受辐射带动,未来县城适宜向西、向南拓展。

(3) 南和组团西侧为邢台市经济开发区,向西发展易承接产业转移,未来县城适宜向北、向西拓展。

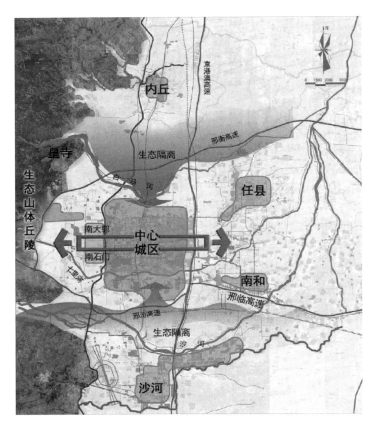

图 3-7　空间发展方向

（4）内丘组团北部有李阳河、西部有南水北调干渠限制，未来县城适宜向东、向南拓展。

（5）皇寺组团北侧、西侧受山体限制，未来主要向东拓展，也有利于与中心城区对接。

6. 城镇体系结构

规划形成中心城区、城市组团、中心镇、一般镇、乡集镇、中心村、基层村七级城乡居民点体系（表 3-5）。规划形成中心城区、组团、综合型城镇、工业（矿）型城镇、旅游型城镇、工贸型城镇六种职能类型（表 3-6）。

表 3-5　　　　　　　　　邢台市"一城五星"城乡居民点体系规划一览表

等　级		城　镇	城镇人口/万人
一级	中心城区 （2个）	老城区	125
		邢东新区	115
二级	城市组团 （5个）	沙河组团	30
		内丘组团	18
		任县组团	10
		南和组团	5
		皇寺组团（邢台县）	5

等 级		城 镇	城镇人口/万人
三级	中心镇 （5个）	羊范镇	3
		郝桥镇	2
		白塔镇	2
		路罗镇	1
		将军墓镇	1
四级	一般镇 （15个）	天口镇、金店镇、柳林镇、官庄镇、大孟村镇、沙河城镇、留村镇、新城镇、十里亭镇、辛店镇、綦村镇、浆水镇、宋家庄镇、西黄村镇、魏家庄镇	13
五级	乡集镇	—	80
六级	中心村	—	
七级	基层村	—	

注：南石门镇、会宁镇、晏家屯镇、祝村镇、东汪镇、王快镇、东郭村镇纳入中心城区范围。

表 3-6　　　　　　　　　　邢台市"一城五星"主要城镇职能一览表

城 镇		主要职能
中心城区		邢台市行政商务文化中心,以高新技术、总部经济、现代服务为主的核心城区,历史文化名城
城市组团	沙河组团	高端玻璃产业基地,以新型材料、装备制造、空港物流为主的城市组团
	任县组团	城市商务副中心,以现代商贸服务、先进制造为主的城市组团
	南和组团	邢台市工业基地,大宗物流中心,以承接中心城区产业转移和农副产品加工为主的城市组团
	内丘组团	中医药产业基地,以新兴产业、文化旅游为主的城市组团
	皇寺组团	科教休闲中心,以职业教育、休闲度假为主的城市组团
	滏阳经济开发区	冀中南重要的食品生产加工基地,以食品加工、机械制造为主
	三召工业区	邢台中心城区产业转移的基地
中心镇	羊范镇	以发展汽车制造、高新材料加工及电子信息为主的工贸型城镇
	郝桥镇	以发展食品加工、商贸物流为主的工贸型城镇
中心镇	白塔镇	以煤炭、建材加工为主的工业(矿)型城镇
	路罗镇	以发展旅游服务业为主的旅游型城镇
	将军墓镇	以发展旅游服务业、农产品加工为主的综合型城镇

城　镇		主要职能
一般镇	天口镇	以发展汽摩配件为主的工贸型城镇
	金店镇	以发展农副产品加工和商贸业为主的工贸型城镇
	柳林镇	以发展旅游业、特色农产品加工业为主的综合型城镇
	官庄镇	以发展农副产品加工和商贸业为主的工贸型城镇
	大孟村镇	以发展工矿产业为主的工业（矿）型城镇
	沙河城镇	以发展生态旅游观光为主的工贸型城镇
	留村镇	以发展农副产品加工交易为主的工贸型城镇
	新城镇	以发展建材、冶矿工业为主的工业（矿）型城镇
	十里亭镇	以发展轻工业、生态林业为主的工业（矿）型城镇
	辛店镇	以发展文化用品、医疗器械和食品加工业为主的工业（矿）型城镇
	綦村镇	以发展建材加工业为主的工业（矿）型城镇
	浆水镇	以发展旅游服务业为主的旅游型城镇
	宋家庄镇	以机械、化工、商贸物流为主的综合型城镇
	西黄村镇	以农产品加工业为主的工贸型城镇
	魏家庄镇	以发展五金制钉为主的工贸型城镇

7. 城市规模

2013 年年末，"一城五星"总人口 281 万人，其中城镇人口 142.29 万人，城镇化水平为 55.04%，高于全市平均水平（42.85%）。"一城五星"城区人口 130.58 万人，其中中心城区常住人口 91.45 万人，沙河组团常住人口 15.43 万人，任县组团常住人口 8.0 万人，南和组团常住人口 8.0 万人，内丘组团常住人口 7.03 万人，皇寺组团常住人口 0.67 万人。

预计 2020 年，"一城五星"全域总人口达到 330 万人，城镇人口 214.5 万人，城镇化水平达到 65%；2030 年，总人口 400 万人，城镇人口 320 万人，城镇化水平达到 80%。

预计 2030 年，中心城区人口 240 万人（老城区 125 万人、邢东新区 115 万人）、用地 377 km²（老城区 136 km²、邢东新区 241 km²），邢台步入大中型城市行列。

8. 战略平台的搭建及发展途径

战略平台是发展战略落实的载体，是各类具体发展项目的政策支持、空间支持和环境支持，是综合竞争力的体现。为实现总体发展战略目标，邢台近期选择搭建两个战略平台，一是国家级邢东四化同步综合试验区，二是省级太行山生态建设与发展方式转型示范区。

1）邢东四化同步综合试验区

（1）区域范围。

西到襄都路、京广高铁，包含高新技术开发区一部分、中央生态公园、上东区片，任县、南和行政辖区,邢台县东汪镇、祝村镇、晏家屯镇,隆尧县魏庄镇、莲子镇、双碑乡、东良乡、北楼乡,巨鹿县西郭城镇,以及沙河市京广高铁以东部分,总面积约1 430 km²(图3-8)。

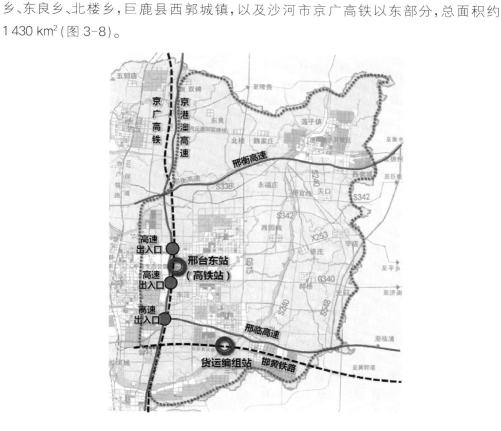

图 3-8　邢东四化同步综合试验区范围

(2)划定依据。

① 向东发展更有战略意义。邢台中心城市处在西部山区到东部平原的过渡地带,从城市发展方向上看,中心城市宜东西向发展,尤其是向东发展,从而具有更广阔的发展空间。高速、高铁已不再是城市发展的门槛,向东发展更具有战略意义。

② 主要产城空间相对向东集中,聚集程度高。"一城五星"的主要产城空间集中在中央城区和任县、南和、沙河,而且相对向东集中,高速、高铁的带动作用将进一步提高产城集聚程度。

③ 东部的发展有益于老城区的空间疏解和功能提升。城镇化的发展将带来人口的进一步集聚,邢东新区的发展为人口集聚、产业布局提供新的空间载体,同时也能疏解老城的人口密度,腾出空间完善配套设施,提升老城的城市功能。

④ 东部有良好的基础设施和产业支撑,包括京广高铁、京港澳高速、邢汾高速、邢临高速,并有高铁站、三个高速出口以及邯黄铁路邢台编组站。这些交通设施平台为邢东新区的发展提供基础设施支撑。高新技术开发区、任县、南和、沙河已经初步形成机械制造、光伏、汽车、玻璃、物流等产业基础,能够为邢东新区的发展提供动力。

(3)总体定位。

邢东四化同步综合试验区的启动必将是"一城五星"产城一体化快速发展的发

动机。综合试验区的建设要运用组团化的发展思路,通过规划引导、环境建设,快速形成组团概念和模式特征,成为"一城五星"中的动力区域。

规划将邢东新区建设成为邢台市"新型城镇化、新型工业化、信息化、农业现代化"四化同步综合试验区。在综合试验区内,将新型城镇化、产业转型发展、产城融合发展、农业现代化发展、工业信息化发展强有力地结合在一起,形成邢台最具战略性、最具潜力、最具产城融合意义、最具发展模式转型推动力、最具四化同步示范作用的发展平台、基地、新区。在综合试验区内,逐步完善现代服务功能、科技研发功能、现代物流功能、产业功能和综合生活功能等。

这一战略平台的设立,必将强有力地激发邢台地区的市场经济活力,促进邢台地区的产业转型发展,增强邢台地区的创新驱动力和培育开放型经济的新优势。

(4)空间布局及功能支撑。

① 空间布局。

规划形成"一区多点"的空间结构。"一区"为邢东四化同步综合试验区。"多点"指多个功能组团,包括高铁片区、高新技术开发区、生态科技港、内陆港、上东片区、中央生态公园、任县产城区、南和产城区、滏阳经济开发区、三召工业转型区、沙河经济开发区(图3-9)。

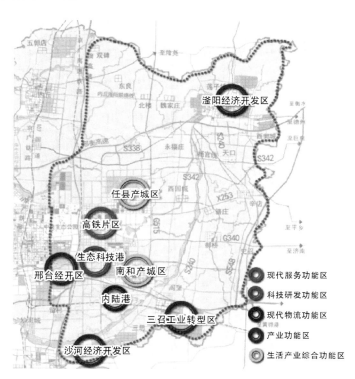

图3-9 功能组团分布

② 功能组团。

高铁片区组团:依托高铁站,建设新的城市综合中心,主要发展现代服务业、商务、总部经济、会展、文化体育等产业。

生态科技港组团:在高铁片区组团南部至七里河区域,利用祝村旧址等部分村庄建设用地,打造生态科技港,主要发展信息产业、科技产业等。

内陆港组团:七里河以南,依托邯黄铁路,结合邯黄铁路编组站,打造板块完整的内陆无水港区,推动整个产业体系外向型发展。该组团主要发展大宗现代物流产业。

高新技术开发区组团:襄都路以东、京广高铁以西区域。依托现有的发展基础,重点打造高新技术产业,包括先进制造业、光伏产业、汽车产业等。

任县产城区组团:包括任县县城和任县省级经济开发区,重点发展装备制造产业。

南和产城区组团:包括南和县城和南和省级经济开发区,重点发展装备制造、农产品加工产业。

滏阳经济开发区组团:省级经济开发区,邢台市中心城市东北部生态产业新城。范围以现三镇(邢家湾镇、莲子镇、西郭城镇)工业园区和镇区为主,规划面积约为45 km²。将建设高标准的省级经济开发区,打造黑龙港流域发展振兴示范平台,创建邢台市科学发展、绿色崛起的示范区。该组团重点发展食品制造、装备制造两大产业。

三召工业转型区组团:位于邢临高速公路以南、赞南公路以东区域,面积约24 km²。该组团主要承接京津冀产业转移,中心城市钢铁、化工、水泥等重型企业的搬迁,以及引进的新兴产业。该组团重点发展新材料、装备制造业。

沙河经济开发区组团:京广高铁以东至沙河县县界区域。主要依托现有的玻璃产业优势,打造中国高端玻璃制造业基地。

中央生态公园:邢东煤矿塌陷区范围,约 16.5 km²。主要建设成为中心城市的"绿心",以发展都市休闲农业为主。

(5)起步区建设。

起步区以两点启动,一是滏阳经济开发区。依托莲子镇、邢湾镇、西郭城镇的工业集中区域,整合功能,采用产业园区带动模式,逐步向外扩展。同时启动核心生活服务区建设,为产业发展提供生活配套。二是高铁新城。坚持生态优先的总体发展思路,启动建设中央生态公园,治理牛尾河、顺水河;采用新城建设模式,围绕高铁站,建设城市商务中心,将高铁新城组团打造成为生态新城。

此外,成立邢东新区管理机构,理顺管理体制和财税制度,统一招商,统一建设,统一管理。预计投资约 100 亿元,努力在三年内初见成效。

2)太行山生态建设与发展方式转型示范区

(1)区域范围。

示范区包括内丘县、邢台县、沙河市三县中西部区域,总面积 2 400 km²。

(2)发展思路。

目前,太行山区资源消耗严重,山体植被遭大面积破坏,水土流失、河道污染、空气污染、地下水污染等问题突出,生态环境极其脆弱。从保护邢台生态安全、气候安全以及建设生态屏障的战略需要出发,必须实施生态转型发展。

太行山生态建设转型应坚持走保护与建设同步、生态与产业双赢的路子,打好林果产业和休闲旅游产业两张牌。保护优先、科技治山,在荒山变"绿山"的基础上,实现由"绿山"变"金山"的转变。规划最终森林覆盖率从28%提高到40%,建成邢台市生态安全屏障和"后花园",在全省率先建设生态转型示范区。

① 调整产业结构,着力实现"四个转变"。

一是要着力实现由生态保护向生态开发的转变。在保护和修复生态体系的基础上,建立起发达的产业体系,大力发展个体、私营、民营、合作以及股份制经济的生态产业。

二是要着力实现由数量扩张型经济向质量提升型经济的转变。坚决不上资源消耗强度高的项目,不上经济产出低于社会成本的项目,不上污染环境、破坏生态的项目,关停现有的污染项目。大力实施开发园区化、经营产业化、生产标准化、产品品牌化、管理现代化"五化联动",延长产业链条,提高规模效益,增强市场竞争力。

三是要着力实现由资源消耗型经济向资源培育型经济的转变。实施好封山育林、退耕还林、植树造林工程,加快宜林荒山、荒地造林步伐,兼顾生态和经济双重效益。要实施矿山环境治理,加快水土流失治理与采矿废弃地的整治与恢复。

四是要着力实现由物本经济向人本经济的转变。一方面要在抓大项目、抓财源建设的同时,大力发展群众创业型经济和家庭自营经济,让太行山区广大群众有更多的资产性收入;另一方面,要切实加大公共财政支付力度,提高公共财政支出覆盖面,加快太行山区教育、卫生、社保事业发展,加大基础设施投入力度,有条件的要实施生态移民战略,以解决地处偏、距离远、人口少、困难大的山村群众的生产和生活问题。

② 推进结构调整的落实,抓实"三个大力发展"。

一要大力发展生态林业,完善林业生态补偿机制,加快生态公益林和防护林工程建设;调整营林思路,发掘生产潜力,优化林种树种结构,提高资源效益;开展森林资源综合利用工作,努力开发精深高效、高附加值的特色林产工业,开发森林绿色食品、有机食品。

二要大力发展生态农业,研究和推广生态农业技术规程和模式,努力加快无公害农产品、绿色食品和有机食品生产基地的规模化、产业化、标准化建设;增强品牌意识,进一步做优、做大、做强既有农产品的生态品牌;增强技术和资金投入,努力争创更高、更优档次的新生态品牌;高度重视加工、包装及销售工作的研究,努力拉长生态农业产业链,切实提高生态特色农业的综合效益。

三要大力发展生态旅游。整合各种旅游资源,将北武当山、秦王湖、崆山白云洞、扁鹊庙、九龙峡、天河山、云梦山、太行奇峡群等整合,建设太行山水旅游和休闲度假景区,围绕"生态、休闲、养生"主题,进一步打造太行山生态、文化品牌(图3-10)。加强综合治理,搬迁一切有污染或有碍景观的企业。

(3) 生态治理工程建议。

生态治理工程建议如表3-7所列。

图 3-10　太行山生态建设与发展方式转型示范区产业布局

表 3-7　　　　　　　　　　　　　生态治理工程建议（2020 年完成）

序号	项目名称	主要内容及建设规模	总投资/亿元
1	水环境保护工程	水库环境综合治理、灌区续建配套与节水改造工程项目、水土流失综合治理项目、洪灾害防治非工程措施建设项目、小流域综合治理、雨水集蓄利用项目	50
2	干鲜果品标准化示范基地	种植板栗、苹果、柿子 3 个树种,其中,板栗 150 万亩、苹果 18 万亩、柿子 2 万亩(1 亩≈667 m²)	50
3	百果生态观光园项目	对现有各水果果园进行扩建改造,努力打造融旅游度假、休闲娱乐、野外生存培训于一体的观光园	30
4	浅山丘陵区生态林建设工程	建设生态林 150 万亩,栽植生态树种 5 750 万株	25
5	浅山丘陵区经济林建设工程	建设核桃基地 40 万亩,栽植优质核桃 3 100 万株,建设酸枣基地 10 万亩,栽植优质酸枣 1 000 万株	20
6	国家级生态农业示范园项目	建设鸟巢式暖室 20 栋,用于种植气雾培有机蔬菜;连体暖室 30 栋,用于种植水培有机蔬菜;日光暖室 800 栋,用于种植土培有机蔬菜;中国农业科学院农业示范田 500 亩。同时,还建 1 000 t 冷库、1 000 t 保鲜库、500 m³ 沼气站、包装车间	20
7	河道治理项目	对白马河、大沙河、七里河、小马河等内河道进行全面治理,进行河道清淤疏浚、堤岸防护等;秦王湖、朱庄水库、羊卧湾水库上游河道治理项目	20
8	农产品交易市场体系建设项目	建设集农产品交易,蔬菜、粮油加工贮存,物流于一体的农产品交易市场。市场实行现代企业管理模式,连接全国的农产品信息网络,装备交易大屏幕电子显示系统。市场内建立农产品批发交易区、加工贮存区、物流中心、质检中心和管理服务中心	10
9	中草药材种植加工基地	中草药种植面积 8 000 亩,农场以厂房、土地使用权投入 30%;合作方以现金投入 70%。预计该基地建成后,年产中草药 2 000 t;年加工药材 400 t	10

序号	项目名称	主要内容及建设规模	总投资/亿元
10	农副产品深加工项目	年加工生鲜板栗 20 000 t,生产速冻栗子肉 12 000 t,加工小包装栗子仁 1.2 亿袋;年产野生食用菌、蔬菜等冻干产品 2 000 t;年加工生产 1 500 t 核桃油	10
11	太行山旅游风景区提升改造项目	建设大峡谷、九龙峡、云梦山、天河山、紫金山、前南峪、凤凰湖度假村、英谈古寨、灵霄山、不老青山、佛堂沟旅游景区,游客集散中心,太行山旅游景区旅游公路	250
12	皇寺历史文化产业园	皇寺古镇综合开发,张果老山旅游开发,田麻痒庄园修缮保护,建设玉泉禅宗文化园和郭守敬科普文化园	30

9. 做大中心城市发展时序

落实区域发展战略目标,坚持走可持续发展、融合发展、率先发展之路,一步一个脚印,扎扎实实地向目标迈进。在 2016 年前两年时间内,做大中心城市分三步走,依次是行政区划调整、各类规划跟进、土地利用规划修编。

(1) 行政区划调整为先导。必须先行调整行政区划,在机制上保证大邢台以及中心城市的发展建设,为下一步城市大幅度扩张奠定基础。

(2) 规划跟进为保障。行政区划调整后,立即推进《邢台市城市总体规划(2016—2030 年)》修编,将周边乡镇及各功能组团纳入中心城市,进行统一规划,实施"一张图"管理。

(3) 土地利用规划修编为用地支撑。完成前两步后,按照《邢台市"一城五星"城乡总体规划(2014—2030 年)》确定的城市发展方向和建设用地规模,提前启动《邢台市土地利用总体规划(2009—2020 年)》的修编,打破土地使用性质的限制,使中心城区的发展进入快速成长期。

3.3.2 做强中心城市,优化城市产业布局

1. 规划理念

坚持"产城融合、以产兴城"的理念,建设宜居宜业城市。合理布局城市产业,推动经济总量扩张、结构优化和产业升级。淘汰"两高一低"产业,大力发展新兴替代产业,加强现有污染企业治理与搬迁,将经济发展的重点从房地产向工业、服务业实体经济转变,全面提升经济发展水平和综合竞争力,最终建成产城联动、宜居宜业的城市。

2. 产业发展总体策略

实施"工业强市、旅游活市、农业稳市"的总体发展策略,稳固一产地位,二产跨越发展,三产强化提升,构建合理的三次产业结构。

以农业现代化为基础,构建现代农业产业体系的新主体和特色农产品结构体系,培育农业产业集群,推进农业产业规模化经营,强化农业产业化科技支撑。

以工业结构调整为主导,改造提升冶金业,重点发展装备制造业,培育发展环保、新能源产业。装备制造业重点发展数控机床及部件、轴承、电子专用装备、交通运输设备、新兴产业配套。改造提升冶金业,重点发展特种钢材、数控机床硬质合金

刀具等。大力培育节能环保、新能源汽车等新兴产业。

以壮大第三产业为支撑,大力发展生产性服务业,培育新一代信息技术和文化创意产业。大力发展商贸办公、信息服务、专业技术服务、科技交流与推广服务、仓储物流等生产性服务业,提升商业服务、市场服务、旅游及相关服务、文化休闲等生活服务业,培育发展新一代信息技术产业和文化创意产业。把文化旅游业作为国民经济重要产业。以西部太行山、皇寺、中心城区、内丘为载体,围绕自然山水、邢襄文化、邢瓷文化,大力发展文化旅游业,打造太行山地度假基地、邢襄文化休闲名城。

3. 第一产业发展规划

(1)发展目标:把提高农业综合生产能力作为农业发展的目标,推进资源整合、品种更新和技术集成,以发展农村经济、促进农民增收为中心任务,强化农业科技的引领作用;以促进专业化、标准化、规模化、集约化为重点,着力培育现代农业经营主体,优化特色农产品生产区、建设现代农业示范园区。

(2)措施策略:健全产业体系,加快现代农业示范区建设,提高科技化和规模化水平,构建农产品市场流通网络体系。

(3)重点产业选择:推动农业规模化经营,发展高科技现代农业,结合旅游业发展都市观光农业。

4. 第二产业发展规划

(1)发展目标:推动产业转型升级,以高端发展提升产业结构水平,以集约发展优化产业空间布局,以协调发展实现产业全面繁荣,最终实现可持续发展的区域经济转型。市域工业系统积极构建现代产业体系,各市县依托自身优势产业基础,完善自身工业体系,从而共同构建门类齐全的市域工业体系构架。规划2030年第二产业增加值2 300亿元,工业总产值接近8 000亿元,二产在GDP中所占比重降至37%。

(2)措施策略:加强与沿海经济发达地区的横向产业联络,引进龙头项目,实现产业链延伸;推动区县联动,共同发展;实现工业与服务业融合发展,强化环保举措,发展循环经济。

(3)重点产业选择:以高端装备制造业、汽车及汽车零部件产业、玻璃产业、生物医药产业、新材料产业为主导产业。

5. 第三产业发展规划

(1)发展目标:在现代物流、旅游、商贸流通等领域取得突破性进展,基本建立起现代服务业为主导的服务产业体系。建成一批有较高知名度的商务商贸区、物流园区、专业批发市场和旅游景区;培育一批具有核心竞争力的服务业支柱产业、龙头骨干企业和国家级服务业名牌产品,带动全市现代服务业跨越式发展。到2030年,服务业增加值突破3 400亿元,服务业增加值占国内生产总值比重达到56%,邢台成为晋冀鲁豫接壤地区重要的现代商贸物流枢纽城市、生态旅游城市、优秀历史文化名城和区域金融中心城市。

(2)措施策略:巩固和提升商贸服务业,建设区域商贸中心;发展现代物流业,建设区域物流中心;强力发展旅游业,形成多元化区域旅游产业;发展现代金融业,建设区域金融中心。

（3）重点产业选择：商贸服务业、现代物流业、旅游业，其中，旅游业突出乡村观光旅游和太行山生态旅游两大特色品牌。

6. 产业发展空间布局

规划"一城五星"区域形成"三心三园八区"产业空间布局结构（图3-11）。

图3-11　产业空间布局

城市空间战略平台构建——以邢台为例

（1）高铁商务中心：商业金融、信息、总部经济、会展、电子商务等产业。

（2）都市商业中心：商业、餐饮、休闲娱乐等产业。

（3）皇寺休闲旅游服务中心：教育、休闲、旅游等产业。

（4）邢钢工业遗产及创意产业园：影视音像出版、咨询策划、时尚设计、文化休闲等产业。

（5）会宁现代物流园：电子商务、现代物流等产业。

（6）内丘邢白瓷文化产业园：工艺品创作交易与展销、艺术家工作室。

（7）邢台经济开发区：高新技术、新能源产业。

（8）沙河经济开发区：新型建材、装备制造。

（9）沙河空港物流园：空港物流、物流加工等产业。

（10）南和邢黄物流加工及经济开发区：现代物流、钢制品加工。

（11）任县经济开发区：装备制造业。

（12）内丘经济开发区：生物医药。

（13）滏阳经济开发区：食品工业、机械制造。

（14）东三召工业园区：承接二类工业转移。

7．工业企业治理与搬迁行动

1）工业布局策略

本次规划以产业调整、技术升级、企业迁移等手段控制排放，限制城区工业发展，引导企业向工业园区集中、集约发展。明确要求"一城五星"范围内不安排三类工业，对达不到二类标准的企业实施搬迁。规划提出划分四个圈层，分圈层布局工业产业（图3-12）。各圈层工业布局如下：

（1）第一圈层为南水北调线以西，工业只减不增，已有工业必须达到一类工业标准，未达标的工业企业必须搬迁（羊范工业区必须控制规模，新增工业必须为一类工业）。

（2）第二圈层为南水北调线至京广高铁，只能布置一类工业。

（3）第三圈层为京广高铁至南澧河，以一类工业为主，可适当布置二类工业。

（4）第四圈层为南澧河以东，可以布置二类工业，禁止布置三类工业。

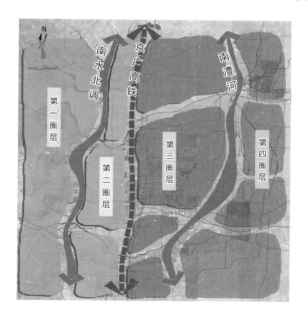

图3-12　工业圈层布局

2）污染企业治理措施

对于城区及周边现有的污染企业，有三种整治思路：一是关停或转产，二是技术改造，三是搬迁。

（1）关停或转产：对于污染严重且在现有技术经济条件下无法完成升级改造的企业和生产环节，必须关停或转产。

（2）技术改造：在现有技术经济条件下可以实现污染治理的，必须进行技术升级改造和污染治理，实现达标排放。

（3）搬迁：无法满足二类标准的企业迁出"一城五星"；通过一定的技术改造，能够达到二类标准的企业，按照圈层布置的要求搬迁。现有的钢铁、化工、玻璃、水泥、塑料、电力等产能过剩产业，国家限制的"两高一低"产业，不能谋划新兴替代产业的企业必须搬迁。

3）二类工业集中地选址

二类工业选址以三召工业园区为主,滏阳经济开发区为辅。

三召工业园区的优点是靠近铁路和高速公路,交通条件优越,能够利用邯黄铁路解决大运量运输要求;距离主城区较远,可以最大限度地避免环境污染;土地开阔,未来有更大的拓展空间;用水有保障,可以利用本地水和引用黄河水、南水北调水。其缺点是占用基本农田,近期建设受到限制;村庄较多,建设成本高。该地工业区用地约 30 km²。

滏阳经济开发区以食品工业为主体,可适当布置部分污染较小的二类工业。生活用地和产业用地共约 45 km²。

3.3.3 做优中心城市,完善城市设施体系

1. 规划理念

坚持"以人为本,美好人居与和谐社会共同缔造"的理念,建设幸福城市。建设幸福城市就要完善城市功能,主要包括生产功能、服务功能、管理功能、协调功能、集散功能、创新功能等,这也是城市发展的动力因素。

2. 公共服务设施建设

按照补缺增需、公平效益、分级配置、远近结合、以人为本的原则,规划建设一批高质量、高品质的大型设施,分级建设商业、文体、教育、卫生等设施,带动城市功能、空间、环境等各方面全面发展。规划构建市级八大公共服务中心如图 3-13 所示。

图 3-13　市级公共服务中心分布

(1) 行政文化中心:行政中心与文化中心结合设置,规划安排在城市西北部。文化设施包括郭守敬纪念馆、文化艺术中心、青少年宫等。

（2）商务中心：商务中心选址于东部高铁新城内，作为主要的商务设施集聚地，建设总部办公、金融、中介服务、电子商务等设施。

（3）会议展览中心：会议展览中心选址在东部高铁新城。

（4）都市商业中心：在南水北调干渠两侧，邢州大道与中兴大街之间，通过建设一站式大型商场、购物中心等打造城市新商业中心。

（5）体育中心（两个）：新城体育中心选址于高速铁路以东，结合未来的商务中心进行建设，主要包括主体育场、训练馆、游泳馆和网球馆等。老城体育中心选用钢铁路、中兴西大街交叉口的现体育馆，将建材城改造成为老城区全民健身中心。

（6）职教培训中心：现职教设施主要分布在城区西北部，皇寺正在建设两个职业学校，未来将重点打造皇寺职教培训中心。

（7）工业遗产与文化创意中心：主要利用未来中心城区工业企业搬迁后的工业遗址和高铁新城等区域，建设工业遗产与文化创意中心。

（8）旅游服务中心：规划皇寺组团、高铁新城、桥东区三处旅游服务中心。

3. 综合交通体系建设

采用"环形＋放射"的路网结构形式。中心城区与各组团之间至少有两条快速路或主干道连接，相邻组团之间至少有两条主干道连接（图3-14）。

图3-14　"一城五星"综合交通规划图

1）对外交通

（1）铁路。

由南北向京广铁路、京广高速铁路，以及东西向邢和铁路、邯黄铁路，构成"两纵两横"的铁路路网格局。

（2）新增铁路支线。

自邢和铁路和京广铁路交叉点起，利用旭阳工业区现有铁路，向东延伸，连接任县西侧、邢台市东北郊热电厂，再向东北延伸至滏阳经济开发区，从而为热电厂提供煤炭运力，为滏阳经济开发区提供货运物流运力。

（3）高速公路。

由东西向邢汾—邢临高速、邢衡高速，以及南北向京港澳高速、石林高速，形成"两横两纵"的高速公路路网格局。

（4）石林高速部分路段改线。

石林高速过城区段距离城市较远，将邢台段向东偏移，经皇寺西侧，和部分邢衡高速重合。

（5）公路。

① 五纵：国道G107、国道G234（平涉线）、国道G515（南和—定州）、S240省道—S548联络线、省道S242（石家庄—观台）。

② 六横：省道S341（德州—邢台—晋中）、省道S342（昔阳—邢台—巨鹿）、省道S343（临清—邢台—和顺）、国道G340（左权—邢台—济南）、省道S345（沙河—S234）、省道S338（邢台—德州）。

2）快速路

（1）中心城区三个快速路环。

① 内环：龙岗大街、东华路、祥和大街、滨江路。

② 外环：S342省道（旭阳大道）、东环城公路、留村大街和S242省道（西环线）。

③ 公路外环：S341省道、内丘—滏阳连络线（规划）、隆南线（规划）、S240省道、S345省道（沙河纬三路）、S242省道（含西环路、石邢大道）。

（2）中心城区至"五星"组团快速路。

① 中心城区至内丘：3条，分别为运煤专用线北延（北环路—内丘滏阳联络线段）、邢内快速路（钢铁路北延—内丘西环）、G107国道（邢台—内丘段）。

② 中心城区至任县：3条，分别为S338省道（邢德公路邢台—任县—滏阳经开区段）、S342省道（东环城公路—G515国道段）、邢州大道东延（东华路—G515国道段）。

③ 中心城区至南和：3条，分别为中兴东大街东延（东华路—G515国道段）、百泉大道东延（东华路—G515国道段）、邢临公路（东华路—南和段）。

④ 中心城区至沙河：4条，分别为邢衡高速连接线南延（南环城公路—S345省道段）、钢铁路南延（百泉大道—沙河南环段）、G107国道（百泉大道—沙河南环段）、邢沙公路（百泉大道—沙河南环段）。

⑤ 中心城区至皇寺：2条，分别为邢昔公路（滨江路—玉泉湖段）、邢州大道西延（滨江路—皇羊公路—皇寺）。

⑥ 中心城区至滏阳经济开发区：1条，S388省道（东环城公路—西郭城镇段）。

⑦ 中心城区至三召工业园：1条，邢临公路（东华路—三召段）。

（3）"五星"之间快速路。

① 任县与南和：4条，分别为东环城公路、澄阳路，兴业路、光明路，富强路、澧铭路，迎宾路（G515国道）。

② 任县与内丘：2条，分别为G515国道—内丘澄阳联络线、北环路—G107国道段。

③ 内丘与皇寺：2条，分别为石邢大道S242（邢昔公路S341—S342段）、G107国道—邢昔公路段。

④ 沙河与南和：1条，隆南线（S242省道—南和段）。

⑤ 澄阳经济开发区与三召工业园：2条，分别为隆南线（邢衡高速—邢临高速连接线）、S240省道（邢临公路—S338省道）。

3）旅游公路

为了更好地推动西部区域的旅游开发，同时为城市居民提供休闲娱乐场所，规划将结合国、省、县道，打造旅游公路系统。

（1）山前沿湖旅游公路。

规划在山前地带，按照县道标准打造一条旅游公路，连接山区旅游景区、水库、生态园等景观资源。以内丘扁鹊庙为起点，向南连接青山水库、玉泉湖、皇寺、天梯山景区、朱庄水库、秦王湖等，向北可连接临城、石家庄部分景区，向南与邯郸部分景区连接。

（2）山区旅游公路。

建设连通太行奇峡群、紫金山、天河山、九龙峡景区、白云山风景名胜区、秦王湖风景名胜区、前南峪、北武当、云梦山的旅游连接线。

4）内部交通

以"两环十三线"为骨架，保证中心城区的高效运行。同时，中心城区与各个组团之间保证有2条以上的快速通道联系。

（1）两环。

① 城市快速外环线（环城公路）：旭阳大道（S342省道）、东环城公路、留村大街和西环线（S242省道），既是疏解城市过境交通的通道，也是城市内部快速联系的通道。

② 城市快速环线：龙岗大街、东华路、百泉大道、滨江路。

（2）十三线。

由城市快速环线向外放射的15条快速路和2条工业区快速连接线构成。

5）轨道交通

"一城五星"核心区域的轨道交通建设采取循序渐进的策略。首先建设快速公交系统（Bus Rapid Transit，BRT），未来在条件成熟的情况下，中心城区外围地区利用原有的快速交通专用道，以地下或者高架形式形成轻轨线路；连接工业区部分仍然保留BRT，该BRT路段远期是否改建为轻轨系统，则视交通需求和成本决定。中心城区轻轨系统将以地下或者高架形式运行。轨道交通设置4条线路。

（1）1号线：中心城区北部与皇寺、任县的东西向联系，带动高铁新城发展，全长

41 km。

(2) 2号线：中心城区东西向及与南和联系，穿越繁华的商业区和开发区，全长31 km。

(3) 3号线：中心城区与内丘、沙河联系的主要通道，全长55 km。

(4) 4号线：邢州大道、东环城公路、百泉大道、钢铁路形成环线，全长44 km。

4. 重点市政设施建设

1) 规划总体思路

按照"区域协调、统筹建设、分级配置"的原则，在"一城五星"区域内，构建符合区域经济社会整体发展规划、多种基础设施协调发展的综合基础设施体系，主要包括给水、排水、供电、燃气、供热、通信、环卫等工程设施(图3-15)。

城市空间战略平台构建——以邢台为例

图3-15 重点市政设施汇总图

2) 给水工程

2014年南水北调工程通水后，要求全部使用南水北调水，关停地下水厂。如果2020年南水北调水量不足，南和、任县启用地下水厂作为补充。由于南水北调未向东三召工业区、皇寺镇区分配水量，因此在两地分别规划建设地下水厂。考虑可持续发展的要求，工业企业、道路浇洒、景观绿化等积极利用再生水，同时坚持区域供水和城乡供水一体化的策略。

规划水厂共计 10 座。新建地表水厂 5 座,分别为召马水厂、东汪水厂、沙河水厂、沙河开发区水厂、内丘水厂。新建地下水厂 2 座,分别为东三召水厂、皇寺水厂。扩建地表水厂 1 座,为滏阳开发区水厂。扩建地表、地下合建水厂 2 座,分别为南和水厂、任县水厂。各水厂均考虑向周边村镇供水。

关停市区现紫金泉水厂、韩演庄水厂、董村水厂和沙河城区的沙河老水厂,将其作为备用水源。

3)排水工程

(1) 污水。

统筹安排"五星"区域的排水设施,居民生活污水采用先小区域分散处理、后大集中处理的污水处理方式;工业污水处理坚持"谁污染谁治理"的原则,企业应自行处理后重复利用再生水,将少量污水排入城市污水管网,逐年增加自处理率和中水回用率。提高污水处理厂的处理能力,减少中心城区及各组团的污水处理厂个数。加强雨水利用资源化建设,降低城市污水排放量。

规划污水处理厂共 10 座。

① 邢台市污水处理一厂:扩建,处理中心城区襄都路以西、南水北调输水干渠以东、白马河以南、七里河以北区域的污水。

② 七里河污水处理厂:扩建,处理七里河区片的污水。

③ 沙河污水处理厂:扩建,处理沙河城区、工业园区及周边乡镇的污水。

④ 南和污水处理厂:扩建,处理邢台市中心城区襄都路以东和塌陷区以南部分区片、兴泰大街以南部分区片及南和城区、周边乡镇的污水。

⑤ 任县污水处理厂:扩建,处理邢台市北部新区、高铁区片组团,及任县城区和周边乡镇的污水。

⑥ 内丘污水处理厂:扩建,处理内丘城区、工业园区及周边乡镇的污水。

⑦ 滏阳污水处理厂:扩建,处理工业园区及周边乡镇的污水。

⑧ 河西污水处理一厂:新建,处理南水北调输水干渠以西、赵孤庄岗—李马岗以北区域的污水。

⑨ 河西污水处理二厂:新建,处理南水北调输水干渠以西、赵孤庄岗—李马岗以南区域及皇寺组团和周边镇的污水。

由于河西区域南水北调输水干渠的阻隔,污水不能排入南水北调输水干渠以东的中心城区内;另外,该区域地势中间高、南北低,以赵孤庄岗—李马岗为排水分界线,分为南北两个排水分区,因而新建两个污水处理厂。

⑩ 三召污水处理厂:新建,处理三召工业园区的污水。

(2) 雨水。

按流域分区敷设雨水主干管沟,城市雨水就近排入附近水体。

城市防洪、雨水排涝系统规划中,利用学校、小区、大型公共场所和道路两侧,兴建滞洪和储蓄雨水的蓄洪池,减少地面积水总量,并将积蓄的雨水用作喷洒路面、浇灌绿地、消防、城市景观用水等城市杂用水;建设下凹式绿地,提高绿地草坪的雨水入渗能力,绿地下建设水窖,收集雨水,减轻城市河道防洪负担,增加雨水的蓄渗,补充涵养地下水源；建设屋面雨水集蓄与回用系统，从屋顶收集的雨水经沉淀和过滤等简易处理后，用作公共场所、企业和家庭的非饮用水（如冷却循环水、地面冲洗用水、绿化用水、厕所冲洗水等）；修建各种雨水入渗设施，在新建居民小区、停车场、步行道、广场等场所采用渗水砖、渗水混凝土等材料，形成透水性地面，以入渗回补地下水；利用各种人工或自然水体、池塘、湿地或低洼地，对雨水径流实施调蓄、净化和利用，改善城市水环境和生态环境。

规划近期至 2020 年雨水利用率为 10%，随着城市雨水收集利用措施的逐步完善，雨水收集利用率逐年提高，规划远期达到 15%。

4）供电工程

在规划期内，逐步建成技术先进、经济合理的现代化电力网，提高"一城五星"范围内电网的供电能力、供电质量、可靠性、经济性和承载能力，满足国民经济和社会发展对电力的需求。

（1）电源规划。

规划期末，"一城五星"市域共有大型电厂 6 个，分别是皇寺光伏电厂、兴泰电厂、沙河电厂、滏阳天唯热电厂、邢台热电厂、邢台东北郊热电厂。新增热电厂开始运行后，关停邢东热电厂、邢钢自备电厂和邢煤矸石热电厂。沙河电厂改建完毕后，关停龙星热电厂、迎新热电厂等原有小型电厂。

（2）变电站规划。

规划期末，"一城五星"共拥有 500 kV 变电站 2 座，变电总容量 2 000 MV·A；拥有 220 kV 变电站 24 座，变电总容量 11 220 MV·A；拥有的 110 kV 变电站 88 座，变电总容量 9 516.5 MV·A。

5）燃气工程

现京石邯长输管道年输气能力 15 亿 m³，已经饱和，但仍不能满足实际需要。规划建设京石邯管道复线，年输气能力 70 亿 m³；规划建设沙河–冀州天然气管道，年输气能力 5 亿 m³，从而满足 2030 年全市生产、生活需要。

坚持燃气基础设施区域统筹，除保留 7 座现门站外，在中心城区西部、任县、滏阳开发区和东三召园区新建 4 座门站，满足"一城五星"核心区的用气需求。

规划期末，中心城区天然气普及率达到 100%，沙河、南和、任县、内丘、皇寺、滏阳、三召天然气普及率达到 90%。

6）供热工程

现中心城区供热由邢台国泰发电有限责任公司、邢煤矸石热电厂和邢东热电厂提供，城区北部、东部供热严重不足；沙河、南和、内丘、滏阳开发区供热由小型热电厂或集中锅炉房提供，效率低、污染严重；任县、皇寺没有集中供热。

坚持区域统筹、设施共享、上大压小、环保达标原则，进行供热设施分区规划。规划扩建邢台国泰发电有限责任公司，满足中心城区西部用热需求；新建邢台热电厂，满足中心城区东部、南和及东三召园区用热需求；新建邢台东北郊热电厂，满足中心城区东北部、任县和内丘用热需求；改造沙河电厂，满足沙河用热需求；扩建天唯热电厂，满足滏阳经济开发区用热需求。

规划期末,中心城区集中供热普及率达到90%,沙河、南和、任县、内丘、皇寺、滏阳、东三召集中供热普及率达到80%。

7)通信工程

在中心城区建立以宽带多媒体信息网络、地理信息系统等基础设施大平台,"五星"组团建立子平台。通过整合、共享城市信息资源,建立集邮政、通信、有线电视广播于一体的信息化"智慧邢台"。

(1)邮政。

① 邮件运输中心:邢州大道以南、襄都路以东处建邮件运输中心。

② 邮政局:市域内保留现有的7个邮政局。

(2)通信。

保留现有的4个电信局。规划在东华路以西,丰仓街以北,建一处综合电信局。

(3)有线电视。

"一城五星"市域内保留现有的有线电视用户前端核心机房5处。

(4)智慧城市。

创建智慧城市,可以激发科技创新;转变经济增长方式,推进产业转型升级和经济结构调整;转变政府的行为方式,提高政府的效率;也有利于提高城市管理水平,提升城市的综合竞争力,使城市运行更安全、更高效、更便捷、更绿色、更和谐。

8)环卫工程

在"一城五星"范围内统一布局生活垃圾处理设施,实现共建共享,避免重复建设。以建设生态城市、创建国家卫生城市为目标,逐步推行垃圾分类收集,逐步提高垃圾资源化利用率,建立城乡统筹布局合理、技术先进、资源有效利用的现代化垃圾收运体系。

(1)生活垃圾填埋场:废除任县、南和垃圾填埋场,扩建内丘、沙河垃圾填埋场,滏阳经济开发区内新增垃圾填埋场一处。

(2)生活垃圾焚烧厂:规划新建垃圾焚烧发电厂一处,位于巨鹿县小吕寨镇。

(3)医疗垃圾:扩建位于邢台市东北部任县永福庄乡永三大队的现医疗垃圾处理厂,规划其日处理规模10 t。

3.3.4 做美中心城市,提升城市品质魅力

1. 规划理念

坚持"以山为骨、以水为魂、以绿为脉、以文为韵"的理念,建设绿色城市。整合生态、文化资源,加强河道水系治理、绿化建设,发掘和保护历史文化资源,提升城市的品质和魅力,打造"山水绿城"和"文化名都"。

2. 生态网络构建

1)总体思路

充分有效地利用现有生态资源,保护为优先,大力建设城市生态屏障,恢复河道生态,大力缩减地下水开采,开展矿山治理,建设城市送风廊道,全面建设国家级园

林城市。

2) 邢台市域构建"六横七纵"的生态网络

以河流为基础构建生态廊道,连接山、水、城、田,在邢台市域内形成"六横七纵"的生态网络(图3-16)。

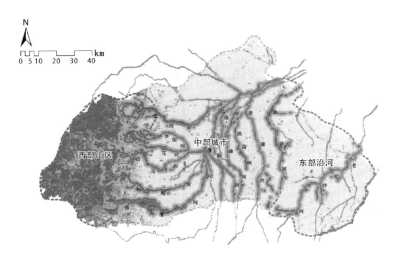

图3-16 市域"六横七纵"生态网络

(1) 六横:泜河、李阳河、小马河、白马河、牛尾河、南澧河。

(2) 七纵:北澧河、滏阳河、小漳河、洪溢河、老漳河、西沙河、老沙河。

3) "一城五星"都市区构建"三园八廊"的生态网络

规划在"一城五星"范围内构筑"三园八廊"的生态网络(图3-17),有利于生态城市的建设,同时减轻雾霾。

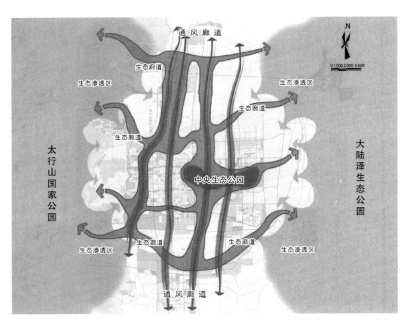

图3-17 "一城五星"都市区"三园八廊"生态网络

（1）三园：太行山国家公园、大陆泽生态公园、中央生态公园（含任县与南和之间的生态公园）。

（2）八廊："四横四纵"八个通风廊道，即东西向大沙河廊道、七里河廊道、白马河廊道、李阳河廊道，南北向南水北调廊道、京广铁路廊道、京深高铁廊道、东环城公路廊道。

3．城市特色定位

城市特色是指一座城市在内容和形式上明显区别于其他城市的个性特征，是能给人美感、兴趣感、愉悦感、教益感的突出特性。邢台在自然方面的特色主要体现为河多、泉多（历史上）、山岗多，林地也较多，并且个性突出、特点明显；在人工方面的特色主要体现为牛形城市、仿生城市、名胜古迹较多（多集中在古城范围内）等；在社会历史方面的特色主要体现为历史长、历史名人多、民间传说多及地名特点明显等，城市文化较丰富。

邢台3 500多年的建城史形成了大元文化、山水文化、牛城文化、名人文化、古都文化、信德文化等特色文化，依据特色文化在新时期的发展需要，将邢台文化特色定位为"山水泉城、守敬故里"。

4．历史文化发掘与保护

历史文化保护包括物质形态的保护和非物质形态的保护两个方面。依据历史文化名城、历史文化名镇、历史文化名村，建立城乡历史文化遗产保护体系。

1）历史文化名城

历史文化名城依据历史文物古迹、历史文化街区、历史风貌特色区，建立保护体系。

（1）历史文物古迹：近现代文物包括田麻痒庄园、前南峪抗日军政大学旧址、义和拳议事厅。古建筑及历史纪念建筑物包括邢台道德经幢、开元寺、顺德府文庙大成殿、邢台天宁寺、灵霄山寨、明长城、中张千佛阁、扁鹊庙、王交台牛王庙戏楼。石刻及其他包括清风楼、邢台火神庙、宋□碑、南良舍造像碑、南和造像碑。古遗址包括曹演庄殷商遗址、邢窑遗址。

（2）历史文化街区：规划确定保护的古城历史文化街区为原邢台旧城，即北至团结路，南至新兴路，东至邢州路，西至新华路。规划以清风楼为中心，以北长街、南长街、清风楼、府前南、北大街、花市街、马市街、南头村为轴线，建设一条具有明清和民国时期特色的古城风貌街。在长街的南、中、北段轴线上，恢复历史上的王本固坊、孟国作坊、杨珍坊三道牌坊，恢复邢侯台，恢复以文庙为轴的历史建筑，恢复吏部尚书王本固的故居。在邢台文庙以西，修复以天宁寺为主体的建筑群，与文庙建筑群形成古城对景。修复历史文化公园内的古城墙。突出牛城特色，建设牛城文化景点，保留与牛有关的地名，建立牛文化的标志性城市雕塑。

（3）历史文化风貌特色区：历史文化风貌特色主要包括自然环境、空间格局及建筑风格三项内容。在邢台中心城区及其近郊规划了四大历史风貌特色景观园区，分别为营头岗民俗园区、达活名泉园区、百泉生态园和皇寺玉泉景区。

2）历史文化名镇

通过规划，重点保护古镇范围内的历史环境要素，保护皇寺镇整体格局和传统街巷景观，保护古镇现存历史风貌，保护古镇留存的历史信息和文化片段，逐步改善环境，促进皇寺镇社会、经济、文化的繁荣和持续发展。

3）历史文化名村

规划保护历史文化遗存比较丰富的村庄。邢台县路罗镇英谈村为国家级历史文化名村。内丘县南赛乡神头村被列入中国第一批传统村落，现为省级历史文化名村。扁鹊庙是全国最大的祭祀庙群，鹊山祠是全国重点文物保护单位。

4）非物质文化遗产

通过报刊、影视等媒体或其他有效手段，进行广泛宣传，扩大历史名人、名胜、传说与历史事件的知名度。打造城市牛文化，加强地下水方面管理，实现泉水复涌。

5）历史文化保护实施策略

（1）整合利用特色历史文化资源。

保护区域山、水、城格局，保护"一山三水"的空间结构。根据文献记载和实际情况，适当恢复"邢台八景"。依托中心城区绿地水系和历史文化遗存，在更大的尺度上构建城市文化景观体系。整体保护邢台古城格局，具体包括保护古城水系，弘扬"百泉鸳水"文化，恢复原来主要建筑前的园林水景；保护原有的"六街九巷"和有特色的标志性建筑，如清风楼、开元寺等。

（2）积极申报国家级历史文化名城。

发挥邢台的人文资源优势，积极申报国家级历史文化名城。

（3）积极申报国家大遗址保护片区。

邢台地区的邢侯墓地、邢墟、邢国故城等符合申报条件，可与邯郸联合申报冀南大遗址保护片区。

（4）规划元代文化旅游景观线路。

充分利用邢台历史文化积淀和自然景观资源优势，大力发展文化、旅游产业，提升城市品质。充分挖掘刘秉忠、郭守敬在邢台的经历和历史价值，展示元代紫金山学派的学术地位和邢州大治的空间建设成果。

5.生态建设行动与措施

1）生态屏障保育工程

（1）太行山生态保育——建设国家森林公园。

实施森林碳汇、生态景观林带、森林进城围城、乡村绿化美化、森林资源保护、林业改革创新、林业产业富民、林业基础建设等工程，切实加强河道源头、水体保护，防止旅游景区的过度开发，大力进行矿山治理，发展林木、林果经济，使森林覆盖率提高到40%。将太行山建设成为森林生态体系完善、林果产业比较发达、人与自然和谐的国家森林公园。

（2）大陆泽——建设优质农业示范区和农业生态公园。

① 建设优质农业示范区。全力推进农业产业结构调整，发展高效、特色农业，

在传统、特色、绿色上做文章,大力发展无公害蔬菜,积极引进优质品种,促进农民增收。以设施农业建设为基础,建成集科技生产、高效示范、生态循环、旅游观光于一体的都市型现代农业示范区。建设设施农业生产区、北方优质果木生产区、精品苗木生产区、创意农业发展区、农产品加工配送区、农业高新技术示范区、旅游观光区、综合服务区、生态新农村等功能区,引领农业发展。

② 建设农业生态公园。以自然水体、山体和农田为生态基底,结合特色果木、苗木和创意农业种植区的生态绿化,适度建设观光、餐饮、道路、卫生设施等旅游观光配套设施,建成一个以农业观光游为特色的城郊生态公园。

(3) 中央生态公园——建设城市"绿肺",发展都市休闲农业。

依托邢东煤矿塌陷区 16.5 km² 用地,开发建设集休闲度假、娱乐体验、体育健身、观光采摘、科普教育、生态涵养多功能于一体的生态休闲农业园区。

中央生态公园主要承担城市"绿肺"功能,以生态保护为主,兼顾经济、社会效益,大力发展设施农业、高效农业、生态农业为主的城郊经济,实现满足居民需求、增加就业机会、提高农民收入和打造现代都市生态休闲观光园的双赢目标。

(4) 河道生态恢复——建设生态走廊。

河道生态的恢复,对城市安全、生态、景观有极其重要的生态保障功能。在保证河道安全的前提下,通过建设生态河床和生态护岸等工程技术手段,重塑一个相对自然稳定和健康开放的河流生态系统,能长期维持河道生物多样性和生态平衡,同时也要发挥河流的休闲娱乐、景观等社会功能,最终构建一个人水和谐的理想环境。

① 对"一城五星"范围内的城市水系进行梳理,以河流和水渠为主体,以水库和景观水面为节点,构建"一渠、八河、九库"水系总体框架。"一渠贯南北":南水北调干渠纵贯南北。"八河汇东泽":李阳河、小马河、白马河、牛尾河、七里河—顺水河、沙河—南澧河、沙洺河、留垒河。"九库缀西山":分布在西部山区的九个水库,包括马庄水库、北岭水库、石河水库、马河水库、半卧水库、东川口水库、朱庄水库、东石岭水库、野沟门水库。

② 规划流经"一城五星"的 6 条河流,规划期内全部予以整治。在满足河流防洪、排涝等基本功能的同时,还要保持河道一定的宽度。郊野段河道两侧 500 m 内不得建设与河道、水利无关的设施。过城区段,也要保证不少于 30 m 的宽度。

③ 护岸、护底宜采用渗透型,不阻断河道内外的物质和能量交换。

④ 建设河道生态走廊,与城市自行车骑行系统相连接,满足人们休闲、健身的需要。同时与相关产业建设相联系,增加其产出率和可实施性。

2) 百泉复涌工程

邢台史称百泉之城,环城皆泉。市区周围 20 多 km² 的土地上,百泉坑、葫芦套、达活泉等 15 个泉群曾经常年喷涌,灌溉面积曾达 20 多万亩。但百泉之城现已经成为了极度缺水地区。由于超采严重,邢台市极有可能在 20 年甚至 10 年之内没水喝,水生态修复迫在眉睫。

2012 年,邢台启动实施了矿山企业关闭控制、企业改水节水、召马地表水厂等地表水设施建设、泉域县市区岩溶水压采、农业节水、水库补水、人工增雨、泉域水环境保护、泉坑周边环境治理、泉域岩溶水监测 10 项重点工程。

随着南水北调的通水,按照要求关停地下水厂和各类自备井,可以缓解邢台水资源缺乏的现状,百泉复涌大有希望。

要实现百泉复涌,一要科学编制水生态修复规划,全社会共同努力,从水资源配置、节水管理、用水制度等方面统一协调,形成合力。二要严格控制地下水开采,这是最直接的方式。三要多拦截雨水,补充客水。济南在泉区上游建设水库引黄河水,补充地下水,使趵突泉复涌。四要在节水和非常规水开发利用上下工夫。关停高耗水行业,提高中水回用率,减少用水总量。五要突破机制障碍,实现水务一体化管理。

3) 送风廊道控制要求

中心城区和组团之间设 1 000～3 000 m 的绿化隔离;生态廊道、市政廊道控制在 500～1 000 m,高速公路、铁路两侧控制在 150～200 m;作为风道的城市道路延伸线两侧建筑高度不大于 50 m,总宽度不小于 150 m(含路);城市总建设高度不超过 100 m。

6. 景观风貌建设行动

主要包括中心城区景观风貌建设和区域环境景观风貌建设。

1) 中心城区景观风貌建设

中心城区实施"四路、一线、两区、六河、多点"的点、线、面景观风貌控制。以标志性街道、标志性街区、标志性建筑和生态景观带共同体现中心城区的景观风貌。

(1) 标志性街道:"四路一线",即邢州大道、滨江路、百泉大道、东华路和京广铁路沿线。

(2) 标志性街区:"两区",即重点打造高铁区片和开元—顺德区片。

(3) 标志性建筑:"多点",即在中心城区沿城市主要道路谋划 20～30 个景观好、有特点、带动性强的标志性建筑。

(4) 生态景观带:"六河",即按照产业化、市场化、生态化、可持续化、法治化、人性化、系统化、文化、畅化、亮化的"十化"原则,重点打造中心城区六条河道,分别是白马河、牛尾河、茶棚沟、小黄河、围寨河、七里河。

2) 区域环境景观风貌建设

按照习近平总书记"望得见水、看得见山、记得住乡愁"的要求,保护山水格局,保护和发掘历史文化风貌资源,创造人与自然和谐相处、文化古韵相得益彰的区域环境景观风貌。

(1) 望得见水:保护古城水系。

① 形成区域"山-水-城"格局。城址分布与山水紧密结合,相生相伴,保持"一山三水"的空间格局,保护好西部山区(古代封山)的生态环境,建设好白马河(古仙缘河)、牛尾河(古响水河)、大沙河(古沙底河)生态带。

② 保护和整治好城区内牛尾河、茶棚沟、小黄河、围寨河等水系,适度恢复老城区天宁寺华池兰若水塘、顺德府文庙二井等古景观水体。城区有水则保,无水不建。

（2）看得见山：保护古城视廊。

① 保持郊野公园观山的视廊通透，南水北调以西、白马河以北保持通透，建筑不高于 40 m。

② 保持城市公共视点看远处山峰的视廊通透，东西向道路、河道保持通透，其沿线建筑不高于 40 m。

③ 控制城市高层建筑，位于老城区至山体视觉走廊上的建筑以多层为主，局部可设中高层建筑，建筑高度建议不超过 50 m。

④ 控制城市天际线，形成北部新区较高、中部（老城）较低、南部较高的城市天际线。

（3）记得住乡愁：保护古城历史建筑与街道格局。

① 保持老城六街九巷的肌理，有条件的可以恢复古街名。六条大街分别为宣化街、寅宾街、希古街、迎恩街、崇礼街、兴贤街。九条巷子分别为尚礼巷、永丰巷、永宁巷、集贤巷、怀仁巷、演武巷、崇志巷、南营巷、北营巷。

② 保护历史建筑及周边环境，保持古城原生态。如在城中建有高大的清风楼，在清风楼后建有顺德府衙门。府衙西北角建有文庙。文庙西侧建有龙岗书院，因邢台县附郭于府城内，在府衙门西侧建邢台县衙。府城的四向都建有庙宇，最大的为东北隅的开元寺，其余还有北向的净土寺、龙兴观，西北隅的天宁守，西南隅的通真观。

（4）适当恢复古八景，积极建设新十二景。

① 古八景：鸳水灵井、郡楼远眺、野寺钟声、达活名泉、仙翁古洞、玉泉夕照、鼎梅晴雪、柳溪春涨。

② 新十二景：太行叠嶂、大陆澄波、尧山圣迹、鹊庙仙迹、百泉鸳水、达活龙湫、群楼远眺、古刹春游、宫墙柏影、雉堞荷香、龙岗霜月、檀台烟雨。

3.3.5 近期建设重点及实施建议

1. 近期建设重点

近期建设以公共设施建设、住宅建设、城市绿化建设、市政基础设施建设、历史文化名城保护、交通基础设施建设、生态环境保护等为重点，暂提出 36 项建设内容及管理目标（表 3-8）。

表 3-8　　　　　　　　　　　近期建设项目内容及目标

类型	序号	内容	目　标	完成年限
公共服务设施	1	文化中心	完成博物馆、城市规划展览馆、文化艺术中心等设施的建设，丰富城市居民的文化生活	2017
	2	商务中心	围绕高铁站建设商务中心启动区，并初具规模	2016
	3	都市商业中心	形成中心城区西北部的商业副中心，完善西北部生活服务配套功能	2016
	4	完善皇寺职业培训中心	形成城市重点功能片区，带动人口集聚	2018

类型	序号	内容	目　标	完成年限
公共服务设施	5	片区级商业中心	各组团形成配套齐全、具有一定档次的片区级商业中心	2017
	6	医疗教育设施	按照人口布局，建成符合国家相关标准的医院、学校体系	2018
	7	便民设施	实现便民市场全覆盖，游园绿地、健身设施、报栏书亭配置合理，公共厕所全部实现水冲式	2015
基础设施	8	供水设施	新建地表水厂 5 座、地下水厂 2 座，扩建地表水厂 1 座，扩建地表、地下合建水厂 2 座；完善配套管网，供水普及率达到 98%	2015
	9	排水设施	新建污水厂 3 座，扩建污水厂 7 座；污水集中处理率达到 85%	2016
	10	供电设施	新建 2 座热电厂，扩建 1 座热电厂，增容 220 kV 变电站 6 座；新增 3 座变电站，变电总容量达到 6 600 MV·A	2015
	11	供热设施	新建热电厂 2 座，扩建天唯热电厂，建设大型集中锅炉房 3 座，建设调峰热源 8 座	2015
	12	通信设施	建成一处综合电信局，容量 300 万门，占地约 8 000 m²	2015
	13	环卫设施	对 4 座（内丘组团、任县组团、南和组团、沙河组团）垃圾填埋场进行适当扩建，生活垃圾无害化处理率达到 95%	2016
住房建设	14	保障房体系	完成保障性住房目标任务，落实保障性住房并轨政策	2018
	15	城中村改造及棚户区改造	完成近期建设范围内的城中村改造、棚户区改造工作	2020
交通体系	16	铁路建设	邯黄铁路建成通车，建设邯黄铁路支线，初步建成铁路货运枢纽	2017
	17	公路建设	改造 S388 省道（原邢德线）、G515 国道（原邢临线），加强县乡公路支线的改造工作，形成便捷的对外联系通道	2016
	18	公路环线	贯通旭阳大道、留村大街，建设东环城公路，形成城市环路，分离过境交通	2017
	19	快速路建设	接通中兴大街东延线，建设钢铁大街北延、邢州大道东延线、改造 S547 省道（原 S321 省道）。在中心城区与"五星"组团之间各形成一条快速通道	2016
	20	城市道路	中心城区与各组团形成级配、结构合理的路网系统，人均道路面积不低于 20 m²	2020
园区建设	21	产业园区	产业园区用地全部纳入土地利用总体规划建设用地扩展边界内。加快滏阳经济开发区建设，初具规模，实现建设用地投资强度达标。启动三召工业园前期工作，为企业搬迁做好准备	2017
	22	污染企业搬迁工程	启动市区污染企业评估，关停不达标的污染企业，谋划钢铁、化工等"两高一低"产业的搬迁思路和计划	2015
环境保护	23	空气环境质量	规划范围内工业企业达标排放，大气环境质量明显改善	2016
	24	绿廊绿道建设	建成南水北调干渠两侧、京广高速两侧、京广高铁和东环城公路两侧四条南北向通风绿廊	2017
	25	太行山生态治理工程	启动太行山绿化工程，提高森林覆盖率；推进小流域治理、水土保持工程；启动水源涵养和水源地保护工程等	2020
	26	百泉复涌工程	继续实施百泉复涌十大工程，力争 2020 年前实现复涌	2020

类型	序号	内容	目　　标	完成年限
环境保护	27	河道水系治理	重点治理白马河、牛尾河、小黄河、茶棚沟、围寨河、七里河	2016
	28	中央生态公园建设	启动中央生态公园建设，为形成城市"绿心"奠定基础	2015
	29	发展优质农业和建设农业生态公园	南和、任县利用优质农田，启动建设优质农业示范区和农业生态公园	2016
城市风貌	30	名城保护	对南北长街、清风楼等重点区域进行分片保护，在保护的基础上为其注入新的功能，恢复其原有活力，从而成为展示邢台城市文化特色的重要空间载体	2016
	31	创建国家级历史文化名城	完成并成功创建国家级历史文化名城	2016
园林绿化	32	公园绿地	建设中央生态公园，完善七里河休闲风光带，启动建设白马河休闲风光带，对核心区内水系进行梳理整治，沿水系建设街头绿地	2016
	33	防护绿地	加强铁路沿线、环城路的防护绿地建设，尤其是南北向铁路、高速公路及环路，两侧控制出足够的防护绿地，同时也作为城市南北向通风的主要廊道	2016
体制创新	34	行政区划调整	完成邢台县、南和县、任县撤县设区	2016
	35	管理体系建设	成立"一城五星"综合协调管理机构，研究制订资金保障、设施共建共享、财税分配补偿等机制	2015
	36	规划编制	修编邢台市总体规划，协调编制各乡镇规划，修编土地利用总体规划	2016

2. 有关政策建议

组建一个机构，成立两个基金，创新三项机制，落实三项行动。

（1）组建一个机构。实施"一城五星"统一管理，成立"一城五星"协同发展领导小组，由市政府主要领导任组长，"五星"主要负责人、市直单位各职能部门为成员。

（2）成立两个基金。成立产业发展基金和城市建设投资基金，支持中心城市做大做强。

（3）创新三项机制。建立园区、设施共建共享机制；完善财税分配机制；实施生态共建与补偿机制。

（4）落实三项行动。

① 调整行政区划：积极推进撤县设区。积极争取全面调整方案，力保邢台县、任县、南和先行调整方案，力争在 2016 年前完成。

② 统一规划审批：将"一城五星"区域内重点项目建设审批权限收归市政府，统一审批，保证"一城五星"各类用地的统筹、协调建设。

③ 修编土地利用总体规划：《邢台市"一城五星"城乡总体规划（2014—2030 年）》通过市政府审批后，立即进行《邢台市土地利用总体规划（2009—

2020 年)》的调整,打破土地规划中建设用地总量和基本农田的限制。

做大、做强、做优、做美邢台中心城市,在邢台发展历史上,是一项伟大的工程,是空间的大发展,是思想的大变革。中心城市的做大和率先发展,必将带动整个邢台市域高质、快速、全面发展。

战略落位

4.1 基于高铁枢纽，构建面向经济全球化的国际化城市新区

4.1.1 高铁枢纽这一战略通道将推动邢台战略重构

1. 基于城市竞争力框架理论，邢台迫切需要战略重构

京津冀正在国家战略推动下，向世界级城市群快速演进，邢台作为京津冀城市群南端的重要城市，作为创造了辉煌历史的光荣城市，如何快速地融入这一全球城市网络之中，是其在这一历史时期，所面临的重大战略问题。

1）邢台的战略性资源

城市作为具有深度和影响力的基础设施，是全球化竞争的主要空间载体。以世界城市或者全球城市为核心的世界级城市群，是当前国家竞争的主要载体。京津冀世界级城市群，作为中国的三个世界级城市群之一，必然要承担起国家的战略使命，成为全球竞争的主要参与者。邢台市作为京津冀世界级城市群内的节点城市或者说次级城市，也需要承担起自己应肩负的战略使命，这迫切需要邢台形成自己的核心城市竞争力。

城市竞争力框架理论显示，一个城市的战略性资源、战略性产业、战略性通道是城市的硬实力，软实力则包括文化、制度模式、价值观、形象等。其中，战略性资源是决定城市发展水平、质量和速度的关键。

今天，构成邢台城市竞争力的硬实力和软实力正在发生重大转变。什么是当前邢台的战略性资源？显然，不再是 20 世纪邢台工业经济突飞猛进时期，其所依赖的铁矿石、煤炭等资源禀赋。实际上，代表传统工业和落后产能的矿山、钢铁厂等，已经成为了邢台城市向现代化、国际化功能城市进阶的伤疤和沉重负担。原来的经济发展模式和资源依赖型发展路径已经难以为继，战略性的调整和改变已经出现，知识、人才、信息将取代矿产和资本，成为决定邢台城市未来发展的战略性资源。

2）邢台的战略性产业

全球经济时代，国家之间的竞争，是在全球产业链（供应链）基础上的竞争。在知识经济时代，核心竞争优势的获取，从产业门类上看，主要通过发展现代服务业，包括生产性服务业和高端国际化消费性服务业。原因如下：①发展现代服务业可以实现产业结构的升级，使服务业成为经济结构中的主体，这已经被先进城市的实践经验所证明；②以金融服务、信息服务、科技研发服务、法律、咨询等为代表的第三方生产性服务业，对于提升现有的传统产业科技水平和竞争力，具有明显的推动作用。只有重点发展生产性服务业和高端消费性服务业，实现产业创新驱动，才能获得持续的国际竞争力。

邢台的战略性产业是什么？战略性产业应该包括战略性支柱产业和战略性新兴产业。战略性支柱产业具有很强的竞争优势，对经济发展具有重大贡献，对带动

经济社会进步、提升综合国力具有重要的促进作用。战略性新兴产业具有市场需求前景广、资源能耗低、带动系数大、就业机会多、综合效益好的特征。邢台的传统产能，如钢铁、化工、建材等，已经足够巨大，但每一个单位产能所蕴含的价值太小。在供给侧改革和市场需求的双重压制下，邢台现有的产业要扩张，几无可能，也无必要，而是应该进行价值的提升。现代服务业，特别是生产性服务业显然是驱动价值增长的关键产业，所以邢台要大力发展生产性服务业，推动工业生产附加值质的提升。

邢台的现代服务业发展羸弱，基本没有具有世界级竞争力的生产性服务业，能体现出城市国际化生活方式的高价值端生活性服务业也很欠缺。现代服务业的孱弱，导致邢台产业创新驱动力不足，战略性支柱产业和战略性新兴产业发展不起来；城市温度的匮乏，导致创新要素难以聚集。邢台无法从投入驱动转变为创新驱动，城市的发展已经遇到了瓶颈，迫切需要进行城市战略重构。

2. 高铁战略通道对于邢台构建城市核心竞争力具有重大意义

1）邢台的战略性平台

邢台当前的产业主要集中在资源要素上，从产业结构上看，基本上还是以传统的资源型产业为主导。2018 年，邢台市实现地区生产总值 2 150 亿元，其中第一产业增加值 265.42 亿元，第二产业增加值 876.76 亿元，第三产业增加值 1 008.58 亿元，全市人均生产总值 29 210 元。无论从 GDP 总量指标还是人均指标看，邢台在河北省内均处后列。从产业结构看，第二产业中的钢铁冶金、化工、建材、纺织、日用陶瓷是传统主导产业；服务业 GDP 虽然超过了第二产业，但服务业的主要构成是房地产开发，是阶段性的、难以持续的城市化红利。

这样的产业结构，在供给侧改革的政策背景下，邢台经济发展后劲不足。在全国范围内看，邢台不仅在代表未来发展方向的战略性新兴产业上毫无建树，即使是在传统的钢铁、化工、纺织等行业，因为产品技术含量低、竞争力不强、附加值低等原因，发展也受到极大的挑战。还值得一提的是，即便是这些产业，也主要分布在邢台下辖的市县中，邢台的主城区其实并不具备产业优势。

在这样的背景下，邢台迫切需要一个战略性机遇，一个能引领邢台由资源驱动，走向创新驱动、价值驱动和投资驱动的战略性平台。在这个空间平台上，瞄准现代生产性服务业和消费性服务业的高价值端，聚焦于现代服务业这一高级形态的产业内容，为市域内的传统产业转型升级、产业素质提升提供强大的科研、创新和第三方服务。毫无疑问，这样的战略使命由邢东新区来承担，是最符合经济逻辑的。与邢台老城区相比，邢东新区有足够的空间承载国际化的城市功能。价值洼地和无传统产能的历史负担都是邢东新区的优势。

2）高铁战略通道与邢东新区

何为邢台的战略通道？战略通道就是以战略性区位优势为依托，以港口、航空、公路、铁路等现代化、立体化综合交通体系为基础，构建资源要素流通和产业梯度转移的通道。战略通道不仅仅是"通道"，更是一种枢纽能力和服务能力，有着强大而丰富的产业内涵。

高铁时代是邢台未来若干年内的重大战略机遇。将高铁作为战略通道,能将城市快速连接到全球城市网络体系中,从而为城市获取全球范围内的高端人才、商务流提供便利条件。基于新的战略通道机遇,设立新区,打造一个能够真正集聚国际创新要素的平台,而非仅仅一个通道,才是将可能性变为现实的关键一步。国内已有多个类似的城市实践,如上海围绕虹桥国际交通枢纽,打造了大虹桥国际商务区,通过国家会展中心、虹桥天地国际消费中心、虹桥国际商务区等平台的建设,使这个始于 20 世纪 80 年代上海对外开放高地的虹桥国际商务区,在国际化高端要素的集聚上,摆脱曾经的颓废,走向新的高度,成为上海落实习总书记"更高水平对外开放发展的典范"这一要求的重要抓手。类似依托交通枢纽建设国际功能新区的还有郑州东高铁枢纽新城、杭州东站高铁枢纽新城等,都以聚集国际创新要素为方向,打造城市发展的新增长极,取得了明显效果,成为城市发展的新亮点、新名片、新引擎。

邢台借力京沪高铁邢台东站,设立邢东新区,作为将邢台纳入京津冀区域协同发展的抓手,同时也是将自身融入全球城市网络体系,进一步推进城市国际化的重要举措。京沪高铁邢台东站,为邢台打通了一条快速连接以北京为核心的京津冀世界级城市群的战略通道。通过京沪高铁,邢台到北京的时间从原来的四五个小时,缩短到最快只要两个小时,到石家庄更是只要半个小时的公交化通勤时间。快速交通为北京、天津、石家庄这些京津冀城市群内主要城市的商务、信息和人才等创新驱动要素向邢台的流动提供了便捷的战略通道。

依托京沪高铁战略通道而建的邢东新区,不仅是一个要素流动的节点,更是一个产业梯度转移的平台。它有着更为丰富的产业内涵和城市功能内容,它是邢台未来发展的产业增长极和空间增长极。要承担产业增长极的历史使命,就决定了邢东新区一定要以现代服务业为主,包括金融、商务、科学研发等现代生产性服务业和消费性服务业的高价值端,这样才能为邢台产业结构的优化以及邢台现有传统产业的升级提供动力。根据对世界先进城市和国内成功城市新区的案例研究,一个城市的现代功能平台包括金融商务战略新平台、奥体商务博览平台、枢纽平台、公共服务平台、科创平台、会展博览城、国际旅游度假区、国际会议中心等。这些平台都以集聚国际化的高端创新要素和国际化高端人才为目的,坚持绿色化、高端化、集约化、国际化标准,打造现代服务业产业发展和城市功能进阶的平台。

4.1.2 高铁新城功能和产业配置的规律性经验

通过对国内外成功的高铁新城案例的详尽分析,我们总结出一些高铁新城功能和产业配置的规律性经验,以供邢东新区高铁新城片区借鉴。

1. 相关案例研究

1)产业配置规律

通过对河北省 5 个高铁新城的产业配置进行研究,总结规律如表 4-1 至表 4-3 所列。

表 4-1 河北省主要高铁新城开发案例总结

站名	功能定位	空间结构	特点	借鉴意义
保定东站	高端商务会展中心、知识型经济中心、现代城市综合功能组团、高铁交通港、高品质城市门户	圈层结构,两侧发展,一轴一带两心两片区	利用高速和高铁的便捷性,突出地方文化特色	通过展示地方文化来突显片区门户地位和城市魅力
石家庄站	综合交通枢纽、市级商业金融服务中心、会展文化信息交流中心、现代服务业中心、石家庄南部的城市门户	圈层结构,两侧发展,一轴三片六组团	根据现状布局空间结构,凭借优势落实产业,与周边城市分工协作	产业发展结合自身优势,与周边城市分工协作
邯郸东站	汇集行政、金融、商业、文化、居住、游憩、体育等功能,综合性城市窗口	轴线结构,可识别性和整体性强,两轴三组团	通过高铁及核心区的建设,结合经济技术开发区和其他组团,带动整个新区发展	通过高铁建设带动整个新区发展,实现产城融合
沧州西站	沧州市行政、文化、会馆、教育、体育中心,城市副中心	轴线结构,可识别性和整体性强	政府搬迁,建设大量公共设施重大项目,形成城市副中心,带动片区发展	通过大量公共设施、重大项目建设,形成城市副中心,带动片区发展
唐山西站	区域性综合交通枢纽、城市商业文化副中心	圈层结构,两侧发展,一核一区两轴两环一网	设计理念来源于唐山的"凤凰"城市符号	空间和标志性建筑节点设计结构自然环境、彰显地方文化特色

表 4-2 河北省主要高铁新城功能配置

城市	行政办公	商务办公	商业贸易	金融	会议展示	文化休闲	高等教育	科研	居住生活	产业园区
石家庄		有	有	有		有			有	
正定		有	有			有		有	有	有
保定		有	有	有	有	有		有	有	有
邯郸	有	有	有	有	有	有			有	有
沧州	有	有	有	有	有	有	有	有	有	有
唐山		有	有	有	有	有			有	
承德		有	有	有		有	有	有	有	

表 4-3 河北省主要高铁新城产业配置

城市	交通运输	商业	金融业	房地产业	教育	文化	体育	科研	旅游	会展	娱乐	工业（研发）
石家庄	有	有	有	有		有				有	有	
正定	有	有	有	有				有			有	有
保定		有	有	有	有	有		有	有	有		
邯郸	有	有	有	有	有	有	有	有	有	有		有
沧州	有	有	有	有	有	有		有	有	有		有
唐山	有	有	有	有	有	有		有			有	
承德	有	有	有	有	的	有	有	有	有	有	有	

2）功能配置规律

（1）功能配置特征。

① 提高城市首位度,主动与区域经济接轨,借助枢纽发展区域商贸,带动经济的发展。

② 高端人才、知识和文化汇集的焦点,都市文化、创新、旅游与商业核心功能结合。

③ 区域总部经济功能转移的空间,吸纳以区域为服务市场的企业总部。

（2）功能配置内容。

研究分析得出,成功的高铁枢纽带来的大客流能促进城市现代服务业与创新科研功能的集聚,功能内容主要表现在区域层面的综合商贸服务、消费型和生活型服务、生产型商业服务、科研教育服务及房地产居住(图 4-1)。

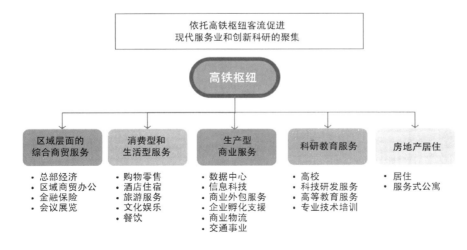

图 4-1 功能产业构成示意图

(3) 空间布局特征。

高铁枢纽空间布局的特征主要表现在三个方面。

① 用地与交通枢纽的融合采用多种模式,实现立体化多层次的交通汇集与疏导(图4-2)。

(a) 剖面图

(b) 平面图

(c) 周边环境示意图

(d) 地铁入口效果图

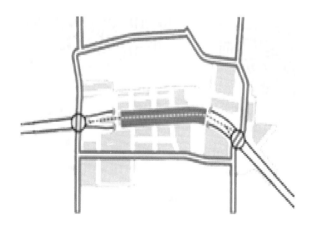

(e) 空间关系简图

图4-2　城市发展与交通枢纽融合

② 强调15 min枢纽连接的空间范围,利用快速连接扩大枢纽经济的带动作用(图4-3)。

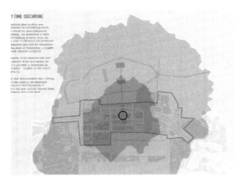

(a) 15 min 等时圈示意图

(b) 空间关系示意图

(c) 开敞空间示意图

(d) 平面图

图 4-3　15 min 枢纽连接

③ 紧凑的多功能设计促使人流集聚,步行优先的综合环境有效集聚经济活动(图 4-4)。

(4)空间布局发展模式。

高铁枢纽空间布局发展模式主要为圈层带动发展,以高铁为核心,向外依次为核心层、核心配套层、关联产业层(图 4-5 及表 4-4)。

图 4-4　步行廊道

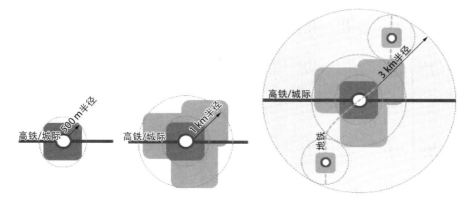

图 4-5　高铁枢纽圈层带动发展模式

表 4-4
高铁枢纽圈层带动发展模式

内容	核心层	核心配套层	关联产业层
交通模式	步行	步行+自动步道+自行车	轨道交通+区内公交+自行车
核心距离	500 m 半径范围内	1 km 半径范围内	3 km 半径范围内
占地规模	约 1 km²	约 5 km²	25～30 km²
主要功能	• 高铁枢纽 • 购物、餐饮 • 金融商贸办公 • 星级酒店 • 会议及商务服务	• 总部商务办公 • 商务服务办公 • 连锁经济旅馆 • 服务式公寓 • 文化娱乐表演场馆 • 住宅房地产	• 商业后勤及外包服务 • 大型专业会展交易 • 旅游及创意文化 • 住宅房地产 • 科技研发教育

(5) 功能分布。

高铁枢纽圈层直接与间接地影响城市功能分布。高铁枢纽圈层的功能分布以核心层为圆心,向外呈抛物线形递减(图 4-6),因此,将以高铁枢纽活动为市场方向的功能紧贴核心层布置,受惠于高铁枢纽的关联产业与区域辐射产业安置于外圈层。

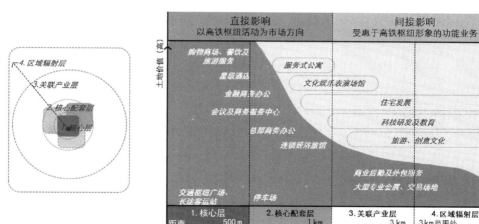

图 4-6 高铁枢纽圈层直接与间接地影响城市功能分布

2. 借鉴与启示

1) 高铁影响下的城市功能元素

(1) 发挥高铁站点综合交通枢纽对城市发展的催化作用,形成以高铁枢纽站为核心,以城市功能为导向的产业链,推动区域的经济发展与城市功能升级。

(2) 高速铁路影响下的城市功能元素如下。

① 交通功能:高铁站将是人流、物流、信息流等的汇集地,是高能级的、具有重要经济意义的综合性交通枢纽,其功能设施主要有高铁枢纽站房、交通广场、长途汽车站、出租车停靠站、公交车站等。

② 高铁催生功能:高铁催生相关产业与功能在此集聚,如物流商贸、高新技术产业园、商务居住、综合交通枢纽、现代综合服务、商务办公、中央公园、特色居住、旅游服务、滨河景观等。

③ 高铁衍生功能:研发、设计、咨询、商务、金融、审计、贸易、展览交流中心等生产性服务业。

2) 空间结构

(1) 圈层空间结构。

① 第一圈层:以车站广场、商业服务设施形成的,与高铁站联系最为紧密的交通核心。

② 第二圈层:商业、金融、办公等形成的副中心商业区。

③ 第三圈层:商住混合或居住为主的社区圈层(图4-7)。

(a) 以高铁为核心,两侧发展,完整圈层环状形态　　　(b) 以高铁为核心,单侧发展,半圆扇形环状形态

(c) 高铁圈层空间结构示意图

图4-7　高铁圈层空间结构

(2) 轴线空间结构。

轴线空间结构主要指高速铁路沿线形成的连续线性空间界面,与高铁线垂直

形成轴线序列。为突出高铁站的核心地位和标志性,通常以站点为节点。在轴线上布置商业文化建筑群体,并规划特色景观空间,形成视觉连续的特色空间。以轴线空间展开整个新区的城市空间框架设计,区域的可识别性和整体性很强(图4-8)。

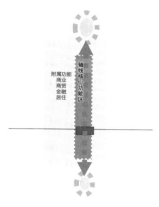  

(a)空间轴线结构示意图　　　(b)重点地段城市设计平面图　　　(c)重点地段城市设计鸟瞰图

图4-8　高铁轴线空间结构

(3)生态自由结构。

生态自由空间设计手法主要强调大生态概念,采用曲线的水面或绿化公园,营造生态的自然环境,打造回归自然的归属感。为突出高铁站的核心地位和标志性,通常以站点为节点,在外圈层空间布置高层办公或商住(图4-9)。

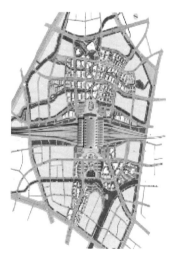 

(a)高铁周边城市设计平面图1　　　　　(b)高铁周边城市设计平面图2

图4-9　高铁生态自由结构

3)圈层结构关系

高铁新城三个圈层的结构关系如图4-10所示。

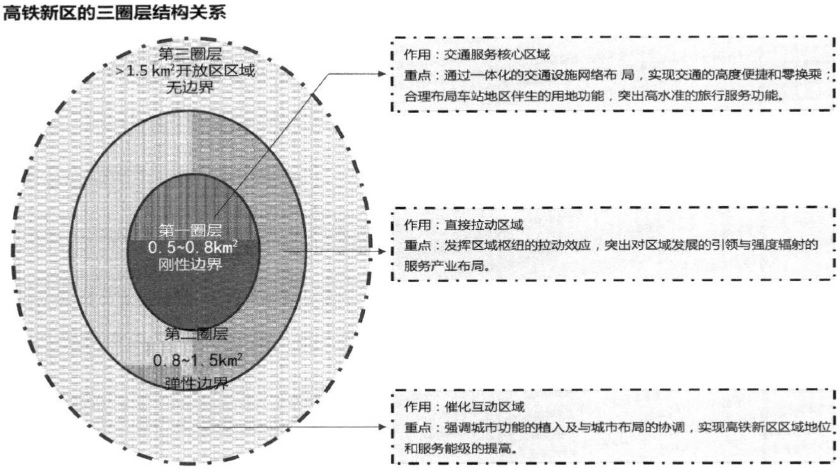

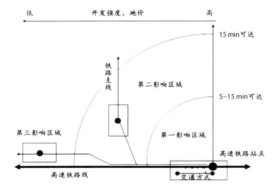

图 4-10　圈层结构关系

4) 开发强度

高铁站区对周边发展的影响随着空间和时间的变化而不同,不同圈层可相应选择不同的开发强度(图 4-11 及表 4-5)。

城市空间战略平台构建——以邢台为例

图 4-11　开发强度关系图

表 4-5　开发强度

圈层结构	第一圈层	第二圈层	第三圈层
功能区域	核心枢纽区	直接拉动区	扩散影响区
站点距离/km	0.5~0.8	0.8~1.5	>1.5
站点影响度	直接控制	直接影响	无直接关联
发展特征	站点服务区	第一圈层功能补充和延伸,向常态城市功能过渡	与站点无直接关联,恢复正常城市功能
相关功能	餐饮酒店、商务办公、旅游	商务、办公、居住、文化、教育、工业	通常为居住功能

圈层结构	第一圈层	第二圈层	第三圈层
建设密度	极高	高	依赖城市功能
可达性	步行	多种交通方式	多种交通方式
发展动力	极高	高	适度

（1）第一圈层。相关功能包括餐饮、宾馆、旅游服务、商务办公等，是高铁站点交通服务区，是规划重点。

（2）第二圈层。相关功能包括商务、办公、居住，甚至文化、教育、工业等，与车站关联性降低，逐步向常态城市功能组织、空间结构和土地利用过渡。

（3）第三圈层。相关功能与高铁站点关联性弱或无关联，恢复正常的城市功能结构，一般以居住区为主。

5）高铁枢纽主要功能

邢台高铁组团主要功能如表4-6所列。

表 4-6　　　　　　　　　　　高铁枢纽主要功能

圈层结构	圈层定位	主要功能	功能载体形式
第一圈层	综合交通服务核心	交通枢纽区	高铁站 站前广场 长途客运站 公交首末站停车场
		旅游服务区	旅游集散中心
		旅行配套服务区	宾馆、餐饮店、购物广场 信息咨询服务
第二圈层	引领和辐射周边区域发展现代服务产业	总部经济区	企业总部 总部基地园区
		创智园区	科技研发基地 创智产业基地 生态办公基地
		金融服务区	财富广场 国际金融广场 银行总部
		会展博览区	城市会展中心 产品博览会基地
		商务服务区	系列酒店 高端公寓 购物广场 高铁物流

圈层结构	圈层定位	主要功能	功能载体形式
第三圈层	城市功能的植入与新区服务能级的提升	居住区	特色居住组团 商务居住组团
		公共服务	学校、医院、公园、体育设施、文化场所等
		商业区	购物广场 特色商业步行街区 社区商业
		公园	园博园

4.1.3　邢东新区高铁新城的产业定位和功能平台

1. 高铁新城的主导产业选择

在经济全球化的新历史条件下,国家间的经济竞争是以世界级城市群这个主要空间载体展开的。世界级城市群区域,或者说巨型城市群区域,日益成为世界经济活动密度最高、强度最大的区域。目前,世界上最主要的 40 个巨型城市群区域,虽然只覆盖了不到 5% 的陆地面积,拥有不到 18% 的世界人口,但承担了 66% 的全球经济活动和接近 85% 的科学和技术创新活动。内部功能高度关联与集成的巨型城市群区域,正成为世界经济发展的重要空间载体,作为更大的、更具有竞争力的经济单元,成为世界经济发展的真正引擎。

在京津冀世界级城市群中,北京,包括雄安新区在内,这个面向未来、面向全球的世界级城市群核心城市,必须以拥有全球资源配置能力为目标。同时,作为一个世界级城市群,京津冀城市群必须要在发展理念上,将城市与区域的发展结合起来,将区域内的核心城市与次级城市结合起来。京津冀世界级城市群正在走向"多中心、扁平化、多节点"的空间组织模式,城市群内部各个层级的城市分工也由原来的垂直分工向水平分工演进。一些城市职能和产业功能原来只有核心城市才能承担,现在通过水平分工,城市群中的次级城市也能通过共建甚至单独承担的方式,承担这些职能和功能。对于这些次级城市,或者说功能性国际城市而言,发展与国际化要求相吻合的现代产业体系是非常迫切的。

邢台要成为京津冀世界级城市群中的功能性国际城市,必须要利用好邢东新区这个新的战略大平台,重点构建与国际化生产方式、产业分工规律以及国际化生活方式相吻合的现代服务业,包括现代生产性服务业和消费性服务业的高价值端。这是邢台打造现代产业体系至关重要的内容,也是邢台未来发展的新增长极。

1) 现代生产性服务业

(1) 高度发达的现代生产性服务业,是国际化城市吸引跨国公司,连接全球产业链的关键。

全球城市理论奠基者萨森认为,世界城市的标准主要是世界级生产性服务企业入驻情况;GaWC 研究体系也是聚焦先进生产性服务业。发达国家普遍存在两个

70%的经济现象,即服务业产值占 GDP 的 70%,以及生产性服务业占服务业的70%。生产性服务业的集聚意味着市场、技术等知识和信息的大量集中,这能吸引跨国企业选址,同时能在第三方帮助下提高制造业附加值,并赢得在全球范围内配置资源的优势。全球网络中的高端生产性服务企业,就像遍布全球各个城市的信息流动节点。知识经济的价值通过企业在全球建立的网络节点输送,既帮助本地企业拓展海外业务,同时帮助外来企业进驻投资城市,由此形成一个互联互通的世界城市网络。由此可见,对于功能性国际城市,生产性服务业十分重要。

(2)邢台生产性服务业的发展现状与功能性国际城市的要求存在较大差距。

在知识、技术和全球化力量的推动下,当前全球服务业呈现新的发展趋势。一是贸易自由化以新的方式在演进。虽然美国当前有逆全球化的苗头,但中国主导的以自由贸易区建设为代表的进一步、更高水平的对外开放实践,有力地推动了全球贸易投资便利化步伐和贸易体系重构。二是制造服务化。信息技术与制造业的深度融合加速制造服务化进程,全球制造业呈现生产型制造向服务型制造的转变,二、三产业边界越来越模糊。三是服务平台化。基于信息技术的"平台经济"串联起生产、服务、物流、支付各个环节,形成"互联网 + "等新的生产方式、商业模式和增长空间。四是服务全球化。信息技术推动了服务的可贸易化,全球性贸易已从实物内容逐步向资本、信息等服务内容延伸,正在成为全球价值链的核心环节。

邢台要建设成为京津冀世界级城市群内的功能性国际城市,必须要适应全球生产性服务业发展的新趋势。功能性国际城市的目标,高质量发展的新要求,对邢台生产性服务业提出更高要求。一是国际化成为邢台新一轮城市发展的主旋律。京津冀世界级城市群国家战略下的功能性国际城市,赋予邢台建设内陆开放型经济高地的使命,要求邢台服务业增强在冀中南地区、京津冀城市群、全国乃至全球范围内的要素和资源配置能力,形成有核心竞争力的服务功能。二是京津冀城市群、冀中南发展带等区域一体化进程加快,要求邢台服务业的发展也要加快步伐。毕竟,在区域内竞争中,谁先发展起生产性服务业,谁就能在区域内的生产要素配置上具有先发优势,从而为城市获得区域内的中心地位取得先机。三是"邢台制造"要加速走向"邢台智造"。邢台制造业有一定的基础,但主要体现在数量上,在产业质量上远远不够。这要求邢台加快发展生产性服务业,突出创新驱动对于邢台智造的支撑作用。四是城镇化由量的增长向质的提升转变。新型城镇化更加重视人的全面发展,这也要求加快提升创意、创新等生产性服务功能。

(3)邢台发展生产性服务业的关键在于现代生产性服务业集聚区平台建设。

邢台发展生产性服务业,要符合"形成在冀中南乃至京津冀区域中的生产活动的资源配置功能"的目标导向,服从于"建设功能性国际城市"的目标。要提高邢台在区域经济活动中的影响力和资源配置能力,打造能使商品、服务、资金、技术、人才、知识等要素充分流动的资源配置功能,增强功能性国际城市的核心竞争力和对外辐射力。

① 努力打造成地区性决策中心。吸引一批能参与国际分工、开展跨国经营且具备较强竞争力的大企业、大集团的地区性总部,国际经贸活动高密度集聚,使邢台

成为地区性资源的组织与配置节点、跨地区活动的管理与控制中心。

② 地区性物流枢纽。利用邢台的区位优势、交通优势，构建与全球、地区联动发展的物流动脉，使其成为冀中南的区域性国际物流枢纽。

③ 地区性创新中心。着力知识、信息和人才资源集聚，不断开拓创新的深度和广度，将创新活动与经济产业融合，争取使邢台成为冀中南地区重要的创新中心，服务与辐射带动区域科技创新发展。

根据《邢台市战略性新兴产业发展"十三五"规划》，生产性服务业应坚持市场化、产业化、社会化、国际化发展方向，围绕"扩大总量、优化结构、拓展领域、提升水平"，优先发展生产性服务业。催生现代服务业发展新业态，鼓励跨界竞争、跨界融合，以大流通链、大数据链为重点，延伸产业链条，构建服务业发展新模式。到2020年，服务业对经济增长的贡献率进一步提升，成为产业转型升级的重要支撑，服务业增加值占 GDP 比重达到 45％ 左右。

邢台发展现代生产性服务业，关键抓手在于创建现代生产性服务业集聚区。经济理论指出，作为创新性要素高度集聚、创新活动密集的现代生产性服务业，隐性知识频繁、高质量地在创新人群和组织中传播、扩散，自然会对活动产生空间高度集聚的内在要求。因此，建设现代生产性服务业集聚区，对于发展现代生产性服务业至关重要。对于邢台而言，邢东新区就是城市面向未来的重大机遇所在，是城市的高附加值产业发展的新增长极。邢东新区也主动抓住机遇，在产业发展规划中，明确提出"积极发展生产性服务业，支持现代物流、信息服务、服务外包、金融、科技服务、商务会展等重点行业集聚发展"。

2）消费性服务业的高价值端

（1）消费性服务业对于邢台向创新驱动转型具有重要意义。

城市高质量发展，根本动力在于经济的活力、创新力和竞争力。高质量发展，要求城市向创新驱动、价值驱动转型进阶，将创新作为发展第一动力。邢台作为一个传统产业占据主导地位的城市，相较于先进城市，实现向创新驱动的转型，具有更大的迫切性。

城市创新要素的获取，核心是获取知识、信息和人才等高端创新要素。在这些高端要素中，人才最具有主观能动性，只有在城市群乃至全球范围获取、利用好高端人才这个要素，才能够保证持续创新，生产、吸纳和利用好知识和信息这些创新要素，从而推动产业创新、经济结构升级、城市高质量发展。城市拥有适合高端人才生活方式的设施和环境，对于吸引高端人才尤其国际人才至关重要，而这正是高度发展的消费性服务业所能提供的。

在城市平台建设上，以创新要素集聚的城市活力空间和现代消费性服务业的平台建设为要旨，构建适合国际人才生活方式的消费性服务业平台，包括国际社区、国际医院、国际购物和国际消费中心等。显然，缺乏消费性服务业高端服务设施，已经成为目前邢台城市核心竞争力的短板之一。

（2）消费性服务业迫切需要供给侧改革。

与国内多数城市类似，邢台的消费性服务业存在以下突出问题，迫切需要进行供给侧改革。

一是部分消费性服务行业的有效供给不足,特别是医疗、养老、体育等行业发展相对滞后,总量供给不足。以体育产业为例,虽然体育基础设施等硬件建设近年来有明显改善,但体育赛事服务水平不高,尤其是承接国际化赛事的服务体系不健全,职业体育发展滞后,难以满足居民对体育服务和体育文化的需求。迄今为止,邢台尚没有一个国家级的体育赛事联赛俱乐部,对比欧美同样人口规模的城市,二者差距非常明显。

二是消费性服务业供给质量相对较低。由于行业从业人员素质较低、管理水平不高等原因,我国消费性服务业供给质量整体相对较低,部分行业或领域的消费者满意度不高。以酒店服务业为例,这是一个理应最具国际化标准的窗口行业,但迄今为止,邢台的高星级酒店数量很少,几乎没有一家国际化的酒店品牌在邢台运营。邢台要走向国际,迫切需要引进数家国际化酒店品牌,提升酒店服务业的国际化水平。

三是消费性服务业的对外开放程度较低,国际竞争力弱。邢台的消费性服务业中,主要是由本地企业或主体投资运营,其中国有资本占据相当比例,而能迅速提升服务标准和服务能力的外地和外商投资却非常少,这势必造成竞争力本来就不足的邢台消费服务业能力提升不够,国际竞争力相对弱。邢台迫切需要在今后的对外招商中,加强对消费性服务业资本的引进。

(3)消费性服务业供给侧改革的方向是重点发展国际化生活方式所需的现代、高价值端消费性服务业。

邢台的消费性服务业供给侧改革需要两手抓,一是提升邢台对外来消费的吸附力,二是要实现社区服务便利化,从而推动邢台经济发展与消费结构升级、产品价值提升、社会民生改善,打造充分体现以人为本、具有高度人文关怀的消费服务功能,增强邢台在京津冀全球城市网络中的吸引力和对优质生产要素的集聚力,促进城市品质与城市价值双提升。其中,发展国际化生活方式所需的现代、高价值端消费性服务业,提升对外来消费的吸附力,是快速提升邢台消费性服务业水平的关键。

① 国际化的消费购物设施。邢台要着手打造时尚消费高地,致力于自身特色吸引物、国际化购物和消费环境的打造,在商品、企业、客流、服务规则等方面充分接轨国际,快速提升邢台的商贸活动在冀中南乃至更大区域的影响力和商业知名度,使邢台成为购物环境优越、商品丰富度高、特色消费突出、时尚引领能力较强的、具有显著影响力的国际消费购物城市。在这方面,利用国家的自贸试验区政策和跨境电子商务政策红利,邢台可以引进高端国外商品贸易保税店,引入世界的高端商品和新兴消费性服务,满足新兴的市场需求。

② 京津冀区域重要的国际旅游城市。邢台具有悠久的历史和深厚的旅游文化资源,要切实将旅游资源变成旅游产业的生产力。强化邢台的旅游,尤其是国际旅游的接待能力,对接国际化标准,深化跨区域旅游合作,以旅游业态多元化、服务精品化、品牌建设全球化加速融入国际旅游市场产业链,将邢台打造成为能对接国际市场、吸引国内游客的京津冀区域重要的国际旅游城市。

③ 兼具历史文化和现代创意的文化名城。着眼于增强城市软实力和服务业发展核心竞争力,坚持保护传承与创新发展、立足本土与对接国际、政府引导与社会参与,以城市为舞台、以产业为载体,多渠道开展文化历史传承、文化创意产业促进、文化名片塑造和文化交流活动,显著提高邢台的文化开放水平和城市文化品位,使其成为地域文化特色鲜明、多元文化交融发展的文化创意名城。

④ 宜居宜业的国际化都市。要着力于建设适合国际人才生活方式的消费性服务业平台,包括国际社区、国际医院、国际娱乐、体育设施等城市平台,创建宜居宜业的环境和设施,为邢台吸引国际和国内高端创新创业人才提供条件。

2. 高铁新城的主要产业功能平台

高铁新城的主要产业功能平台如表 4-7 所列。

表 4-7 邢东新区高铁新城的主要产业功能平台

产业平台		主要项目构成
生产性服务业平台	国际会展平台 (以面向国际的大型综合性展览为主)	国际会展中心及会展湖区
	国际会议会务平台 (以主题性国际会议与论坛,以及面向国际交往与公共事务的大型会议为主,同时也有商务型会议)	1. 国际会展博览中心; 2. 滨湖酒店群; 3. 会议会务配套的文化设施
	国际化商务平台 (高铁新城的中央商务区和总部经济区)	1. 城市地标大厦; 2. 生产性服务办公区; 3. 酒店及公寓; 4. 企业总部集聚区; 5. 高端商务综合体
	公共服务平台 (融入全球生活方式的公共服务和满足城市日常生活的公共服务,都要求具有国际化服务水准)	1. 邢东新区的政务服务中心; 2. 公共文化设施; 3. 国际学校; 4. 国际医院; 5. 医院、学校等公共服务设施
	科创平台 (科学知识城、科技园)	1. 科技研发中心; 2. 企业孵化中心; 3. 开放性实验室; 4. 创智基地; 5. 人才港; 6. 生产力促进中心; 7. 科研成果转化基地; 8. 知识产权交易中心
	物流与贸易平台	1. 国际商贸城; 2. 电子商务园区
	信息服务平台 (公共信息平台、信息技术产业服务平台、基础电信服务平台)	1. 公共服务信息港; 2. 信息科技园; 3. 电子产品市场; 4. 信息产业中心

（续表）

产业平台		主要项目构成
生活性服务业平台	国际化购物中心	1. 购物中心； 2. 商业街
	国际化旅游服务平台	1. 国际化旅游酒店； 2. 国际化度假功能平台； 3. 国际化文化旅游平台
	国际化体育运动和赛事活动平台 （以国际赛事平台和国际化的公共体育服务为主）	奥体中心（自行车馆、体育场）
	国际化文化消费活动中心	文化体验消费水街

3. 主要项目的效果图和设计

1）高铁枢纽

高铁是一个战略通道，能将城市快速链接到全球城市网络体系中，从而为城市获取全球范围内的高端人才、商务流提供便利条件。基于新的战略通道机遇，建设集聚国际创新要素的平台，其中最为关键的一步，或者说是基础性的设施，就是高铁枢纽。

邢台市高铁枢纽位于上东高铁核心区（图4-12—图4-14），通过邢州大道、泉北大街、邢任公路、107国道、东环路等十余条城市干道与老城、开发区和周边区县紧密相连。除了城市路网外，城际轨道将和高速铁路在此汇集形成大规模交通枢纽中心，承载枢纽设施、旅游集散、物流集散以及站前广场等多种功能。

图4-12　高铁枢纽区位

图4-13　高铁片区效果图

图 4-14 高铁枢纽效果图

邢东新区高铁枢纽在空间结构上,突出整体设计,实现东西连续(图 4-15)。在原有的东广场的基础上,将其扩大以提升城市形象,同时新建西广场,提高车站接待能力,从而有效、快速地疏散旅客。通过地下通道把东西广场紧密连接,促进东西广场空间的联动,并将地下通道延续至东华路入口广场,与中央生态公园紧密相连。

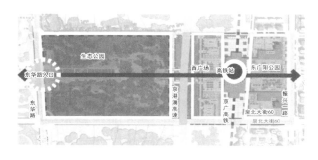

图 4-15 高铁枢纽空间结构分析

交通枢纽的关键在于实现快速无缝连接。国内很多高铁站点虽然对外可以将城市快速链接到国家交通大网络中,但由于地处城市边缘地区甚至远郊区域,高铁枢纽与城市内部的交通衔接并不好,造成总体效率不高,乘客从市内来高铁站的时间过长,交通不畅。

为解决这一问题,邢东新区高铁枢纽除了在选址上,距离邢台中心城区很近,处于邢东新区的核心位置,还通过以下三个方面来实现高铁枢纽与中心城区、开发区和市域县市的快速联系。

(1)建立枢纽联系专用道,加强高铁枢纽与区域外部的交通衔接(图 4-16)。建立邢州大道、泉北大街、振兴一路、心河路、中兴大街"两纵三横"联系主干路,作为高铁枢纽与外部交通联系的主干路,对接邢州大道高速口与中兴大街高速口。为实现高铁枢纽与市域的快速衔接,规划环线快速路(滨江路、龙岗大道、大东环、百泉大街)及邢清公路、邢临公路对接一城五星,以大环路的方式,实现快速连接。为实现高铁枢纽与老城区的衔接,规划邢州大道和泉北大街,快速连接二者。

图 4-16　高铁枢纽与区域外部的交通衔接

（2）建立邢东新区内部的大环路（图 4-17），快速疏散枢纽区和邢东新区内部的人流与车流。邢东新区，尤其是其核心区组团，是城市经济活动高度集中的地方，人流、物流、商务流密集。内部的大环路能有效解决高铁核心区的人流、车流疏散问题。

图 4-17　邢东新区内部大环路

(3)建立快速公交走廊,实现高铁枢纽与城市规划中的地铁线路等大容量交通方式之间的衔接。考虑到邢台将成为一个规划人口上百万的大城市,为此,邢台规划了地铁(轻轨)1号、2号、3号、4号、5号等城市大容量公共交通设施。为满足高铁枢纽与今后城市大容量交通设施的联系,邢台高铁枢纽预留了公交通道和设施用地(图4-18)。在大容量交通设施建成之前,主要将利用公交走廊强化邢东新区与老城区及城市组团之间的交通联系。高铁枢纽区域地面设置公交首末站及上下客站点,满足市民对公共交通的需求。

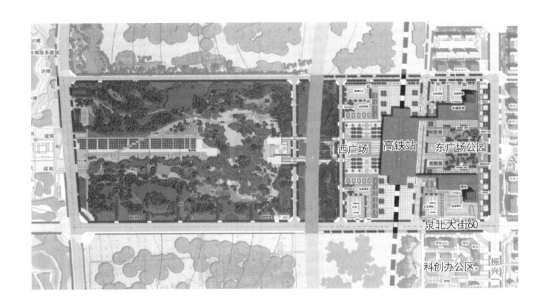

图4-18 高铁枢纽空间结构

2)高铁中央商务区

中央商务区是一个城市现代化的象征与标志,是城市的功能核心,是城市经济、科技、文化的密集区,集中了大量的金融、商贸、文化、服务功能,以及大量的商务办公、酒店、公寓等设施。

邢东新区的中央商务区总占地2.53 km²,东西长1.3 km²,南北长1.96 km。中央商务区是邢东新区的启动区,规划有国际商务办公、金融商务、综合办公区、商业消费中心、中央活力港湾、滨水商业街等现代生产性服务业和高端消费性服务业的功能设施。另外,滨水生态绿地为中央商务区提供了生态环境优良的共享空间和交往活动空间。

(1)空间结构。

在空间结构规划上,中央商务区的最大特点是以中央水湾这种张弛有度的空间为核心,构建水面空间以及滨水生态绿化空间,并在沿线布局金融办公、商务办公等生产性服务业,以及高端商业、滨水高端消费设施和高星级酒店等高端消费性服务业设施(图4-19和图4-20)。这样的空间结构,便于空间辐射延伸,形成邢台特色化的商务共享空间。

图 4-19　中央商务区总平面图

　　在空间关系上,中央商务区以构建东西连续空间、核心共享空间、东西轴线延展空间为要旨,向西联通高铁枢纽和中央生态公园,向东联系邢东新区的核心会展湖区和奥体中心(图 4-21)。

　　一个有活力的中央商务区需要一个有生态支撑并且具有经济活力的共享空间。对于邢东新区的中央商务区而言,依托对面和滨水生态公园而塑造的中央活力港湾,就是最重要的共享空间。河流北侧以整齐的塔楼形成高层界面,并沿河形成休闲亲水平台;南侧局部扩大,形成中央活力港湾(图 4-22)。

　　在形成东西向的中央活力港湾后,为带动整个板块的发展,规划了南北向道路,以拉伸南北向空间。南北两侧依托中央共享空间,纵向延伸,将中央共享空间的带动效应扩散到整个中央商务区。

图 4-20　中央商务区透视图

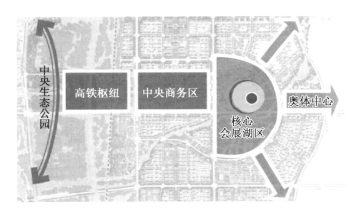

图 4-21　空间关系

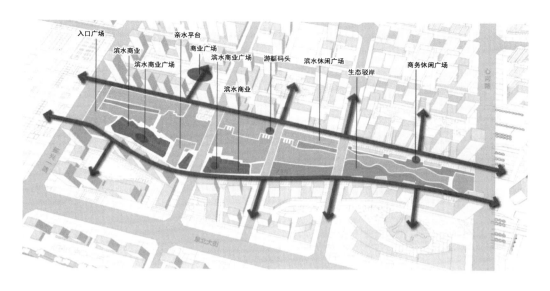

图 4-22 空间结构分析

（2）空间界面。

为了突出中央商务区的现代化城市风貌特征，滨水活力带的南侧局部扩大，形成连续的弧形高层建筑界面；北侧建筑风格统一，形成整齐连续的高层建筑界面；中间为开敞的滨水空间。这样形成一条水街、两岸景观、两条界面的空间构成（图4-23）。

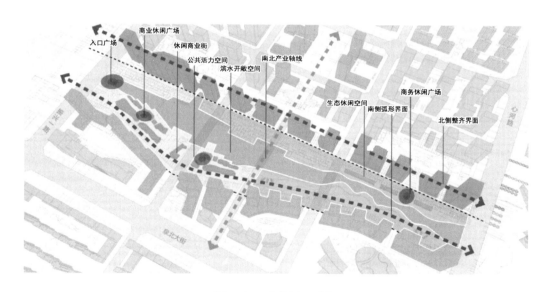

图 4-23 空间界面分析

（3）功能配置。

中央商务区在功能配置上，规划了商业商务中心区、国际商务接待中心区、综合商务办公区、金融商务中心区、会馆商务综合区、中央活力港湾服务区六大核心功能区。采取功能街区空间模式，根据六大功能主题，形成商业广场、商务广场、金融花园、会馆花园、酒店花园、中央水街等街区共享空间（图4-24），通过共享空间组合街区单体建筑。

图 4-24　功能配置

在具体的业态和建筑功能方面,设置了高端商务公寓、高端休闲商业、精品休闲、大型商业中心、商务办公、退台水街、中央水景、商贸展销中心、滨水特色商业街、星级酒店、金融办公、信息保险、5A 级办公等公共综合办公(图 4-25)。

城市空间战略平台构建——以邢台为例

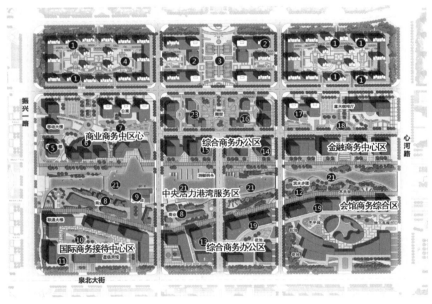

1.高端商务居住;2.休闲娱乐;3.中央绿廊;4.庭院绿化;5.5A 写字楼;6.城市综合体;7.商业休闲广场;8.滨水休闲商业;9.亲水平台;10.酒店花园;11.星级酒店;12.生态驳岸;13.商务办公;14.保险商务中心;15.商贸展销中心;16.金融商务中心;17.信托证券;18.商务公园;19.写字楼;20.科技馆;21.中央水景。

图 4-25　建筑功能

(4) 中央商务公园。

中央商务区是一个信息、人才和经济活动高度聚集的区域。根据新空间地理学理论,在知识经济时代,中央商务区这种创新性要素高度聚集的区域,信息和知识的扩散、人际交往,尤其需要开放式的共享空间。因此,在中央商务区中规划了中央商务公园,总用地 0.25 km²,水面 0.09 km²,建设了生态公园、滨水步道、亲水平台等设施(图 4-26 和图 4-27)。

以中央活力港湾为中心的水街,规划为商业街区,为城市的高端人口提供购物、休闲、体验消费等服务。水街作为区域的消费中心,增添了周边商务办公建筑群的活力。

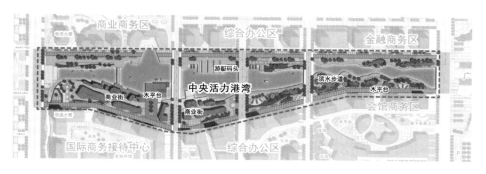

图 4-26 中央商务公园总平面图

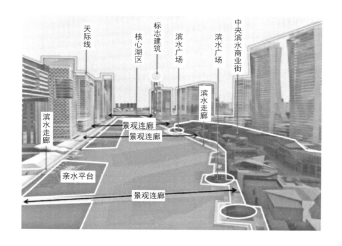

图 4-27 中央商务公园界面分析图

(5) 城市综合服务区

中央商务区是邢东新区的启动板块,新区的建设和管理主体是邢东新区管委会,它对于新区的建设和管理有着非常重要的意义。因此,在中央商务区内规划了城市综合服务区,主要职能是行政服务,并规划有总部办公。城市综合服务区总占地0.19 km²,东西长 430 m,南北长 450 m。它将成为战略平台核心功能区南北发展轴的空间支点(图 4-28 和图 4-29)。

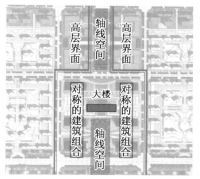

图 4-28 城市综合服务区
分区意向图

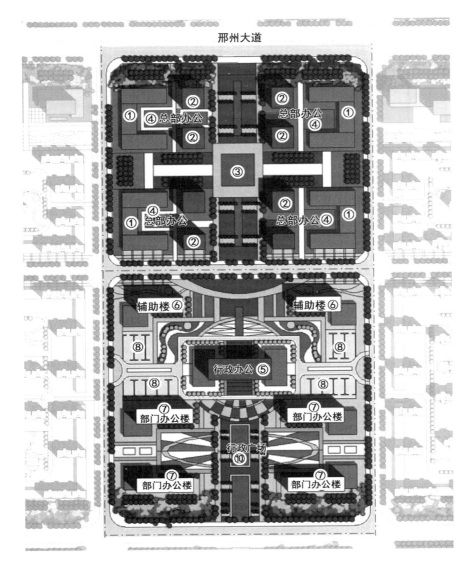

邢州大道

① 总部办公 ④
总部办公

总部办公 ④
总部办公

③

辅助楼 ⑥   辅助楼 ⑥
⑧   ⑧
行政办公 ⑤
⑧   ⑧
部门办公楼 ⑦   部门办公楼 ⑦
行政广场
⑩
部门办公楼 ⑦   部门办公楼 ⑦

1.商务花园办公；2.独栋花园办公；3.总部花园办公；4.庭院绿化；5.公共服务中心；

6.附属楼；7.部门办公楼；8.停车场；9.市民广场。

图4-29　城市综合服务区总平面图

3）会展湖区和会展博览中心

（1）会展湖区。

会展在现代经济中起着越来越重要的作用。国际会展本身就是国际专业人才、创新性产品和服务、行业技术发展前沿信息和商务流信息的汇聚，对于城市的创新性发展转型具有极其重要的作用。同时，会展能极大地促进商贸活动，伴随着会展的经济活动会衍生出大量的商贸机会，从而促进贸易、投资、金融和技术发展。

会展中心是邢台这个京津冀世界级城市群内的国际功能性城市走向国际的一个重要功能载体。随着城市群内各个城市的发展，城市群内部走向了扁平化的分工格局。一些原来只有核心城市才能承担的功能，比如国际会议、国际交往、国际商贸会展等功能,现在也可以由城市群内的次级城市来承担,次级城市与核心城市通过分工协作,共同承担城市群的功能。

会展博览中心是邢东新区启动区内一个非常重要的项目,建筑占地面积300亩。考虑节约用地和建设成本,建议地面停车600辆,占地面积约28亩,地下停车400辆。会展博览中心的选址理念是要具有国际化的功能和形象。因此,对于共享空间非常重视,会展博览建筑要与湖区景观环境一体化,将会展博览中心与邢东新区的人工湖面结合。

在整体布局理念上,会展博览中心围绕湖区形成四大国际化功能,构建邢东新区核心引擎平台。通过延续横向轴线,强化国际商务、国际赛事的东西推力;通过做强纵向轴线,形成南北空间张力;通过中央商务区与湖区的广场打开轴线视廊,东部布局标志塔,塑造新区城市地标与湖区景观核心(图4-30和图4-31)。

图4-30　总体布局

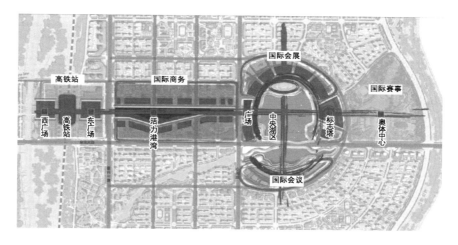

图4-31　会展博览中心与周边的关系

会展功能区配置了会展博览中心、城市标志塔、滨湖广场、会务接待中心四大功能区,总用地面积128.6万 m²(图4-32)。

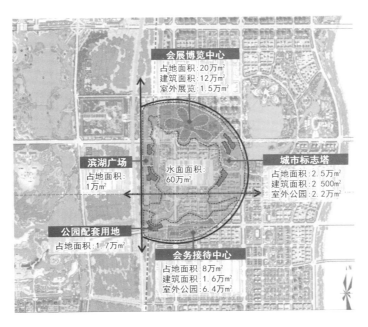

图 4-32　会展功能区配置规模

（2）会展博览中心。

在建筑设计方面，会展博览中心采取了未来主义风格的造型理念，并结合邢台周边太行山的地域文化特征，将太行花开作为主要的建筑构思方向。在总体布局上，主入口广场设置在北侧环湖路，三个主题展馆和会展主题会议酒店临湖呈花瓣状展开，建筑取得了亲水的空间景观效果（图4-33）。会展博览中心的功能面积配比：展厅占48%，会议占33%，室外展馆占10%，其他占9%。

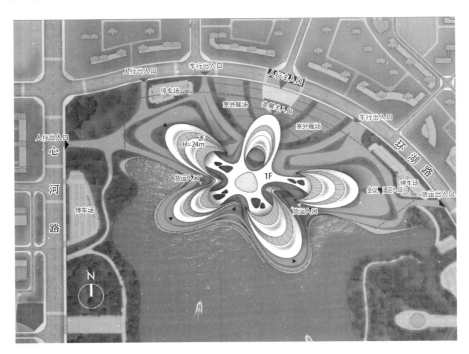

图 4-33　国际会展博览中心总平面图

尤其值得一提的是会展博览中心的设计立意。如同太行花盛开的建筑临湖展开柔美形态,使建筑具有全方位观赏性,沿城市环湖路的观湖视线也不受影响。该方案特点是灵动、柔美,建筑的第五立面屋面犹如太行花的千叶厚瓣一层一层地绽放。

方案突破传统会展建筑的排列式结构,以花瓣般的自然有机形态融入湖区环境中,不仅不会对湖区景观空间造成挤压,还可以形成视觉焦点和对景,犹如一朵盛开在湖畔的太行花,以立体而唯美的姿态展现出邢襄地大物博的底蕴(图4-34)。

图4-34 会展博览中心效果图

会展中心选址在湖区北侧,用地更为充裕,柔美而灵动的会展博览中心是湖区环境的点睛之笔,为湖区空间环境带来充足的活力。

主入口广场及大厅置于北侧,便于停车和交通组织,三个主题展馆、会展主题酒店、会议中心临湖展开,中央枢纽大厅连接各个功能区并起到缓冲大量参观客流的功能。建筑犹如漂浮在水上,与自然环境融为一体(图4-35)。

图4-35 主入口广场鸟瞰

在北侧主入口广场,会展中心以一种舒展、充满现代感和未来感的造型,展现出高速发展的邢台热情迎接国际与国内宾客的开放姿态(图4-36)。

图 4-36 北侧入口广场视角

从南侧滨湖视角看会展博览中心,其流线型的建筑造型与大湖区柔美的水面相互映衬,充分展示出邢台城市发展过程中对生态理念的重视和对宜居环境的塑造(图 4-37)。

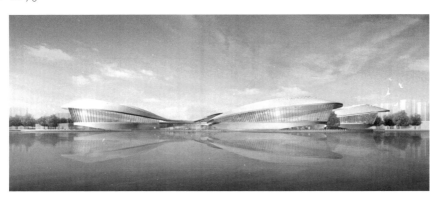

图 4-37 南侧滨湖视角

4.2 基于巨型中央生态公园,构建生态优势显著的太行山前"花园城市"

4.2.1 通过巨型中央生态公园特质空间构建城市可持续竞争力

每个立足于世界城市之林的都市,都有其独特的城市气质和城市风貌。城市气质和风貌是以城市的战略性特质空间为载体来体现的,如城市级的中央公园、广场等公共空间以及围绕这些公共空间构建的城市战略平台设施。但遗憾的是,目前很多城市还停留在零敲碎打式的投入和建设阶段。由于缺乏真正的城市核心战略空间,城市还是将巨量的财政资源投在道路建设上,试图以道路旁的绿化空间,以及沿路布局的单独的、不成体系的商业设施来构建城市的客厅和消费中心,城市的风貌还主要体现在道路上。城市风貌战略性的结构缺陷,将致使城市未来的风貌建设事倍功半,难以取得突破,巨额资金的投入也并不能取得很好的效果。无论怎样在道路建设上投入、在城市外围投入,都无法展现一个充满现代城市空间的城市风貌,也无法有效构建城市的可持续竞争力。

中国的城市化迅猛发展,针对如何构建每个城市的特质、改变千城一面的现状,习总书记提出"看得见山、望得见水、记得住乡愁",可将其作为中国城市走向世界的战略路线。在习总书记的指引下,厦门和杭州已经成为我国城市建设发展的样板城市。杭州的城市气质在于江南山水的灵动,运河、西湖、钱塘江是杭州的血脉和灵魂。习总书记在浙江期间推动的西湖西进战略,将杭州从西湖时代推进到钱塘江时代,实现了城市特质空间规模和内涵的提升。厦门的筼筜湖滨海湾开发,拥湾发展,构建了厦门本岛的特质战略空间,从而改变了厦门这座城市的气质。

大山大水、巨型生态公园带来的不仅仅是美观,也不仅仅是宜居,它是城市软实力的重要组成部分,对城市的核心竞争力产生重要影响。在知识经济时代,资本、知识、人才和信息等高端创新要素是城市的战略性资源。战略性产业的发展乃至传统产业的升级,需要知识、人才和信息的支撑。而好的城市风貌,对于吸引、聚集高端人才具有非常重要的作用。生态环境已经是一个城市吸引国际高端人才的重要考量标准之一,生态即生产力。城市发展现代服务业,也需要良好的空间和场所,因为现代服务业(包括高端消费性服务业和生产性服务业)强调人才要素的集聚和流动,这需要良好的交往空间。

对于邢台而言,邢东新区是邢台未来发展的产业增长极和空间增长极。要承担起这一历史使命,邢东新区就一定要以现代服务业为主,发展金融、商务、科学研发等现代生产性服务业和消费性服务业的高价值端,这样才能为邢台产业结构的优化以及邢台现有传统产业的升级提供动力。根据对世界先进城市和国内成功城市新区的案例研究,一个城市的现代功能平台包括金融商务战略新平台、奥体商务博览平台、枢纽平台、公共服务平台、科创平台、会展博览城、国际旅游度假区、国际会议中心等。这些平台都以聚集国际化的高端创新要素为目的,坚持绿色化、高端化、集约化、国际化标准,打造现代服务业产业发展和城市功能进阶的平台。

邢东新区的城市功能平台需要有战略性的公共空间,需要有好的生态基底。这是先进城市的发展经验,也是空间经济学的内在要求。现代服务业本质上是以创新性要素聚集为特征的产业,知识、信息的产生、溢出、传播以及利用,需要有足够的公共空间作为支撑。尤其是那些无法以数字化方式传播的隐性知识,如商务信息、技术创新,需要面对面沟通和频繁交流,有时甚至需要不同企业或不同行业之间进行交流,这就对公共空间提出了要求。

对于邢东新区而言,围绕大水面(包括人工湖面和自然水体)、城市中央公园、山体公园、自然河流水体等,规划建设国际会议中心、国际博览中心、中央商务区、文化创意空间和国际消费中心等,形成绿色化、高端化、国际化的公共空间,是未来构建能体现出城市核心竞争力的城市战略平台的方向和重点。

4.2.2　邢东新区中央生态公园片区的产业定位和功能平台

1. 产业定位

邢东新区中央生态公园片区的产业定位为生产性服务业和高端消费性服务业。

2. 主要产业功能平台

邢东新区中央生态公园片区的主要产业功能平台如表4-8所列。

表 4-8 邢东新区中央生态公园片区的主要产业功能平台

	产业平台	主要项目构成
生产性服务业平台	金融平台 (金融湾引领的金融综合功能区)	1. 国际金融中心(金融核心区); 2. 区域金融办公总部(银行、保险、担保等垂直机构); 3. 普惠金融大厦(企业投融资平台); 4. 金融商务中心(金融酒店、金融会议、商业服务); 5. 金融湾中央财富水岸
	国际会展平台 (以与旅游功能结合的文化型展览区,以及具有国际时尚和历史人文底蕴的文化创意展览为主)	1. 旅游文化村; 2. 名企展示及发布中心
	国际会议会务平台 (以主题性国际会议、论坛和商务型会议为主)	1. 邢襄文化论坛(常驻型世界级论坛); 2. 高端商务别墅(木屋); 3. 国宾馆; 4. 会议会务配套的文化设施
	国际化商务平台 (包括中央商务和总部经济)	1. 城市地标大厦; 2. 生产性服务办公区; 3. 酒店及公寓; 4. 企业总部集聚区; 5. 城市政务中心商务港(高端商务综合体)
	公共服务平台 (面向国际人群、融入全球生活方式的公共服务和满足城市日常生活的公共服务,二者都需要达到国际服务水准要求)	1. 大剧院、科技馆、美术馆、规划馆等文化艺术场馆; 2. 大型公共文化设施; 3. 国际学校; 4. 国际医院; 5. 市民中心、医院、学校等公共服务设施; 6. 群众艺术馆(青少年活动中心、妇女儿童活动中心等多馆合一)
	科创平台	1. 科技研发中心; 2. 创意产业和创智基地
生活性服务业平台	国际化购物中心	1. 购物中心; 2. 商业街
	国际化旅游服务平台	1. 国际化旅游主题园区(例如自行车国际运动公园、儿童类主题园区); 2. 国际化度假功能平台; 3. 国际化文化旅游平台
	国际化体育运动和赛事活动平台 (包括国际赛事平台、国际化公共体育服务和全民体育中心等)	1. 体育公园(游泳馆、球类馆); 2. 国际化体育运动(国际高尔夫球练习场、环中央公园半马赛道、滨水步道、运动公园)
	国际化文化消费活动中心	1. 中央文化区; 2. 历史街区; 3. 工业遗产

4.2.3 邢东新区中央生态公园片区的功能定位分析

1. 功能定位

邢东新区中央生态公园片区定位为集辐射邢台大城区的生态办公区（EOD）、面向京津冀城市群的城市游憩商业区（TBD）、引领邢台城市生活的中央文化区（CCD）、服务邢台产业转型升级的开放多元街区（CRD）四大功能区于一体的综合区（图4-38）。

图4-38 功能定位分析图

1) 生态办公区

生态办公区（Ecological Office District，EOD），往往坐落在郊区的山水环抱之中，密度低，个性化，拥有自然、健康、绿色的空间环境（图4-39）。

图4-39 EOD效果图

EOD的主要特征：以现代农业、主题公园、田园水系为生态基底，以高端商务服务、公共旅游服务、公共文化艺术、休闲养老度假、健康产业经济、休闲商业、游览经济等为相关配套功能。

EOD九大功能：现代农业、高端商务服务、公共旅游服务、游览产业经济、休闲商业、主题公园、休闲养老度假、公共文化艺术、健康产业经济。

EOD 典型案例：西溪科技岛

西溪科技岛建于 2008 年 12 月,位于杭州主城西侧,是"和谐杭州示范区"向西扩展渗透的关键节点。规划用地约 98.9 km²,基地山水相依,河道纵横,湿地连片,是杭州市乃至浙江省极具开发潜力和发展前景的高新产业区块,也是全国生态环境最好的产业园和新城区之一。

基地交通便利,生态和谐。基地东侧紧邻西溪国家湿地公园,基地西侧则是有"新西湖"之称的南湖,吸引了中共浙江省委党校、杭州大学城及众多楼盘入驻,基地周边还集聚了浙江大学、浙江工业大学等一批重点高校,集中了大量高端人才、研发团队和项目,杭州城西高档住宅区及高教园区的概念已然成熟。

西溪科技岛是中国唯一集城市湿地、生态、人文、科技、艺术于一体的创新 EOD,基地融合办公、科研、教育、旅游、居住、服务等多元城市文化,以国际知名信息技术企业为引领,发展 IT 产业。

西溪科技岛以高新产业、高等教育、高档居住为主导定位,由高等教育、创新产业、居住生活、公共服务、总部办公、旅游服务、生态带、和睦水乡八大功能区块组成,各区块产业集群,功能互补,形成自我循环、可持续发展的生态岛屿。

西溪科技岛重点发展信息服务产业、特色服务外包、研发设计产业、文化创意产业、高教科研产业,以及以高新技术为支撑的健康产业、绿色产业。目前创新基地已聚集了一大批优质项目,淘宝城、恒生科技园、西溪国际信息科技产业园、联强国际、加利利等项目已签约落户,部分项目已于 2009 年动工建设,已具备了一定的产业集聚效应。

西溪科技岛境内规划了 10 km² 的高教园区,汇集了有"东方剑桥"之称的浙江大学、中共浙江省委党校、杭州师范大学等众多高等院校,它们为西溪科技岛未来发展提供了丰沛的人才资源。

西溪科技岛规划有数量庞大、门类齐全的配套服务设施,提供金融、中介、商业、生活等服务,解除企业一切后顾之忧。目前,杭州加州凤凰大酒店(白金五星级)、裕丰律所和沃尔玛购物广场已入驻。桃花源、大华西溪风情、翡翠城、白云深处等高品质楼盘建成,可供 40 余万创新人才诗意栖居。酒店式人才公寓正在建设当中,未来可全方位满足不同人群的需求。

2）城市游憩商业区

城市游憩商业区(Tourism Business District, TBD),是从休闲商务区(Recreational Business District, RBD)的概念中延伸出来的(图 4-40),专属于城市旅游的。1993 年由盖茨最早提出。

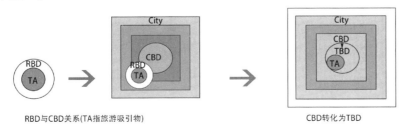

图 4-40　TBD 演化

TBD 的主要特征：以旅游者或者游憩者（包括城市居民中的游憩者）为导向的、旅游吸引物和服务十分集中的区域；与传统 CBD 相邻或重合，同时具备旅游与购物功能。

TBD 四大功能：购物、观光、游憩、餐饮。

（1）TBD 典型案例。

① 典型的城市 TBD：上海城隍庙、南京秦淮河畔、苏州观前街。

② 由 CBD 演化而来的 TBD：上海南京路、成都春熙路、武汉江汉路。

③ 大型购物中心为主导的 TBD：加拿大西埃德蒙顿购物中心（West Edmonton Mall）、上海正大广场、上海万达广场（图 4-41）。

图 4-41　城市 TBD 典型案例

（2）环城游憩带——城市 TBD 空间布局模式的新趋势。

通过对不同城市 TBD 空间分布状况的观察可以发现，目前多数城市的 TBD 空间布局遵循"极带式结构"这一规律。"极"是指不同等级、不同规模的 TBD 以及游憩性城镇。目前，许多大城市经过多年的发展，都形成了多中心的结构。"带"一般指的是城郊的环城游憩带。环城游憩带目前尚处于概念阶段，由城郊大小不同的游憩区组成。

城市中心区由于受到环境、人口密度、地价等条件的制约，游憩设施以休闲、购物、开放绿地等人们日常需求量相对较大的类型为主。因此，市区的 TBD 往往依托有特殊历史积淀的区域（如上海城隍庙）、现代标志性场所（如上海人民广场）或大型综合娱乐设施而建。相对而言，城市郊区地带空间较为开阔，环境较好，地价较低。因此，如何利用城郊这些优势，对城郊地带进行合理开发引起了越来越多学者的兴趣。

城郊地区指城乡交接带，这一地区发展旅游业具有其独特的区位优势。首先，城郊地区具有市场优势。由于依托大城市，大城市本身以及其庞大的腹地地区的人群为游憩区的运营提供了充足的人流保障。其次，城郊地区交通便捷。大城市一般都非常重视区域内的交通路网建设，因此一般城郊地区都有快速方便的交通，游客的通达性较高。

不少城市已经开始通过构建环城绿带来尝试建设环城游憩带。如渥太华市环城绿化带的规划构想是在市区周围，利用自然保护区、农田等资源形成开敞空间，从而有效地防止城市无规划地扩张。在此前提下，渥太华环城绿带被建设成为以乡村景观为特色的生态区。其用地比例为合作性农场占 25%，森林和自然风景区占 15%，政府和公共事业机构占 30%，城市开敞空间（如城市公园、高尔夫球场、跑马场等）占 30%。上海目前在建的环城绿带规划形态为"长藤结瓜式"，即 500 m 宽的环状绿带为"长藤"；在沿线用地条件较好的地方适度放宽，规划布置若干大型的主题公园，即"瓜"。不难看出，上海在环城绿带产业化经营方面，已经考虑到将环城绿带建设与游憩带建设结合。这对城市绿地建设的产业化经营以及城市 TBD 的多元化发展都是一种积极的探索。

3）开放多元街区

开放多元街区（Commercial Residencial District，CRD），即城市型商业与城市公寓相结合的城市街区形式（图 4-42）。

(a) 公建化的造型设计（台北 Sky City Tower）

(b) 开放的城市公共空间（北京当代 MOMA）

(c) 具有复合功能的充满活力的生活街区（成都中海格林威治城）

(d) 开放的配套商业服务于城市（沈阳万科城）

图 4-42　CRD 典型案例

CRD 的主要特征：一是商业公共空间具有开放性。CRD 商业不仅为社区居民提供配套服务，还作为区域配套，将商业公共空间还给城市。二是住宅造型公建化。城市公寓性住宅以小房型为主，服务对象为年轻白领，立面形象类似城市公建，大气、具有整体性。

CRD 主要功能：CRD 不仅具有商业、住宅功能，同时引入会所（含休闲、健身、体育、文化消费等设施）等娱乐功能，形成集购物、居住、娱乐于一体的城市型居住模式。

CRD 典型案例：北京当代 MOMA

当代 MOMA 位于北京东直门迎宾国道北侧，作为首都的地标，项目建筑面积 22 万 m^2，其中住宅 13.5 万 m^2，配套商业面积达 8.5 万 m^2，包括多厅艺术影院、画廊、图书馆等文化展览设施，还包括精品酒店、国际幼儿园、顶级餐饮、顶级俱乐部、健身房、游泳池、网球馆等生活设施与体育休闲设施。

当代 MOMA 由纽约的哥伦比亚大学教授 Steven Holl 设计，项目规划概念是充分发掘城市空间价值，将城市空间从平面、竖向的联系进一步发展为立体的联系。当代 MOMA 也是当代节能置业有限公司科技主题地产的延续与发展，在万国城 MOMA 实现高舒适度、微能耗的基础上，大规模使用可再生的绿色能源。从可持续的观点出发，当代 MOMA 适当地高强度开发利用土地与大规模使用可再生的绿色能源是大城市发展的方向，是真正的节能省地型项目。

在当代 MOMA 的规划设计中，更多考虑了未来城市的生活模式，引入了复合功能的概念。在这里不仅可以居住，还能够和谐地工作、娱乐、休闲消费。作为一个汇集精品商业与国际文化的开放社区，充满生气与活力，将创造更和谐的国际化生活氛围、更舒适的社区环境、更多的交往机会，还将完善城市区域功能，为北京的城市形象和北京奥运会增添光彩。该项目已在 2008 年北京奥运会开幕前建成使用。

4）中央文化区

中央文化区（Central Culture District，CCD），是指当经济发展到一定阶段，位于城市中心地带，并具有一流城市生活配套、高尚人文内涵和优美生态环境的区域（图 4-43）。

(a) 武汉中央文化区

(b) 纽约的曼哈顿中央花园

c) 巴黎的香榭丽舍大道

图 4-43　CCD 典型案例

　　CCD 的主要特征：一是具有高度的功能复合性特点。中央文化区由若干功能区组成，可满足城市主流人群集中居住、消费、娱乐、教育的需求。二是以体现城市文化底蕴、展示历史风貌特色为主要特征，布局城市文化休闲功能，集中展示城市历史人文特点。三是以文化旅游为价值核心，旅游观光与城市功能相结合。

CCD 典型案例：武汉中央文化区

（1）总体介绍。

　　武汉中央文化区位于武汉市核心地段，武昌区东湖和沙湖之间，地理位置相当于武汉市的几何中心。项目整体定位为以文化为核心，兼具旅游、商业、商务、居住功能的世界级水准的城市中央文化区。

　　中央文化区由文化旅游区、滨河商业区、高档居住及配套区三个区域组成，具有文化、旅游、商业、商务、居住五大功能。楚河汉街具有独一无二的区域资源，沿楚河、汉街布局建设汉秀剧场、电影文化主题公园、名人广场、大众戏台、杜莎夫人蜡像馆、汉街文华书城、正刚艺术画廊、星级酒店、商业步行街、万达广场、超高层甲级写字楼等。楚河、汉街是区域的两条主轴线，商业、办公、展览、居住业态在两翼布局，核心文化设施布局在两端标定区域气质（图 4-44）。

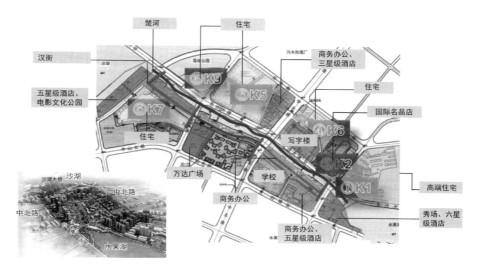

图 4-44　武汉中央文化区功能示意图

（2）楚河汉街。

楚河汉街是武汉中央文化区的一期项目,东临东湖,西抵沙湖,南至公正路白鹭街,北到武汉重型机床厂。项目规划面积 1.8 km²,总建筑面积 340 万 m²。楚河汉街是整个武汉中央文化区项目的重要内容,也是武汉市大东湖生态水网构建工程的启动工程,以及纪念辛亥革命 100 周年的核心项目。武汉是历史文化名城,武汉中央文化区在项目策划开始就充分考虑了与历史文化的结合,项目承载了旅游功能。湖北是楚文化的发源地,其建筑有自己独特的表现形式,同时武汉也是辛亥革命的首义之地,生活在这片土地上的历史人物众多。武汉中央文化区中的"楚河""汉街"就是为了体现地域特色而规划设计的。汉街的建筑风格是民国、现代和欧式风格的汇集,并规划了 5 个名人广场,以此纪念湖北的历史文化名人,提高楚汉文化的影响力,表达了对武汉过去、现在的尊重和对未来的憧憬。

2.功能构成

两大核心起步区、三条界面、四大轴线引领四大组团联动(图 4-45)。

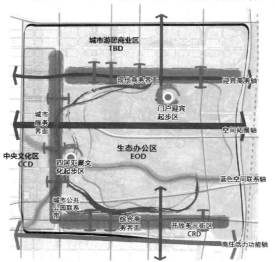

图 4-45　邢东新区中央生态公园片区的功能构成

① 两起步区:东侧城市门户迎宾起步区、西侧四河汇聚文化起步区。

② 三条界面:邢州大道现代商务界面、襄都路城市服务界面、中兴大街综合商务界面。

③ 四大轴线:泉北大街空间拓展主轴、邢州大道迎宾商务轴、牛尾河蓝色空间联系轴、中兴东大街商住活力功能轴。

④ 四大组团:中央战略特质空间——EOD,北部迎宾商务游憩——TBD,西部主城文脉延伸——CCD,南部产城活力提升——CRD。

4.2.4 中央生态公园战略空间的构建

1. 空间构建的现实条件

1) 上东塌陷区位置

上东塌陷区位于南水北调、七里河、白马河、大产业园等城市战略资源的空间中心。塌陷区西侧襄都路距离南水北调工程 8 km,南侧东关街距离七里河 4 km,东侧东华路距离东环路 4.5 km,北侧距离白马河 3~5 km(图 4-46)。

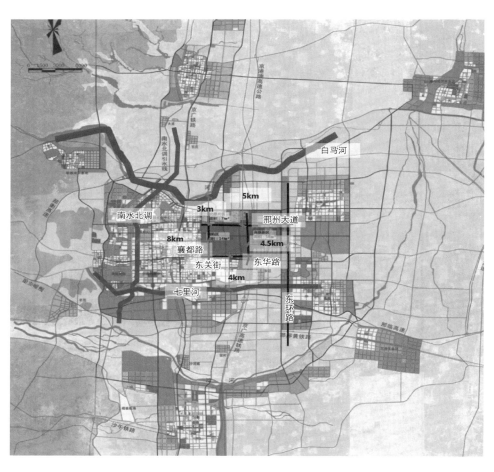

图 4-46 上东塌陷区位置

2) 区域范围

(1) 上东高铁整体范围:西至襄都路,东至环城公路,南至中兴东大街,北至龙岗大街,面积约为 58 km²。

（2）上东片区范围:西至襄都路,南至豫让北街、邢州大道,东至东华路、北至龙岗大街,面积约为 7 km²。

（3）塌陷区范围:西至襄都路,南至红星街,东至东华路,北至豫让北街、邢州大道,面积约为 14 km²（图 4-47）。

图 4-47　上东塌陷区范围示意图

3）用地情况

塌陷区总用地约 23 170 亩,其中基本农田 3 674 亩,一般农田 10 940 亩,建设用地 4 213 亩（934 亩村庄 + 1 815 亩工厂企业 + 246 亩新建安置区 + 1 218 亩剩余建设用地）,如图 4-48 所示。

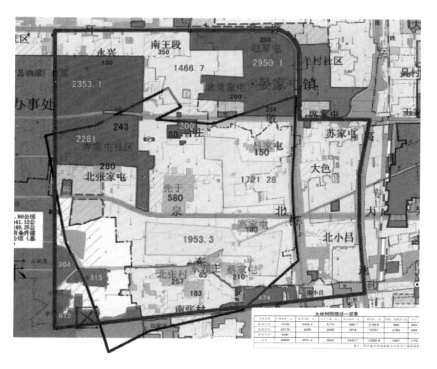

图 4-48　上东塌陷区用地情况

4）村庄概况

（1）塌陷区共有 12 个村庄（图 4-49），分别是吕家屯、三合庄、界家屯、北张家屯、先于村、高家屯、北张村、东郭庄、蔡家屯、南张村、大吴庄村、小吴庄村。

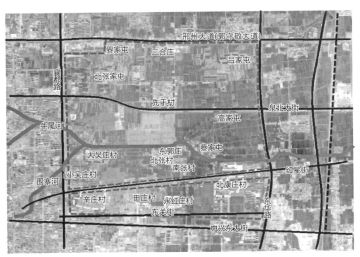

图 4-49　村庄概况

（2）已经实施了高家屯搬迁，正在实施吕家屯搬迁。

（3）三合庄保留改造为民俗文化村。

（4）其他村庄一部分保留，增加生活配套和绿化景观，改造为都市农庄；一部分进行集中安置，形成特色小镇。

（5）红星街至东关街区域属于 14 km² 的范围，为塌陷区核心设计区，内部包括四个村庄，需要逐步拆迁并进行集中安置。

5）重要项目概况

用地现基本以农田、村庄、林地为主，相对较重要的项目有三个，分别是邢东矿、高家屯新区和春田公社（图 4-50）。

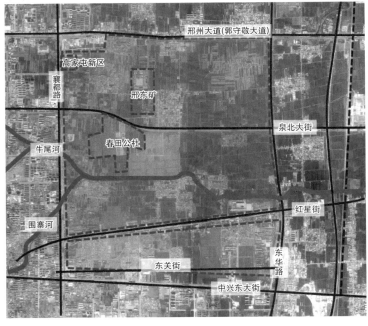

图 4-50　重要项目概况

6）周边组团边界

塌陷区周边组团的边界如图4-51所示。

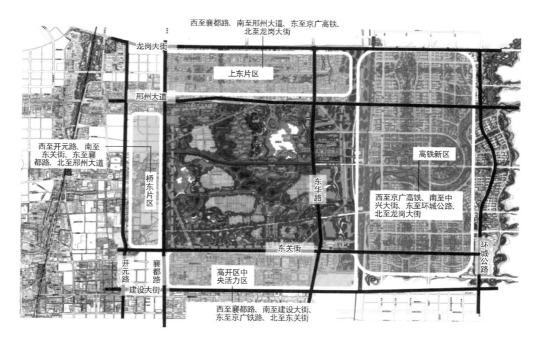

图 4-51　周边组团边界示意图

2. 战略空间构建

1）设计方法

采用"中国式风景园林＋现代城市公共空间"的设计方法,以现代城市空间设计为基础,融入东方风景园林的构建方法,形成"山、水、湿地、河湾、园、林、湖、岛"的空间形态。

（1）宏观尺度——山水格局,形成大空间结构(图4-52)。

以河道景观为第一层次空间,利用土方构筑微地形作为第二层次空间,通过丘陵、山地、高地地形拉开竖向空间层次,作为第三层次空间。按照习总书记"望得见水、看得见山、记得住乡愁"的要求,保护山水格局,创造人与自然和谐共处的区域环境景观风貌。

① 第一层次空间:河道滨水景观空间。围绕邢台重点打造的六条中心城区河道,即白马河、牛尾河、茶棚沟、小黄河、围寨河、七里河,形成具有产业化、生态

图 4-52　宏观尺度的大山水格局

化、可持续化、系统化等特征的生态景观带。在上东片区,重点是落实牛尾河和围寨河的生态景观带建设要求。

② 第二层次空间：土方构造微地形。园林地形是整个园林空间环境的基本骨架和园林设计中最为重要的元素之一，也是园林工程的重要组成部分，直接影响建筑室外环境的美学特征和空间感。园林地形指一定空间范围内布置有园林植物、水体、道路、广场和园林建筑与小品等设计元素的地面。园林微地形专指坡度在15%以内的园林绿地空间范围内园林植物种植地的起伏状况。在园林工程中，适宜的微地形处理有利于丰富造园要素，形成丰富的空间景观层次，达到增强园林空间的艺术性和改善生态环境的目的。微地形被广泛应用于城市道路景观绿地、城市滨水景观绿地、单位附属绿地、居住区景观绿地等的建设，在现代造园中具有重要的作用。

③ 第三层次空间：以丘陵、山地、高地地形拉开竖向空间层次。主要通过迎宾区自然坡地、中心花海区丘陵带、港湾公园区起伏地形等空间的自然地形地貌来拉开竖向空间层次。

（2）中观尺度——以两湖八湾为自然分界线，形成十个组团空间（图4-53）。

① 两湖：邢襄湖、紫金湖。邢襄湖、紫金湖两大湖泊都有较大的水面，而且联系着区域内的主要水系河道。围绕邢襄湖、紫金湖两大湖泊，建设大型城市公园和绿地，将片区的生态环境系统、景观环境系统大大提升，使之成为城市内耀眼且有价值的开发片区。

② 八湾：若思塘、子陪湾、祖乙湖、广平塘、扁鹊湾、仲谦塘、魏公塘、果老湾。八大水湾作为水系的有机组成部分，其作用一是作为水系的节点，为水系循环提供一个储藏的节点；二是作为公园系统的节点，沿着八大水湾而建的园林，为周边市民提供了活动场所和休憩空间，成为区域大园林系统的重要组成。

（3）微观尺度——现代场所、文化园林，形成场所空间（图4-54）。

围绕港汉湖湾形成各类主题公园，比如以人文、运动、养生、休闲、娱乐、观赏等为主题的广场、公园。

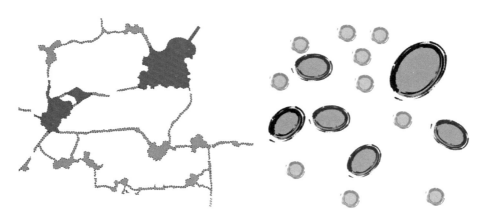

图4-53 中观尺度的组团空间　　　　图4-54 微观尺度的场所空间

2）设计理念

通过塑造地形、水脉相连、中央公园、人文风景园林、城市绿肺五个设计理念进行战略空间构建。

（1）塑造地形：通过地形塑造，拉开四区一带（图4-55）。

规划范围虽然是大平原区域，但其中也存在着坡地、小丘陵、微地形等自然地形地貌。城市景观设计，一是借用好自然的地形地貌，形成契合自然、宜观宜赏的景观系统；二是通过园林工程的手段，在局部区域用堆土、挖沟、砌墙等方式构造满足园林构景需要的人工地形。

规划中的主要地形构造如下：①在城市大迎宾区利用自然坡地构造迎宾景观系统；②利用好观赏经济区（大花海观赏区、城市种植观赏区）的丘陵自然地形，构造出花海起伏的园林景观；③在滨水区域，包括湖滨公园、湾区的城市公园内，构建起水面、护堤、道路、山丘、园林等多层次的、有高低起伏的、地形景观丰富的景观体系。

（2）水脉相连：通过水脉编织，串联两湖八湾（图4-53）。

邢台地区自然河流众多，但多数是季节性河流，水量并不充沛，雨季截流保持水量是常见的工程手段。但截流在保证局部河流截面水量的同时，势必造成河流、湖泊之间缺乏联系，支离破碎，无法形成完整的水系和水生态系统。

规划针对这一问题，提出了水脉相连的水系统规划理念，抓住两个水资源战略支点，即目前水面广阔、水资源丰富的邢襄湖、紫金湖，同时连通大小自然河道，如围寨河、白马河等，以保证目前存在的若思塘、子陪湾、祖乙湖、广平塘、扁鹊湾、仲谦塘、魏公塘、果老湾这八个小湖面湾区的存续，从而形成两湖八湾加河道的水脉系统。当然，水脉系统在日后的维持中，需要借助南水北调来补充水源。同时，得益于水脉系统的形成，季节性降雨的留存量也会得到改善。

（3）中央公园：通过现代公共景观设计手法，提供功能与场所，打造中央公园概念（图4-56）。

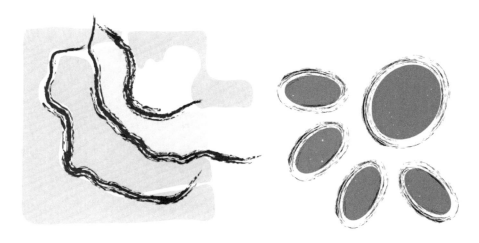

图4-55　地形塑造图示　　　　图4-56　中央公园

美国纽约中央公园无疑为现代城市的园林景观系统构建提供了一个具有跨时代意义的借鉴模版。中央公园的价值不仅仅在于其为城市提供了一片大规模的生态绿地，也不仅仅在于其为普通公民提供了一个公共的、开放性的身心放松空间，更在于其对城市的意义。从城市景观学角度看，它为城市提供了生态名片，每个城市的中央公园基本上都成为了城市的象征之一和引人瞩目的景观;从城市发展动力经济学角度看,中央公园尤其是后发展区域的中央公园,为改变城市区位价值提供了强有力的空间发展动力,其周边区域通常会成为城市的核心功能区。

鉴于中央公园在城市发展动力经济学方面的价值,邢台上东片区规划了大尺度的中央公园,而且在其中引入了邢台地区十分少见的大湖面水景系统,这将极大地提升其所在区域的区位价值,使规划区域尽快地融入主城区的框架内。

(4) 人文风景园林:通过中国风景园林手法,创造人文场所,提升风景价值和文化内涵(图4-57)。

在中国数千年的园林园艺发展历史上,人文风景园林一直是冶园实践中浓墨重彩的一笔。为了满足人们精神文化上的需求,在冶园过程中,在自然景观的基础上叠加具有文化特质的东西,把能体现出历史性、时代性、文化性的内容,以实物形态或者精神形式表达出来,使得园林不仅仅是自然生态环境,更是人文精神的体现。

邢台地区有着丰富的历史遗存和悠久的历史文化,这为规划区域的风景园林提供了丰富的可以借鉴利用的人文素材。同时,不仅仅局限于历史和传统,能够体现出时代特征、地域文化的,一样可以成为规划区人文风景园林的重要素材,如现代农业的农业示范园、农业观光园等。一些风俗文化、非物质文化遗产也在规划中得到体现。

(5) 城市绿肺:以水生态、绿色生态为设计主体,提升环境价值,打造城市绿肺,推升现代农业和现代服务业(图4-58)。

邢台城市周边缺少大山、大河等自然生态涵养体,土地除了城乡建设用地外,基本上都是以农业用地形式存在。如何在环绕城市的广大农业生产用地上,打造出农业经济价值之外的生态价值、环境价值,乃至旅游价值,是规划的考量重点之一。

图4-57　人文风景园林

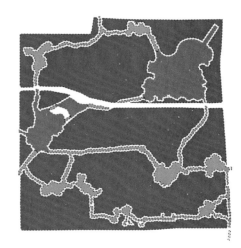

图4-58　城市绿肺

规划解决该问题的抓手就是现代农业。农业不仅仅包括农作物,还包括具有园林环境的农业园、农业观光示范区,农业所能提供的也不仅仅是农产品销售收入的第一产业收入,还有二产、三产的综合性收入,这样以经济杠杆为现代农业示范园等环境优美、生态健康的示范区发展提供了可持续的经济动力。在规划设计上,跳出农业设计农业示范园,以水生态、绿色生态为设计主体,构建出生态农业大体系。

　　3)空间构建

　　(1)圈层推进:以"山、水、林、园"为媒介,构筑三重圈层界面(图4-59)。

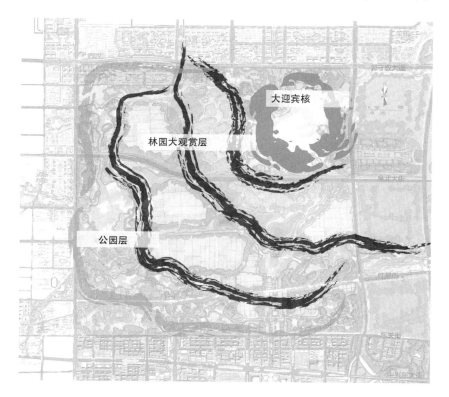

图4-59　圈层推进示意图

　　① 第一圈层(核心圈层):迎宾大湖面引领城市公共服务区。以规划区域东北角的邢襄湖大湖面为核心,构造一个以大水大绿大林为空间载体,以城市公共设施为特征,以城市级服务职能为功能特质的核心圈层,向东联系起高铁的主轴线通道,使之成为规划区域中的功能高地、发展引擎和动力源。

　　② 第二圈层:大观赏园引领城市种植农业园区。通过大花海和农业种植园区,构建起城市的观赏景观区,为城市提供大面积的城市绿肺、游憩场所空间。

　　③ 第三圈层:城市人文公园带构筑城市生活区。该圈层紧贴着城市居住区,系列化的公园体系为居民的日常生活提供了游憩场所、交往场所和健身场所,也能更为有效地美化周边住区的环境和景观。

　　(2)大园林+小园林:大湖面引领大园林,小湖面组成小园林,河汊串湾,逐湖联动(图4-60)。

　　① 大园林:城市大迎宾区,以山水格局形式构筑上东核心。

　　② 大观赏园:打造都市农业观赏园,以农业种植体验、花卉种植观赏为主。

③ 小园林：沿城市周边形成小园林空间，融入邢台人文特色，形成各具特色的文化港湾和城市公园空间。

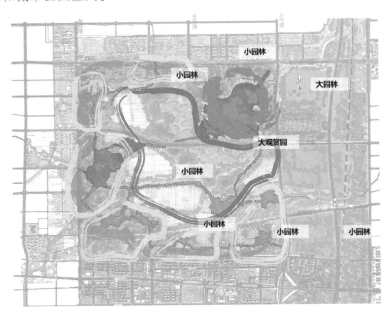

图 4-60　大园林 + 小园林示意图

(3) 轴线渗透，打开城市界面：将公园向城市扩展，而不是城市包围公园。

① 第一步：环城构筑两湖八湾水空间，将水向城市靠近，而非城市向水靠近（图 4-61）。

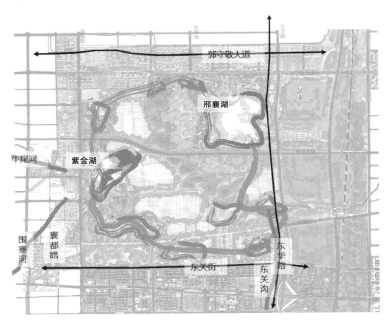

图 4-61　第一步示意图

郭守敬大道与东华路周边形成 1 500 亩大湖面，将水面向城市展示。

在牛尾河与围寨河的交汇处形成 600 亩次湖面。

利用牛尾河与东关沟水系,在公园内组织靠近城市的环形河道,形成亲近城市的河道景观。

② 第二步:利用轴线与广场打开城市空间,将公园向城市渗透(图4-62)。

图4-62　第二步示意图

城市应该是面向公园,而不是包围公园。为了让公园的景观更多、更好、更深入地渗透到城市内部空间中去,避免出现公园被城市"钢铁森林"所包围的尴尬局面,规划采取的主要手段如下:一是在公园周边以轴线、广场和节点的形式,建立起公园景观与城市空间的联系通道,将公园的景观价值、生态价值引入城市空间中去;二是规划好公园周边地块的开发强度,尤其是开发高度,避免一个城市建筑圈层就把公园包围起来。

(4) 四区三山、五园一带、两湖八湾,水脉相连(图4-63)。

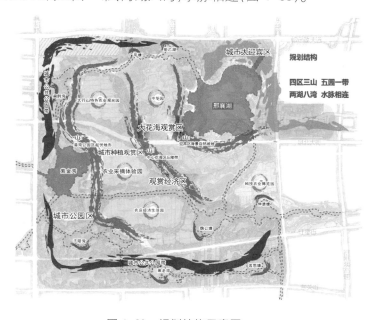

图4-63　规划结构示意图

① 四区:城市大迎宾区、观赏经济区(大花海观赏区、城市种植观赏区)、城市公园区。

② 三山:迎宾区自然坡地、中心花海区丘陵带、港湾公园区起伏地形。

③ 五园:中华园、太行山特色农业观光园、农业采摘体验园、农庄经济生活园、科技农业博览园。

④ 一带:城市公共公园带。

⑤ 两湖:邢襄湖、紫金湖。

⑥ 八湾:若思塘、子陪湾、祖乙湖、广平塘、扁鹊湾、仲谦塘、魏公塘、果老湾。

4)与周边空间的关系

中央生态公园通过三大界面、多条主次轴线向外辐射(图4-63),带动整个中央活力区。

① 三大界面:邢州大道现代商务界面、襄都路城市服务界面、中兴大街综合商务界面。

② 北部主轴:打通北部组团岗地资源与中央生态公园的主轴通道,对接迎宾湖入口的主轴线,东华路文化艺术主轴线。

③ 南部主轴:对接管委会市民广场的主轴线,东关河生态主轴线,信都路城市生活休闲主轴线。

④ 西部主轴:泉北大街东西向城市空间主轴,牛尾河都市时尚水街主轴,围寨河历史水街主轴。

⑤ 东部主轴:联系高铁的主轴线通道,红星街辐射科创产业空间的主轴线。

4.2.5 主要项目的效果图和设计

1)市民中心

市民中心位于邢东新区西北方向,中央生态公园北侧,即邢州大道以北、兴东街以东、信德路以西、金泉大街以南的地块。主要功能包括市民公园、市民服务大厅、市民广场、大剧院、科技馆及文化广场等,整体用地 540 700 m²(图4-64)。

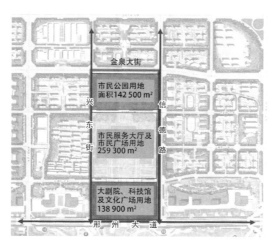

图 4-64 市民中心区位与项目概况

在空间格局上,通过市民中心项目构建城市轴线空间格局。项目整体规划布局沿南北向空间序列展开,主次关系清晰,结构紧凑。其中,北部的市民公园以绿色生态为主题,中部的市民广场以鼎力盛世为主题,南部的大剧院、科技馆和文化广场以日月璀辉为主题,南端的百泉竞流广场以城市之窗为主题,形成层层向外打开的广场空间序列(图4-65)。

图4-65 市民中心空间格局

平面及景观设计方面,市民中心强调功能与整体规划的融合。北侧市民公园以自然休闲为主,大尺度的自然景观与小尺度景观空间紧密结合,成为市民生活的后花园。南侧市民广场以硬质文化铺地结合树阵景观,强调广场的仪式感和文化气息,成为邢台对外展示的窗口(图4-66—图4-68)。

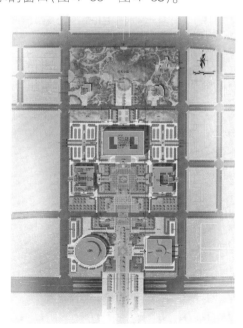

图4-66 市民中心总平面图

图 4-67　南侧广场空间效果图

图 4-68　整体夜景效果图

在建筑设计方面,市民中心的建筑造型以"鼎"为设计原型,通过抽象、提炼、转化等手法,在现代简洁的整体造型中融入传统中式建筑元素,将中式建筑的基座、主体、屋顶三部分尺度和比例进行转译,通过现代建筑语言把邢台地域文化特色演绎出来(图 4-69)。

图 4-69　市民中心建筑生成

2）金融中心

金融中心项目位于邢东新区西北方向，中央生态公园北侧，金融湾南侧，邢州大道以北、松柏路以东、财富湾以南的地块，用地面积约 372 亩（图 4-70）。

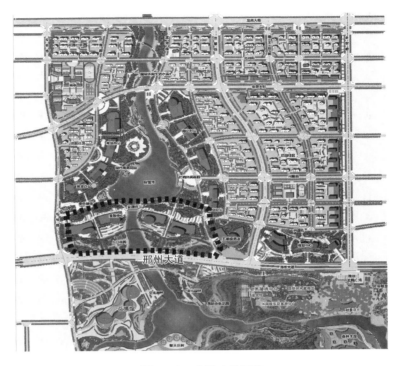

图 4-70　金融中心区位

在设计理念方面，金融中心面朝中央生态公园，横跨环城水系，形成城市双塔地标（图 4-71）。以"太行山水画卷，城市金融双塔"为设计概念，将两座超高层建筑确

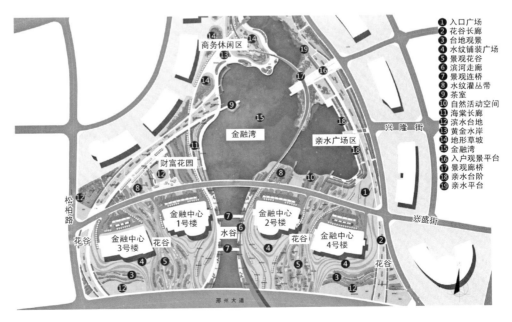

① 入口广场
② 花谷长廊
③ 台地观景
④ 水纹铺装广场
⑤ 景观花谷
⑥ 滨河走廊
⑦ 景观连桥
⑧ 水纹灌丛带
⑨ 茶室
⑩ 自然活动空间
⑪ 海棠长廊
⑫ 滨水台地
⑬ 黄金水岸
⑭ 地形草坡
⑮ 金融湾
⑯ 入户观景平台
⑰ 景观廊桥
⑱ 亲水台阶
⑲ 亲水平台

图 4-71　金融中心总平面图

立为地标性双子塔，四座建筑组成太行山体画卷。东环城水系寓意太行之水，与南侧大生态组成一体，寓意完整的太行山水城市文化理念。具有东方山水美学的建筑与中央生态公园的大湖面融为一体，营造现代的、生态的金融办公建筑群，成为邢台城市中一幅诗意盎然的城市山水画卷。

在建筑布局方面，在打造城市特色地标时，强调城市空间界面构图的稳定，建筑群体与金融湾走势相呼应，同时全方位考虑城市大空间视角，往北可远眺白马河、往西可远眺太行山（图4-72）。此外，现代生态流线型的建筑形态既有着建筑美学，又有利于抗风的结构合理性。塔楼圆润的形态减小了风阻，提高了高层塔楼的抗风能力，减小了建筑摆幅，有利于提高结构的安全性和经济性。

图4-72　沿邢州大道效果图

3）东环城水系

东环城水系紧贴东华路与邢州大道，于邢州大道靠近襄都路处北延至白马河，全长13 km。规划范围东临东华路，北起白马河，南至七里河（图4-73），总面积约

4.97 km²,是经高铁至邢台的必经门户,是邢台"一城五星"的战略中心,是落实产城空间布局优化、推动产城融合发展、实现产业转型升级、推进生态宜居建设的重要引擎。东环城水系位于邢东新区核心区的中间位置,因而也是未来邢东新区重要的南北核心空间轴线。

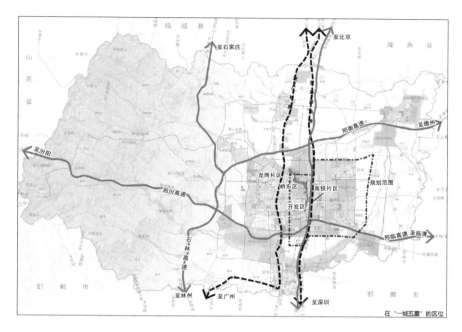

图 4-73　东环城水系区位条件

东环城水系规划定位就是城市安全与生态之河、城市空间动力之河、城市风貌迎宾之河、城市人文水岸空间之河。为此,在景观设计、交通设计、功能分区等方面,都围绕这四个定位展开。

(1) 景观设计。

在景观设计上,将增绿(改善绿地系统)和拓水("做好水文章")作为两大抓手。

① 在增绿工程方面,一是拓宽滨河绿地,随着东环城水系的拓宽,滨水绿地也整体相应拓宽,打造城市的蓝绿廊道;二是增加集中绿地,东环城水系串联金融湾、市民中心、创智办公等城市公共服务功能,其人流量较大,需要大尺度绿地空间,规划增加集中绿地与之相匹配;三是加强水生植物生态绿化,如东环城水系充分利用绿色水生植物打造生态涵养区,不仅满足城市生态功能的需求,同时也给城市增加另外一种绿地景观体验。

② 在拓水方面,"做足水文章"(图 4-74)。一是挖湖,通过挖湖打破 13 km 东环城水系河道等宽,形成充满韵律感的"点、线、面"水系;二是拓宽河道,将东环城水系河道整体拓宽,河道宽度不低于 60 m;三是曲化滨水岸线,通过曲化河道,增加水系岸线长度与弯曲程度,同时通过生态驳岸、软质驳岸、硬质驳岸等打造多样的亲水体验。

③ 在增绿拓水的同时,东环城水系规划还通过塑心强化景观主题,通过河湖联动和局部开挖湖面,形成 12 个水面核心景观。同时,在规划中突出城市内涵,传承

邢台文脉,东环城水系将打造森林湿地休闲、现代都市时尚、传统山水园林、工业复兴创智、邢襄庭院街巷五大文化地标。

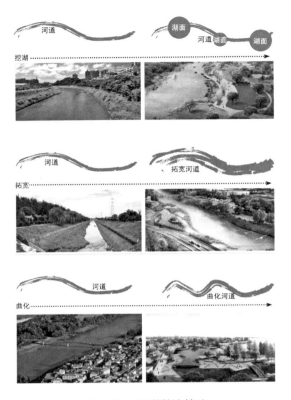

图4-74 河道整治策略

(2) 交通设计。

在交通设计方面,公园内部道路规划实现了与城市道路交通分离,自成体系。根据地形水势、城市道路现状、功能分区以及游览路线,将园路分为滨河步道、一级步行道、二级步行道(图4-75)。其中滨河步道为贯通式设计,总长约15 km,包括4 m双向自行车车道和2 m红土跑道,为居民提供充满活力的滨水活动带,同时可作为应急车道(图4-76)。

(3) 功能分区。

东环城水系是城市的生态功能区,同时也是重要的城市经济发展载体。因地制宜,由北向南,规划了森林湿地郊野公园、中央财富水岸、文化园林区、山水邢襄湖、科技生态谷、城市文化生活水岸六大功能分区(图4-77)。

图4-75 交通设计

(a) 滨水步道

(b) 林荫步道

图 4-76　步道系统意向图

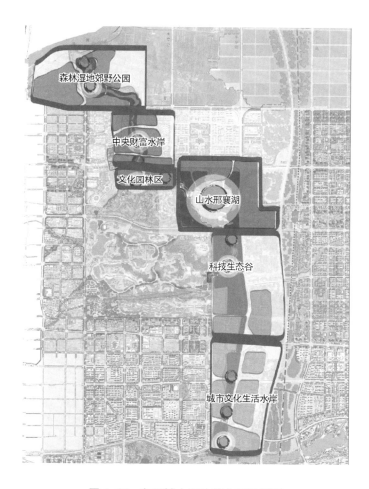

图 4-77　东环城水系功能分区示意图

　　① 森林湿地郊野公园功能区将森林公园、植物园、动物园整合为多板块构建的森林湿地郊野公园(图 4-78)。

　　② 中央财富水岸功能区以山形水意构建现代山水城市,激发金融时尚活力,展现现代商务人文景观风貌(图 4-79)。

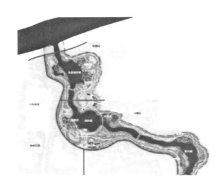

图 4-78　森林湿地郊野公园平面及效果图

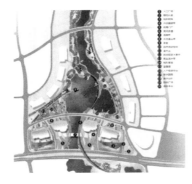

图 4-79　中央财富水岸平面及效果图

③ 文化园林区、山水邢襄湖功能区以山水人文景观为主,采用东方园林的造园手法,嵌入文化建筑,营造生态绿色的人文生态园林景观(图 4-80)。

图 4-80　文化园林区与山水邢襄湖平面及效果图

④ 科技生态谷功能区的景观风貌为国际流行的工业创智和生态景观(图 4-81)。

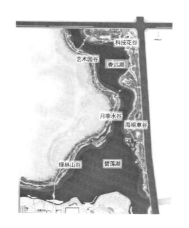

图4-81　科技生态谷平面及效果图

⑤ 城市文化生活水岸功能区,三巷七院临水而建,融入人文生活,延续城市文脉,以中式人文、现代生活性迎宾景观风貌为主(图4-82)。

图4-82　城市文化生活水岸规划平面图

4)园博园

园博园位于上东片区内的国际会议板块内(图4-83)。项目占地2.61 km²,塌陷区部分约2.13 km²。园博园内部以花园景观为主,旨在打造一个具有邢台特色的国际化园林区域,为承办国际和国内园林展的预留地。

在功能构成方面,园博园的主要功能围绕中心湖展开(图4-84),湖西侧为花博馆,是园博园内主要的景观构筑物;湖北侧沿郭守敬大道设置主入口,结合国际会务接待

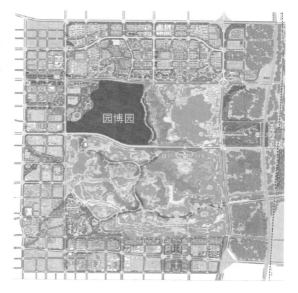

图4-83　园博园在上东片区的区位

中心,打造标志性入口;内部以八大主题展示园、园艺研发区、森林主题游乐园、儿童公园、草坪活动区、运动健身区为主;湖南侧是高40 m的擎天花柱,从郭守敬大道也可以看到。

图4-84　园博园平面图

在空间设计方面,园博园以湖为核心来组织(图4-85)。环湖第一层为滨湖公园形式;第二层为空中景观连廊,与花博馆二层相连;第三层为花博馆(图4-86)、会务接待中心(图4-87);第四层为国际会议中心、城市商业中心、城市商务中心。

图4-85　园博园空间设计分析

在景观设计方面,打造以园艺博览为主题,集展览展示、论坛会议、旅游度假、休闲观光、园艺研产等功能于一体的国际化园博综合服务板块(图4-88)。

图 4-86　花博馆效果图

图 4-87　国际会务接待中心效果图

图 4-88　园博园核心景观区效果图

5）郭守敬纪念馆与游客服务中心项目

郭守敬纪念馆与游客服务中心项目位于邢州大道与东华路的交叉口（图4-89）。

作为一个游客服务中心,在规划上重点考虑如何融入东华路公共服务带,成为整个公共服务平台功能序列的有机组成部分,产生城市产业平台效应。同时,为了节约成本并提高建筑的利用效率,采取了功能复合理念,将游客服务中心与郭守敬纪念馆合建,有利于功能互补,优势叠加,提高人气和场馆的利用率(图4-90和图4-91)。

图4-89 游客服务中心融于东华路公共服务组团

图4-90 总平面图

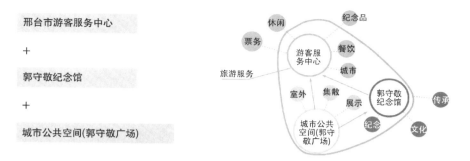

图 4-91　空间与功能组成

在城市风貌理念方面,规划将游客服务中心的外向性和郭守敬纪念馆的文化性结合,从国际化和本土化两个方面打造城市入口的风貌展示标志点(图 4-92—图4-95)。

在设计理念方面,以观象台、紫金山脉和紫金书院为原型,提炼升华,强调建筑的可识别性与文化延续性。同时,建筑硬朗的形体寓意"国之基石",彰显郭守敬的历史卓越成就。

图 4-92　游客服务中心总体鸟瞰图

图 4-93　游客服务中心入口透视图

图 4-94　游客服务中心西北角入口透视图

城市空间战略平台构建——以邢台为例

图 4-95　游客服务中心中庭透视图

战略参考

5.1 国内外基于高铁枢纽的城市平台升级与战略新区建设案例

选取国际上 3 个成功的高铁新区与国内京沪高铁和京广高铁两条高铁线上对于我们有参考意义的 15 个高铁枢纽城市(包括河北省 6 个具有比较意义的案例),作为本案研究的对象进行分析。针对其功能特征及空间布局展开研究,寻找邢台高铁组团规划的可借鉴之处,得出适合邢东新区高铁新城的主要功能产业及空间布局发展模式。

案例一 法国里尔高铁新城

法国里尔高铁站是欧洲北部重要的高铁枢纽之一,借助高铁枢纽和高铁新城,里尔成功实现由传统工业城市向现代化综合城市转型。高铁站场周边大型城市综合体的修建,为里尔的现代生产性服务业和城市消费中心的发展提供了空间载体。"欧洲里尔"的建成,是城市在发展过程中把握高铁带来的人流、物流、资讯等有利条件,实现能级转变的典型案例。

1. 高铁 TGV 线路的修建为里尔的发展带来了巨大机遇

里尔是法国北部的重要城市,是诺尔-加莱大区的首府。市中心有 20 万人口,加上周围卫星城市共约 100 万人。20 世纪 80 年代之前,里尔是法国北部最大的工业城市。亚麻工业、毛纺织、机器制造、化学、食品等工业以及矿产业是城市的主导产业。20 世纪 70 年代,里尔遭遇经济危机,产业衰败、工厂倒闭、煤矿停产。

20 世纪 80—90 年代,城市的重大发展机遇降临。横跨欧洲大陆的 TGV(train à grande vitesse)的建设以及英吉利海峡的通车,使得里尔由一个交通节点型城市转变为一个在欧洲大陆具有重要战略意义的交通枢纽型城市。里尔成为了周边小城镇的区域中心,城市定位也从传统工业城市变为现代化城市。城市打破原有以工业为主的产业格局,开始注重服务业的发展。

2. 里尔通过高铁新城——"欧洲里尔"大型综合体项目的开发,实现了城市进阶

伴随着 TGV 线路的修建,在火车站周边开发了"欧洲里尔"大型综合体项目,城市成功实现转型。"欧洲里尔"位于里尔旧城东北边缘,地处高铁 TGV 线里尔站与城市老火车站之间,通过高架桥、城市公共空间体系,把公共汽车站、地铁站、地下停车场和城市快速路在空间上紧密联系,交通极为便捷。项目几乎涵盖了商业、办公、居住、娱乐、休闲、交通等所有城市功能,投入使用后逐步成为新的城市中心。该项目在推进区域协调发展中发挥了重要的作用,并作为城市新的增长极,带动了里尔整座城市向现代化城市的转型。

(1) 高铁这一战略通道大大增加了里尔与欧洲主要经济中心城市的联系。20 世纪 80 年代欧洲筹建 TGV 之前,里尔与欧洲主要城市之间的物资运输主要依托公路与航空。TGV 高速铁路的出现大大改善了这一状况。得益于区位优势,里尔成为了欧洲

TGV 的交通枢纽,快捷地连接伦敦、巴黎、布鲁塞尔等欧洲中心城市。2000 年,里尔站客流量超过 2 000 万人次,成为欧洲高速铁路的枢纽站之一(图5-1)。

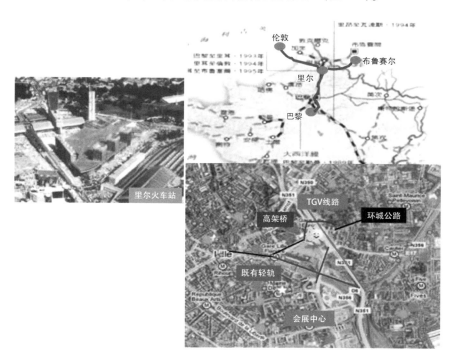

图 5-1　里尔概况

（2）高铁效应明显,城市产业能级转变。20 世纪 90 年代至今,里尔产业多元化发展,现代服务业成为城市产业发展的重点。TGV 带来的高铁效应使得城市经济快速发展,城市建设有条不紊。"欧洲里尔"的规划建设不仅带动了建筑业、材料业等原有传统制造业和工业产业的转型升级,还使区域商贸、物流、金融、传媒、酒店等现代服务业成为城市的主导性产业,实现了城市产业的升级。

3. 三级功能圈层,产城一体,里尔高铁新城迅速成为功能复合的城市副中心

以里尔高铁站为中心,形成三级功能圈层。第一圈层辐射半径约 500 m,主要为高档的商业办公;第二圈层辐射半径约 1.5 km,主要为集中的商业办公及配套设施、休闲娱乐设施和市政配套设施;第三圈层辐射半径约 3 km,主要为住宅开发及生活配套。

里尔高铁新城的建设注重功能的多样性与互补性,区域功能完善,设施分布合理。如结合高铁枢纽,配备现代物流与会展功能,不仅能为传统工业的升级提供良好的基础,同时也为区域打造了良好的形象。此外,各不同功能板块之间,由公建、绿化、文化娱乐设施等公共共享空间相联系,在完善区域功能的同时,实现各板块间的合理缝合(图5-2)。

4. 案例启示

邢台高铁新城的功能产业可以借鉴里尔的模式,在继承原有工业的基础之上,大力发展服务行业,引领城市的转型升级。规划布局可以借鉴三级圈层的空间布局模式。

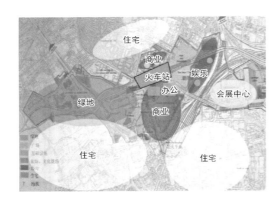
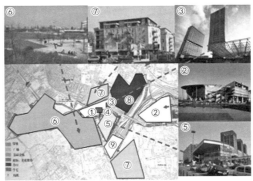

1.里尔火车站;2.会演中心;3.欧洲大厦;4.里尔银行大厦;
5.火车站商业中心;6.城市公园;
7.住宅开发;8.二期用地;9.里尔老火车站。

图5-2 功能分布

案例二 法国里昂贝拉舒高铁新区

里昂是法国的第二大城市,仅次于巴黎。里昂大区人口约128万,都会区人口约50万。虽然里昂被认为是法国仅次于巴黎的文化重镇,但作为法国的主要工业城市之一,其产业主要在机械、电子、化工、重型汽车等制造业领域,其现代服务业水平与城市地位是不匹配的,高端生活性服务业也发展滞后,这导致里昂通常被排除在现代化国际大都市之外。从更高的层面来说,发展里昂、马赛等城市,也是法国区域平衡发展的需要。法国传统的城市地理格局是一种单中心、集中式的形态,大巴黎地区不到国土面积2%的地域上集中了全国近1/6的人口,区域发展极不平衡。为此,法国国土规划与地区发展委员会实施分散化发展政策,并试图促成里昂、马赛等大城市与其周边的市镇联合组成城市共同体,作为平衡地区发展的大都市。产业不够先进、城市职能与国际化大都市的要求有较大差距,这一局面极大地制约了里昂的发展。尤其是在知识经济时代,创新性产业以及与之相关的知识、信息、国际高端创新人才等高价值生产要素聚集能力不够,将成为里昂进一步国际化发展的障碍。要升级为国际化大都市,在全球范围内发挥配置生产要素的重要节点城市功能,里昂需要一个战略契机。幸运的是,欧洲高铁TGV为里昂提供了这么一个难得的机遇。里昂贝拉舒高铁为里昂快速连接到全球产业链提供了一个战略大通道,里昂贝拉舒高铁新区为里昂集聚知识、信息、国际高端创新人才等高价值生产要素,发展现代服务业和高端生活性服务业,提供了一个战略级大平台,进而极大地提升里昂的国际化大都市水平。

1. 里昂贝拉舒高铁新区开发背景和概况

为实现平衡地区发展的目标,也为推动里昂城市进阶,在里昂大都市区内建设了拉帕迪站、贝拉舒站、萨托拉斯站三座 TGV 高铁站。其中贝拉舒站位于里昂城市中心半岛,尽管紧邻城市中心区域,但历史上贝拉舒街区从来就没有被认为是中心城区的一个部分。事实上,这一半岛区域主要是工厂、铁路线、场站和码头,在功能上与城市中心区之间存在明显断裂。在空间上,贝拉舒火车站和铁路线的穿越以及两条河流也很大程度上造成贝拉舒街区与城市中心区域的分割。

为了实现里昂城市传统产业升级、构建创新创智枢纽与特色旅游节点,1992 年提出里昂城市共同体(图 5-3),主要由贝拉舒和拉帕迪双中心以及四大高技术产业中心组成。其中,贝拉舒地区定位为科学技术中心、商业和文化休闲中心,并将贝拉舒车站附近约 1.5 km² 范围作为先期启动引领区进行开发。规划将贝拉舒地区定位为城市中心区的延续,致力于依托高铁站区,建成包括科学研发、商务办公、高端居住、商业消费中心、文化休闲旅游在内的功能区。包括一个国际级科学研究中心在内的混合型街区,开发面积 120 万 m²,建成后将能够容纳 2.2 万名居民和 1.6 万个就业岗位。同时,还通过营造高比例的公共空间、亲水设施和 0.4 km² 的森林公园等,建立起比原历史性街区更通透的现代城市空间。

2. 里昂贝拉舒高铁新区极大提升了里昂城市国际化水平和产业能级

高铁这一战略通道的直接影响是提高了城市可达性、降低了旅行成本、提高了生产力、产生了企业选址的集聚效应。第一,里昂到巴黎的通勤时间缩短到 2 h,贝拉舒高铁新区站区周边区域商务办公物业快速增加。商务客流,尤其是高端生产性服务、贸易相关行业的商务流大幅增加,为城市现代生产性服务业的发展做出了巨大贡献。第二,吸引了大量创新性企业、大学、科学园落户,极大地集聚了创新性生产要素。如在科技含量高的医药医疗领域和生物医药领域,里昂成为众多国际医疗集团总部所在地,国际化的生物医学生物园落户里昂。第三,里昂成了欧洲乃至世界级企业总部和研发总部的集聚地。如里昂是法国第一大化学工业研发基地、法国第二大制药工业基地。第四,极大地推动了现代物流业、会展博览业和国际商贸的发展(图 5-4)。里昂成为南欧最重要的物流中心、法国第二大博览会中心。

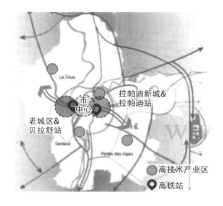

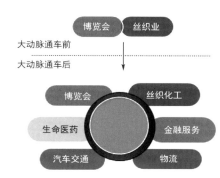

图 5-3　里昂城市共同体　　图 5-4　里昂贝拉舒高铁站建立前后产业对比

3. 里昂高铁新区的规划布局

功能布局上遵循三级功能圈理念,里昂贝拉舒高铁站周边地区由近及远分为核心区、扩展区和产业区三级功能圈。① 半径在 2.5 km 以上,为一般开发区,一般强度开发;② 半径在 1.2 km 左右,为重点开发区,中高密度开发,用地开发类型主要是商业、商务、会展、研发、文化娱乐及居住等用地;③ 半径在 1 km 内,为核心开发区,高密度开发,用地开发类型主要是商业及酒店服务业用地。

在空间形态上,高铁新区由大的公共空间引领,通过高铁站点大空间与现代服务业大轴线,延伸至整个半岛(图 5-5)。这样,高铁新区就建成包括商务办公、高端居住、商业消费、休闲设施、科技研究中心、企业总部、博览会务等功能的混合型新城区。

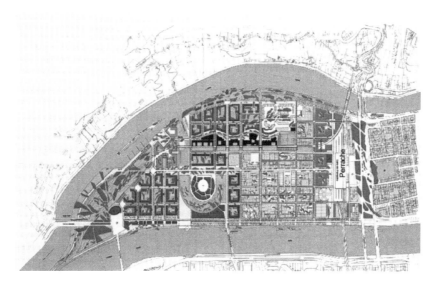

图 5-5　贝拉舒高铁新城总平面图

4. 案例启示

法国里昂高铁新区以高铁枢纽这一战略大通道为战略契机,引进科技研发、企业总部、博览与物流产业等现代生产性服务业,以及城市级的商业消费中心等高端生活性服务业设施,整合形成大产业平台,促使产业集群化发展,推动城市经济转型升级。功能布局上延续三级圈层的空间结构,同时引入大森林空间,通过生态绿廊的轴线驱动,营造功能复合型城区。

案例三　日本新干线名古屋站高铁新区

20 世纪 50 年代后半期,日本形成了东京、横滨、名古屋、大阪、神户等沿海型工业地带,以东京、横滨为中心的关东经济圈,以名古屋为中心的中部经济圈,以大阪、神户为中心的近畿经济圈,这三大经济圈成为日本经济发展的"火车头"。当时连接这些地区的东海道铁路虽只占全国铁路总长的 3%,却承担了全国客运总量的 24% 和货运总量的 23%,交通压力巨大。为加强这些区域的联系和经济辐射力,缓解交通压力,日本启动了新干线的建设(图 5-6)。

名古屋站点片区自建成以来,受城市产业发展和结构调整的影响,经历了多次主导功能的转变。在 1964 年新干线开通前,名古屋站只有东海道铁路,站点主要承担交通枢纽功能(图5-7)。在新干线开通初期,受东京和大阪经济的"吸管效应",名古屋经济发展被边缘化,名古屋站点片区依然主要承担交通接驳功能,站区区域没有形成城市职能,发展缓慢。后来,由于名古屋地价相对便宜,站区交通便利,铃木、丰田等汽车公司纷纷来此设厂,将地区总部迁入,名古屋站区区域逐渐向商务区转型。尤其是进入 20 世纪 90 年代,名古屋经济圈进行产业结构调整,将生产、加工功能扩散并迁移出名古屋高铁新区,引入企业总部、科技研发、商务商贸、酒店会务等现代服务业。站区因此转变为商务集聚区,高铁新区成为名古屋重要的商务中心区(图5-8)。2005 年后,世界博览会在爱知县举办,中部日本国际机场建成,名古屋高铁战略通道加上国际机场,将整个城市连接到全球城市网络中。高铁新区由此形成空中和地上强大的交通网络系统,商务、商业消费、博览会务等功能进一步强化,进而成为了名古屋的商务核心区域(图5-9)。

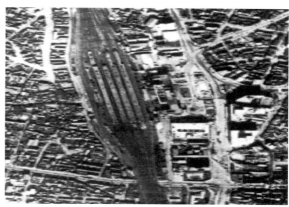

图 5-6　日本新干线示意图　　　　　　图 5-7　1964 年前名古屋站区情况

图 5-8　20 世纪 90 年代名古屋站区情况　　　图 5-9　2005 年后名古屋站区情况

1. 名古屋高铁新区发展模式成功的关键因素

（1）合适的定位：名古屋结合自身区位条件和特色，选择合适的站区发展策略和定位。随着东京都市圈商务功能向周边片区的分散，名古屋的产业结构也逐渐向信息流通和商务功能转变，站区凭借优越的交通和区位条件，定位为商务核心区。

（2）科学的功能配比：以名古屋站点为中心，500 m 半径范围内为站点片区的核心区域，分布着大量的写字楼（35%）、酒店（30%），辅以少量住宅（17%）、商业（13%）和配套（5%）。

（3）交通便利：海陆空立体交通的核心点。名古屋站点是东海道铁路、东海道新干线、地铁以及公交站点的汇集点，名神、东名以及中央高速公路经过，站点距名古屋港以及中部日本国际机场都是 30 min 车程。

（4）多元功能：以商务办公为主，辅以商业、住宅以及配套等多元城市功能。名古屋站点以中央塔楼为标志建筑，不仅承担站点功能，还具有商务办公、购物休闲等功能，以站点为核心的周边区域成为名古屋重要的商务核心区。

（5）科学规划：空间规划将各功能有机地连为一体。以中央塔楼为核心的地上建筑主要以办公为主，周边分布鳞次栉比的写字楼和酒店，而地下则为购物休闲区域，与地面各主要办公楼相互接连，形成了立体的空间布局，实现空间的优化利用。

（6）政府支持：政府积极给予支持。制定缜密的城市规划以及站区发展规划，同时通过基础设施以及市政配套的投入来完善区域功能，还通过优惠政策招商引资，吸引知名企业前来设厂办公，加强站区的商务集聚功能。

2. 案例启示

日本名古屋高铁新区对于邢台的重要启示在于交通的快速发展促进区域产业的集群式发展，形成服务型产业集群和总部基地集群。采取立体化的空间布局模式，将各功能有机连为一体。

案例四　石家庄新客站地区

1. 概况

（1）区位：石家庄新客站（特等站）位于石家庄市桥西区京广西街与新石南路、新石中路之间，位于老城区，在原石家庄站旁新建，是华北地区以客运为主的重要综合性交通枢纽。石家庄新客站地区占地面积 8.5 km²，规划为石家庄综合性城市副中心（图 5-10）。

（2）意义：石家庄是火车拉来的城市。随着高铁时代的来临，铁路对于石家庄的意义被再次强

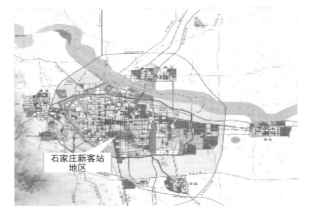

图 5-10　石家庄市区土地利用规划图

调。石家庄新客站地区的规划能够提升西客站的地位,突出火车站引领发展的职能和核心属性,使整个区域成为石家庄城市发展框架的大起点、历史文化的传承点、城市形象的新焦点、市民休闲体验的新亮点。

2. 功能布局

石家庄新客站地区形成高铁综合枢纽区、城市商业金融中心区、现代服务业园区三大功能板块(图5-11和表5-1)。

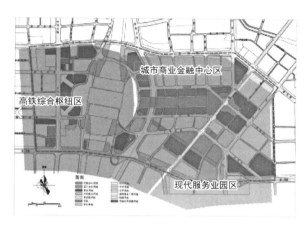

图 5-11　石家庄新客站地区功能示意图

表 5-1　　　　　石家庄新客站地区各分区及其功能业态

功能分区	功能业态
高铁综合枢纽区	交通枢纽、商业服务
现代服务业园区	商务办公、商业贸易
城市商业金融中心区	商业金融、文化会展、商务办公

3. 规划方案

(1)范围:石家庄新客站地区综合规划范围北至塔北路、南至南二环路、西至广平街、东至仓兴路,用地面积8.5 km²,其中新客站核心区面积约3.6 km²。

(2)理念:借助国内首个"铁路入地"城市、客站整体搬迁等概念,及石家庄在全国铁路路网中的枢纽地位,依托城市新商贸商务中心,将新客站地区规划成为国内一流、国际先进的现代交通枢纽及服务业综合发展区(Traffic & Service Development Zone,TSD)。

(3)结构:规划形成"一轴双心、一圈两翼"的结构(图5-12—图5-14)。

① 一轴:沿中部景观带的综合发展轴,包括城市综合开发、绿化景观等功能。

② 双心:东部为"铁芯",是城市的综合交通枢纽中心;西部为新心,是城市新的商务、商业金融中心。

③ 一圈两翼:从空间开发角度进行功能总体布局。"一圈"指中部核心开发圈,围绕"双心"进行高密度、高档次、高价值开发,这个区域是规划重点控制和进行土地储备的地区。"两翼"指核心开发圈两侧的一般开发区,以普通居住开发为主,配套相应的居住区级服务设施。

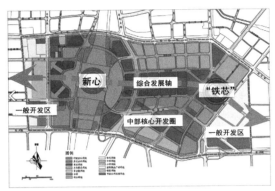 

图 5-12 石家庄新客站地区规划结构图　　图 5-13 石家庄新客站地区城市设计总平面图

图 5-14 石家庄新客站及站前广场效果图

4. 案例启示

可以借鉴石家庄新客站地区将综合枢纽功能、金融业和现代服务业作为战略重点,空间规划采用"轴线空间 + 圈层空间"的模式,以高铁为核心,通过东西广场拉动两侧发展。但其局限较大,不能引发城市空间结构的战略性变革。

案例五　郑州综合交通枢纽核心区

1. 概况

郑州客运新站(郑州东站)位于郑州市郑东新区商鼎路与 107 国道交汇处。综合交通枢纽核心区规划用地 2.19 km²,是郑州市主要的综合交通组团。

2. 功能布局

在功能布局上分为三个区:站场区、西口地区和东口地区(图 5-15)。

(1) 站场区:以构建国际一流城市综合交通体系为目标,以郑州客运新站为中心,结合整个车站区域的交通组织,合理规划站内人流路线、公共交通、出租及社会车辆、城市轨道交通、长途客运、邮政信息等各种交通设施和相关配套设施,做到布局合理、功能完善、流线有序、方便换乘。

(2) 东口地区:定位为外向的、面向区域的交通枢纽型商业中心。

(3) 西口地区:定位为主要面向郑州城区的内向型中高档商务商业中心。

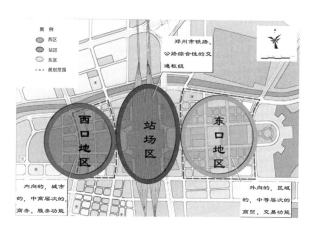

图 5-15　郑州综合交通枢纽核心区功能布局示意图

3. 规划方案

（1）规划布局：郑州高铁区以郑州客运新站为核心，分为东、西两个区域，设计以东西向的轴线串联客运新站与东、西两个片区（图 5-16）。通过不同的空间处理手法，强化中轴线的功能。

（2）轴线空间：整条中轴线以西面的体育馆为起点，到最东面的景观节点结束。轴线上有三个重要过渡空间，即西广场、东广场、购物中心广场；两个重要功能建筑，即郑州客运新站和大型批发购物中心；还有一系列的引导空间和环境小品（图5-17）。

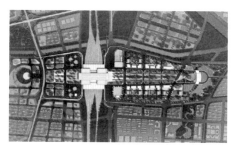

图 5-16　郑州高铁区城市设计平面图

图 5-17　郑州高铁区城市设计效果图

4. 案例启示

邢台可以学习郑州高铁区的空间布局，在规划上形成一个轴线空间，以高铁站点驱动，通过站前广场、商业商务功能区及尽端的大水面空间，强调中央轴线空间的持续性与活力。

案例六　济南西客站片区

1. 概况

济南西客站（特等站）位于济南市槐荫区齐鲁大道（图 5-18），距济南市中心

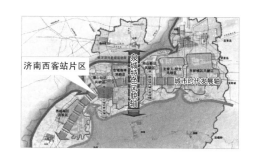

图 5-18　济南西客站片区在济南市的位置

8.5 km,是京沪高铁五大始发站之一,规划为济南市商业副中心。

2.功能布局

西客站片区以济南西客站为触点,根据 TOD 的开发模式,以站前商务区、市级商业金融中心为核心,强调土地的混合利用和高强度开发,外围为商住、居住组团,核心区为商办会展、商业金融、文娱等组团(图 5-19 和图 5-20)。同时预留西客站站场商务中心,充分利用高铁优势,应对未来发展的需要。核心区功能如表 5-2 所列。

 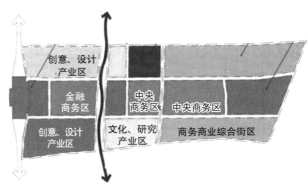

图 5-19 西客站片区用地规划图　　图 5-20 济南西客站片区核心区功能分区

表 5-2　　　　　　　　　　　　　核心区功能

功能分区	功能业态	业态项目
总部商务区	站前商办混合区	
	高铁枢纽核心区	站前购物中心、星级酒店、商务中心、研发中心、社会停车场、绿地公园
	特色商住混合区	
	商住混合区	SOHO 住区
	核心商业金融区	
	滨水文化休闲区	滨水文化长廊、综合服务中心、城市水景长廊、中央塔楼
	绿地	
文化商业区	文化研究产业区	
	中央商务区	会展中心、标志性地景等
	文化休闲区	图书馆、艺术馆、群艺馆
商务金融区	中央商务区	地标建筑
	商务商业综合街区	
	综合住宅区	

3.规划方案

(1)范围:西客站片区规划东到二环西路,南到腊山河,西到京福高速,北到小清河,规划用地面积为 26 km²,其中核心区 6 km²。

(2)结构:西客站片区核心区规划形成"双轴、双心、三区"的空间结构(图 5-21 和图 5-22)。

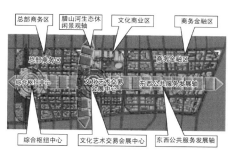

图 5-21　济南西客站片区核心区规划空间结构　　图 5-22　济南西客站片区核心区空间效果图

① 双轴:腊山河生态休闲景观轴、东西公共服务发展轴。

② 双心:综合枢纽中心、文化艺术交易会展中心。

③ 三区:高铁—腊山河——总部商务区,腊山河—腊山北路——文化商业区,腊山北路—西外环——商务金融区。

4. 案例启示

(1) 邢台可以借鉴济南内生轴线动力空间的运用。通过轴线将枢纽站、综合商务、文化会展、公共服务、公共空间等整合为高铁片区的强劲动力轴线,推进整个区域的发展。

(2) 济南与邢台高铁片区的不同之处在于新区的能级及战略意义不同。济南高铁片区不是一个新区,济南的新区和发展重点在东部,高铁区位于城市西部边缘,不是发展重点。邢台邢东新区是产业新区,又是城市新区,还是战略平台,有望与当前主城区并驾齐驱。

案例七　武汉杨春湖城市副中心

1. 概况

武汉站(特等站)位于武汉市青山区杨春湖畔,东湖北面。杨春湖片区规划用地面积为 11 km²,定位为武汉市城市副中心(图 5-23)。

图 5-23　武汉杨春湖片区区位图

2. 功能布局

杨春湖城市副中心功能主要以区域服务、商务办公、会议展览为主，周边打造生态型居住社区。杨春湖城市副中心作为武汉市主城区的二级中心，其商业、商务、酒店、办公等核心功能集聚区的面积小于 1 km²。结合武汉市主城区中心结构体系布局，核心功能集聚区的用地面积将在 0.8 km² 左右。核心区规划以武汉火车站为起点，以迎鹤湖公园为中心，以两港生态走廊为边界，布局形成副中心核心区、高速铁路站区、中央景观休闲带、文化旅游服务区和综合居住区五大功能区。

3. 规划方案

(1) 范围：杨春湖城市副中心北起武青三干道，南至中北路延长线，东临王青公路，西至工业大道，用地面积为 11 km²。其中核心区范围北起规划次干道，南至中山路延长线，东临三环线，西至东湖港，用地面积 3.48 km²。规划环绕核心区的生态开放链渗透到社区内，形成网络状生态体系 (图 5-24)。

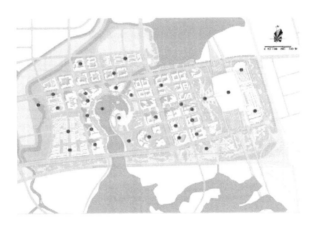

图 5-24　武汉杨春湖片区主要开敞空间示意图

(2) 结构：规划区按照"一轴、双核、两区"进行布局，"一轴"指贯通武汉站、迎鹤湖的中央景观轴，"双核"指站前综合服务核与环迎鹤湖城市服务核，"两区"指西部城市生活区和东部产业园区 (图 5-25 和图 5-26)。杨春湖片区功能如表 5-3 所列。

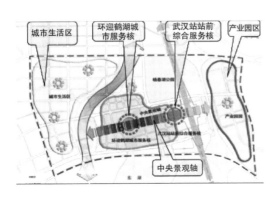

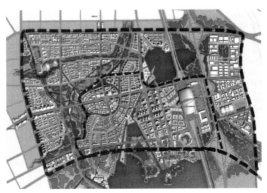

图 5-25　武汉杨春湖功能结构规划示意图　　图 5-26　武汉杨春湖片区城市设计总平面图

表 5-3　　　　　　　　　　　　　　　　杨春湖片区功能

功能分区	功能业态	业态项目
核心区	交通枢纽 商务办公 商业金融 文化展示	高铁、长途汽运、公交 金融商务大厦、滨湖景观酒店 歌剧院、文化展示中心、科技馆
城市生活区	居住生活	东方雅园、北洋桥鑫园、武钢体育馆
产业园区	工业、物流	

4. 案例启示

（1）邢台可以学习武汉杨春湖，借力高铁广场，但不将广场作为新区的唯一组织空间，把湖面作为组织新区的核心空间。

（2）武汉与邢台有两点不同：第一，武汉作为"千湖之城"，湖区空间尺度大，可以作为空间中心，邢台不可能有如此巨大尺度的公共空间，需要将高铁广场与湖面等结合在一起形成自己的公共空间力量。第二，武汉城市规模宏大，杨春湖片区不是武汉第一个城市新区，而邢东新区是邢台第一个真正意义上的城市新区。

案例八　保定东部新城

1. 概况

保定东站（一等站）是京石铁路客运专线的一个重要车站，位于河北省保定市孙村与前营村之间，七一路以南 200 m，裕华路以北，京港澳高速公路以东 1.5 km，距保定市中心约 9.5 km。围绕保定东站建设的保定东部新城规划用地面积为 10 km²，京沪高铁线两侧各 5 km²，规划定位为保定市新的城市副中心（图 5-27）。

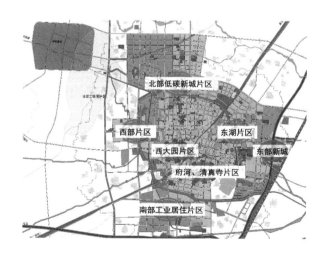

图 5-27　保定东部新城区位示意图

2. 功能布局

东部新城欲建成高端商务会展和知识型经济中心，打造成一个集车站、会展、信息流通、物流产业、商务金融、地方文化展示于一体的现代城市综合功能组团，构筑高效的高铁交通港和高品质城市门户。各片区功能如表 5-4 所列。

表 5-4   保定东部新城各片区功能

功能分区	功能业态	业态项目
北部片区	科研、会展	高新技术园区、会展中心
中央商务带	高铁交通港、综合商务服务	交通综合体、交通商务办公楼、商业中心、酒店、文化娱乐中心
南部片区	居住、文化娱乐	民俗文化风情街

3. 规划方案

整个组团的空间结构为"一轴、一带、两心两片区"(图5-28—图5-30)。东西向综合商业区构成主轴,沿京石客运专线形成南北向绿廊带,组团分为南、北两大区域,北部为高新综合片区,以会展中心为核心,南部为居住片区和旅游文化及综合商业区,以文化娱乐中心为核心。

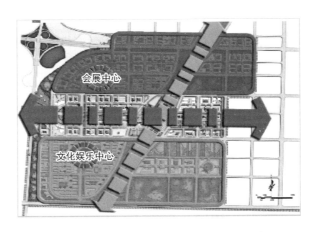

图 5-28　保定东部新城功能结构规划示意图

图 5-29　保定东部新城城市设计总平面图

图 5-30　保定东部新城局部空间效果图

4. 案例启示

保定东部新城位置较偏,与中心城区没有互动,高铁新城规划没有新意。保定新城除了广场之外没有塑造出新的动力,而邢东新区将成为邢台"一城五星"大战略规划中的重要动力源。

案例九　南京南部新城

1. 概况

南京南站(特等站)位于南京市雨花台区玉兰路98号,是亚洲第一大火车站和亚洲第一大高铁站。围绕南京南站建设的南部新城占地 164 km²,是南京市中心城区的南部新中心(图5-31)。

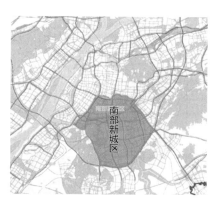

图 5-31　南京南部新城区位图　　图 5-32　南京南部新城空间层次示意图

2. 功能布局

（1）南京南部新城空间层次如图 5-32 所示。

① 南部新城：北起秦淮河、运粮河至绕城公路；西起南河，接秦淮新河，沿机场二通道接宁丹公路；南至绕城公路；东至宁杭高速。

② 南部新城核心区：北起秦淮河、运粮河，至绕城公路；西起南河；南至秦淮新河、宏运大道；东至宁杭高速、绕城公路；总用地面积 66 km²。

③ 南部新城启动区：北起雨花南路、卡子门大街、大明路、秦淮河、运粮河至绕城公路，西至南河，南至绕城公路、机场高速、秦淮新河、双龙大道，总用地面积约32 km²。

（2）各空间层次对应的功能如表 5-5 所列。

表 5-5　　　　　　　　　　　南京南部新城各空间层次功能

功能分区	功能业态	业态项目
南部新城核心区	文化、旅游、创意	中华门、雨花台
	软件研发	雨花软件园
	创意街区、城市客厅	红花机场
	交通枢纽、商务商业、总部经济	城市商业广场、社区商业中心、SOHO 商务区、核心商务区、中央轴线公园、商务展示中心、滨河公园、运动公园、混地水湾、景观挑台、滨河步道
	战略预留	土山机场
南部新城启动区	交通枢纽	南站枢纽区
	软件研发	雨花软件园
	创意街区、城市客厅	红花机场地区
南部新城	生态、旅游	牛首山
	城市居住	三山城市生活区
	城市次中心、办公、消费购物	百家湖综合发展区
	城市居住	东山城市生活区
	先进制造基地	东善桥先进制造业
	城市次中心、办公、居住	九龙湖综合发展区
	研发办公	科学园

3.规划方案

规划将南京南部新城定位为南来北往、承东启西的国家区域枢纽、南京都市新中心,形成"一心、两轴、五大板块"。

(1)一心:由南站枢纽区、红花机场片区、土山机场片区构成。作为南京都市新中心,与新街口鼓楼中心、河西中心三足鼎立,共同构成了"金三角"体系。

(2)两轴:南北向的城市发展轴连接南京主城与江宁新区,东西向的新城联系轴连接河西新城、南部新城及麒麟生态科技城,两条轴线十字交叉,成为城市发展的重要纽带。

(3)五大板块:南站枢纽区,红花机场片区,雨花软件园片区,中华门-雨花台片区,土山机场片区。

4.案例启示

邢台可以借鉴南京南部新城,打造产城融合的功能平台,主要以商务会展、商业金融为主导,辅以城市文化、休闲居住。南广场南侧打造中央轴线公园,通过轴线空间塑造城市生态活力空间。

案例十 徐州高铁新城

1.概况

徐州东站位于徐州经济开发区高铁站区的鲲鹏路中段、中央大道东部起始处。以高铁站区为中心的高铁新城,作为带动徐州东部地区发展的新增长极,将会与老城区、新城区形成"品"字形结构(图5-33),成为"交通、生态、商务、居住"四位一体的城市副中心。

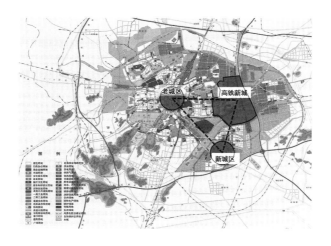

图5-33 徐州高铁新城区位示意图

2.功能布局

徐州高铁新城以生态公园、商业商务办公、商贸物流为主,各区功能如表5-6所列。

表 5-6 　　　　　　　　　　　　　　徐州高铁新城各区功能

功能分区	功能业态	业态项目
中部商务集聚区	商务办公、商业金融、文化休闲	徐州经开区软件园 绿地之窗
高铁枢纽服务区	商业、物流	高星级酒店
总部基地经济区	商务办公、商贸物流	
南部居住生活区	商业休闲、特色居住	商业街、娱乐休闲 高尚居住区
金龙湖综合区	居住、教育、商业休闲	基层社区中心 文化娱乐、旅馆业 金龙湖景区

3. 规划方案

（1）范围：徐州高铁新城是以高铁站区为中心的 26 km² 区域，其中核心区 5.2 km²。

（2）结构：徐州高铁新城（徐州高铁生态商务区）规划结构为"一轴、三心、五片区"（图 5-34 和图 5-35），以 TOD 开发模式为依据，以三大中心为触点推动整个片区的发展。

图 5-34　徐州高铁新城功能结构示意图

图 5-35　徐州高铁新城鸟瞰图

4. 案例启示

邢台规划布局可以参考徐州"轴线＋湖心＋河道"的多重空间组合模式，核心公共空间动力持续增强，城市观感丰富多样。徐州新老城区空间距离过大，而邢台邢东新区与老城区的空间距离更加有利于新区的开发。在功能方面可以借鉴徐州以高铁枢纽为核心，发挥商务等高端服务业的集聚效应，促进经济一体化发展。通过产业与人口的不断升级，打造辐射全国的物流平台。

案例十一 长沙武广新区

1. 概况

长沙南站(特等站)位于长沙市雨花区黎托花侯路,距离长沙市中心区约9.5 km。长沙武广新区用地面积为 18.92 km²,规划为长沙市城市副中心(图 5-36)。

图 5-36 长沙武广新区区位示意图

2. 功能布局

将长沙武广新区定位为中南地区区域性的铁路客运中心、具有商务功能的交通枢纽型城市副中心。结合 TOD(以公共交通为导向的开发)理念,长沙南站周边地区应有三级功能圈:核心圈、拓展圈和影响圈。

(1) 核心圈:主要是对外服务功能,半径 600 m 左右。这是基于人的步行距离提出的吸引圈,为直接吸引区,高密度开发,用地开发类型主要是高速铁路站周边的商业及旅馆服务业用地。

(2) 拓展圈:对外与对内服务功能相互混合,半径 1.2 km 左右,为重点开发区,高强度利用,用地开发类型主要是商业、商务、会展、研发、文化娱乐及居住等用地。

(3) 影响圈:主要是对外服务功能,半径在 2.5 km 以上,为一般开发区,一般强度开发。

各组团功能如表 5-7 所列。

表 5-7 长沙武广新区功能布局

功能分区	功能业态	业态项目
中央商务组团	商务办公、总部基地、金融、商业、文化、休闲娱乐	武广国际商贸中心、嘉斯贸购物广场、龙之梦城市广场
其他居住组团	生态居住、生活配套	万科环球村、绿地之窗、黎郡新宇

3. 规划方案

（1）范围：长沙武广新区地处长沙市东南部，西靠京珠高速，南至湘府东路，东、北两面均被风景秀丽的浏阳河环绕，总面积约18.92 km²，其中核心区8 km²，中央商务区3 km²（图5-37）。

（2）结构：长沙武广新区规划结构为"一核、两轴、六组团"。

① 一核：即以车站交通枢纽为中心，结合浏阳河滨江发展带，规划商务中心与文化娱乐休闲中心，共同构建规划区内的发展中心核心。

② 两轴：第一，以发展中心核、片区服务中心为发展节点，构筑规划区东西向发展

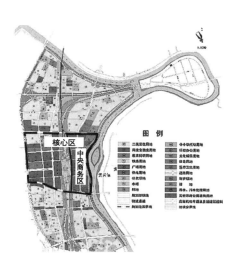

图5-37　长沙武广新区用地规划

主轴，同时也将形成新区的景观主轴，展示长沙东大门的城市形象。第二，以浏阳河水域为纽带，结合功能布局及景观设计构筑规划区南北向发展次轴，展示新区自然景观特色。

③ 六组团：中央商务组团、南北四个居住组团以及黎托北居住组团。

（3）城市特色：新区南依山体，中含磨盆洲，浏阳河曲绕城中，其自然景观形态再现了长沙"山、水、洲、城"的城市特点，新区规划和建设追求城市与自然环境的和谐统一。

（4）产业规划：整个武广片区的产业规划为现代服务业，为长株潭地区提供高品质的商贸、金融、咨询、会展等服务。同时发展部分高端商业为长株潭区域服务，带动休闲娱乐产业的发展。

4. 案例启示

参考武广新区全新的城市定位和开发理念，邢台可以借鉴其生态化的构建策略，将生态景观资源融合进高铁新城的规划之中，使之成为规划的灵魂。引入中央绿廊空间，打通与浏阳河的空间联系，塑造强有力的公共活动空间。

案例十二　常州北部新城

1. 概况

常州北站（一等站）位于常州新北区新桥镇（新桥镇财政所南侧），沪宁高速公路北侧，长江路西侧，常新路东侧，辽河路南侧。常州北部新城用地面积为73 km²，是常州市城市副中心（图5-38）。

2. 功能布局

高铁相对吸引商务人群、旅游人群和通勤人群（表5-8），从而使得常州北站周边片区功能为商务、商业休闲、片区级文体、商住，以国际会展中心、政务中心、商业

中心、物流中心和博览中心、科研中心与区域服务中心为主（图 5-39 和图5-40）。常州北部新城各区功能如表 5-9 所列。

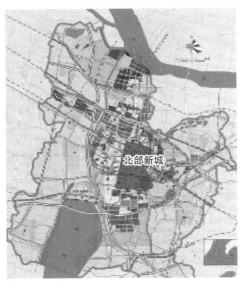

图 5-38　常州北部新城区位示意图

城市空间战略平台构建——以邢台为例

图 5-39　常州北站及站前广场效果图

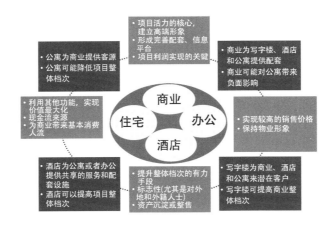

图 5-40　常州北站周边片区功能构成示意图

表 5-8　　　　　　　　　　　　　　　　　　　常州北站人群及产业发展

类别	目的	需求	带动的产业
商务人群	办公、会议、会展、研究、商务考察	高品位的商务环境、高端的服务、高端产品	办公、会展、会议、研发、酒店、休闲度假
旅游人群	旅游	需求个性化、服务周到化、形象主题化	酒店、休闲娱乐、主题园
通勤人群	就业、居住	良好的工作、生活环境	房地产、配套居住

表 5-9　　　　　　　　　　　　　　　　　　　常州北部新城各区功能

功能分区	功能业态	业态项目
高新城市功能片区	行政办公 文化休闲 商务办公	新北区政府、三江口文化娱乐综合体
新龙城市功能片区	行政办公 商业休闲 商务金融	酒店、购物中心、会议中心、写字楼、行政中心
高新技术产业片区	加工制造 科技研发	机械制造、电子、精密仪器等高新技术产业
电子光伏园及出口加工片区	加工制造	加工制造、新型电子元器件与电子材料、微电子、汽车电子与传感器等产业
中华龙城创意产业片区	科研设计 旅游休闲 生态居住	旅游动漫综合体

3. 规划方案

（1）范围：常州北部新城西到龙江路，北到 S122 省道，东邻江阴市，南靠龙城大道，面积约 73 km²。

（2）功能结构：打破单一发展模式，构建网络化发展城市，构造"一心、两轴、五片区、五大城市综合体"（图 5-41）。

① 一心：市级行政文体中心。

② 两轴：主轴为通江路城市发展轴、长江路城市发展轴，次轴为乐山路功能轴、嵩山路功能轴。

③ 五片：高新城市功能片区、新龙城市功能片区、高新技术产业片区、电子光伏园及出口加工片区和中华龙城创意产业片区。

④ 五大城市综合体：城市之窗的高铁枢纽综合体、未来港的三江口文化娱乐综合体、CBD 的商务办公综合体、创意城的

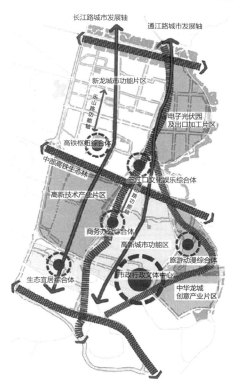

图 5-41　常州北部新城
功能结构规划

旅游动漫综合体和飞龙居住区的生态宜居综合体(图5-42)。

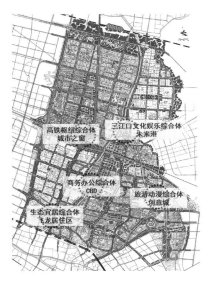

图5-42 五大综合体区位示意图   图5-43 绿化空间分布

城市空间战略平台构建——以邢台为例

(3) 景观:强化滨水土地利用的公共性,形成多样的滨水功能节点,包含行政文体节点、恐龙园旅游节点、三江口休闲游乐节点、中心商务节点,并结合水系和公园设社区服务中心节点,塑造丰富的水岸城市功能(图5-43)。

(4) 特色空间:高铁核心区。高铁核心区面积约2 km²(图5-44和图5-45),是近期建设的先发地区和核心地带,汇集最核心的交通优势,以商业、商务、行政办公、文化休闲、生活居住等多元功能为主,是未来北部新城的形象核心和窗口地带(图5-46)。核心区可具体分为三个子片区,分别是南部交通及商业休闲区,中部行政及商务办公区,北部文化公园区(图5-47)。

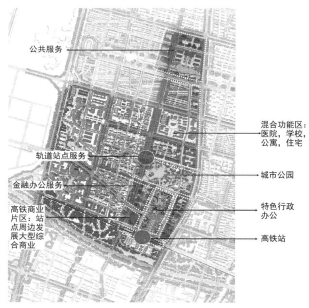

图5-44 常州北部新城核心区示意图   图5-45 常州北部高铁枢纽区周边功能示意图

 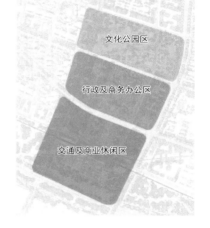

文化公园区

行政及商务办公区

交通及商业休闲区

图 5-46　常州北部高铁枢纽区局部空间效果图　　　图 5-47　核心区功能分区

（5）生态建设：核心区以生态为原则，形成由高铁站引出的有机轴线，北部建设大型城市公园，向长江路打开城市空间，与高铁生态轴线相互联系。在高铁生态轴线上，以自然生动的建筑肌理和绿化平台演绎现代生态设计、有机组合理念，并一直延续至北部公园，使空间、建筑浑然一体，连通的绿色活动平台和交往空间设计，增强了建筑群的连续性和特征性，成为常州最具特色的核心地区（图5-48和图5-49）。

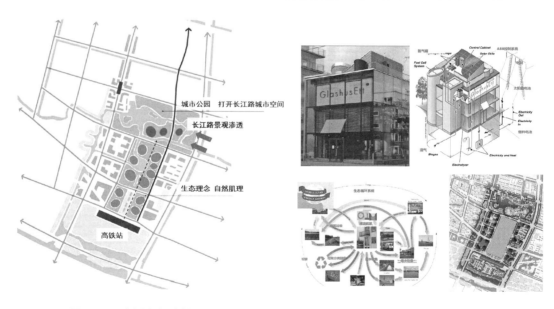

图 5-48　常州北部高铁枢纽区　　　图 5-49　常州北部高铁枢纽区
生态建设示意图　　　　　　　　　生态建设技术示意图

4. 案例启示

　　邢台可以学习常州产城组团交错，产城融合发展的模式，并在此之上打造更加优秀的规划结构。常州的高铁新区强调道路空间、道路功能和道路景观，以路为轴，辅以沿路的组团。邢台的高铁新城结构除了强化邢州大道和泉北大街外，还包含轴线、湖心、河道等，更具城市特色、带动潜力和空间想象力。

案例十三　邯郸东部新区

1. 概况

邯郸东部新区位于邯郸市京珠高速以东,围绕京沪高铁邯郸东站建设,规划总用地面积约 70 km²,是邯郸市城市副中心(图 5-50)。

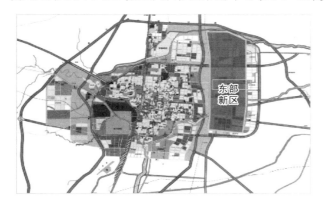

图 5-50　邯郸东部新区区位示意图

图 5-51　邯郸东部新区功能
结构示意图

2. 功能布局

邯郸东部新区功能结构如图 5-51 所示,各部分功能如表 5-10 所列。核心区以商业金融、行政办公及休闲商业为主,外围分布教育、生物、电子及物流功能业态。

表 5-10　　　　　　　　　　邯郸东部新区各分区功能

功能分区	功能业态	业态项目
经开东区组团	工业、物流、生态居住	美的集团、汉光产业园
核心组团	商业金融、行政办公、滨水休闲商业、文化体育	金融街、行政中心、体育中心、文化公园
代召组团	教育、商业服务、生物医药、光伏电子	国际物流中心、邯郸工业园

3. 规划方案

加强商业金融用地的集约布局;提倡土地复合利用,在商业区与住区之间规划商住综合用地作为转换带;调整纵向中轴新城大道两侧的绿地布局,形成一条贯穿用地南北的景观主轴;调整水域设计,在中心地带规划几何形的港湾式水面,使其成为本区域的景观中心;滨水地带规划广场与休闲商业用地;生态居住区内根据服务半径规划商业服务中心;配以其他用地的规划布局,形成新区土地利用规划(图 5-52—图 5-54)。

图 5-52　邯郸东部新区用地规划

图 5-53 邯郸东部新区效果图

图 5-54 邯郸东部新区中心区鸟瞰效果图

4.案例启示

邢台可以学习邯郸东部新区大公园、大水面等大尺度空间的标志性,行政中心、体育中心等大型公共服务功能板块的带动性。邢台与邯郸东部新区的主要区别为城市结构的不同。邯郸东部新区主要为方格式路网,以行政中心和东湖公园为中心形成单一的大核心空间结构,以路为轴引领各片区。邢台的高铁新城不仅有大尺度核心、复合型轴线,还在方格式路网基础上引入放射结构,打开城市空间,更具有延展性和开放性。

案例十四 无锡锡东新城

1.概况

锡东新城位于无锡中心老城区东面、惠山新城南面、科技新城北面,规划范围约125 km²,是无锡"五大新城"之一(图 5-55)。

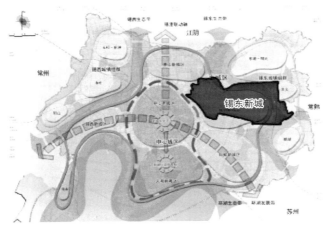

图 5-55 无锡锡东新城区位示意图

2. 功能布局

锡东新城用地规划如图 5-56 所示。高铁商务区(图 5-57)依托京沪高铁站点,重点发展总部经济、服务外包、现代物流、金融服务、国际社区等现代服务。高铁核心区功能如表 5-11 所列及图 5-58、图 5-59 所示。

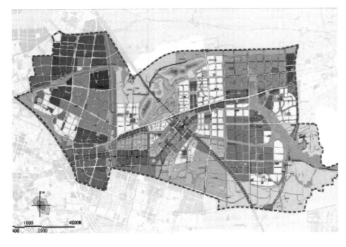

图 5-56 锡东新城用地规划

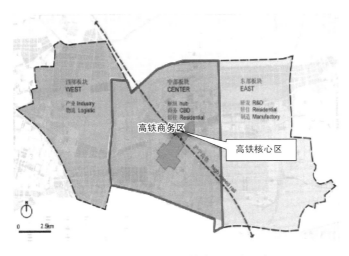

图 5-57 锡东新城空间层次示意图

表 5-11

锡东新城高铁核心区功能

功能分区	功能业态	业态项目
门户设施板块	多功能会议交流中心	用作会展会议、接待、新闻发布、博览会等
	锡东地区展示销售广场	展示和销售本地工业产品、特色商品
	一站式都市生活 Mall	将削弱郊区感，符合都市人需求，是锡东市民购物、娱乐、休闲、餐饮、游艺集中体验的场所
	会展酒店以及餐饮设施	与会展、会议、展销紧密联系，同时也接待购物、度假等人群
	科技主题体验公园	开发如地球村项目，融科技体验、探索、科技时尚产品展销于一体的主题乐园
高铁商务板块	访客接待/信息服务中心	提供信息资讯，组织游览，租售登山、极限运动、露营等设备
	幸福印象广场	枢纽站集散广场，也是体现锡东新区的印象广场，迎宾门户
	高级物流与事业单位	与地铁有紧密联系的业态
	地标办公楼与星级酒店	以地标性建筑、品牌酒店奠定商务气质与品质
	商业服务、餐饮娱乐街区	和商务写字楼共同形成混合开发，底层商铺做商业餐饮服务
	活力感观公园	从人的视、听、嗅、味、触等感观入手，设置体验生活活力的项目，打造一个放松身心的乐园
滨水创意板块	中央公园	地标性商务公园，创造周边商务写字楼的地标特征
	名企后台办公基地	来自京沪等重要城市的名企后台操作部门办公
	外服外包产业基地	一个集中提供现代生产服务业，流程外包、对外服务的 2.5 产业基地
	白领商住社区，SOHO	满足一些创业白领、金领"职宿一体"的需求，在工作岗位步行距离内的居住社区
	河湾吴文化公园	以吴越文化教育为主要线索，融露天电影、开放式酒吧、cosplay 创意游戏等于一体的公园
	幸福生活街区	集市民购物、美食、休闲饮食、DIY 创意小商品于一体的文化休闲街区
	影剧院、体育馆	大型区域级精神文化设施、全民健身设施，与公园共同形成地标
	智慧社区	提供滨水优质住宅，供山景创作者居所，复合以社区商业

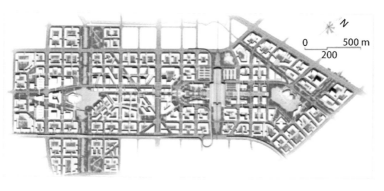

图 5-58 锡东新城高铁核心区总平面图

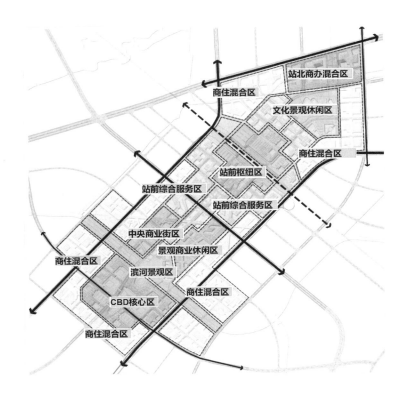

图5-59　锡东新城高铁核心区功能分布示意图

3. 规划方案

无锡锡东新城城市建设用地 75 km²，生态绿地 50 km²。生态绿地占总用地 40%，绿地率达 60%，绿化覆盖率达 70%，人均公共绿地 18 m²，规划居住人口 50 万。

4. 案例启示

邢台可以学习无锡，把总部经济、服务外包、现代物流、金融服务、国际社区等城市下一个阶段的产业转型升级内容作为重点。无锡锡东新城高铁核心区是一个很好的空间设计案例，在规整的方格式街区中打造空间动力。邢台与无锡的区别在于二者侧重点不同，城市地位不同。无锡的高铁核心区有产业基础，以产业为主，而邢台的高铁新城要兼顾做大城市和集聚产业发展两大使命，是多位一体的。

案例十五　苏州高铁新城

1. 概况

苏州北站（一等站）位于苏州市西北，在相城区元和街道、澄阳路以西。苏州高铁新城是以京沪高铁苏州站综合交通枢纽为依托的 30 km² 腹地范围内的新城区（图5-60），规划为国际商务中心新城片区。

图 5-60　苏州高铁新城区位示意图

2. 功能布局

苏州高铁新城功能布局为"两个引擎、八大功能"(图 5-61),以双引擎发展为基础,扩展生活休闲与文化旅游功能,提升高铁新城整体发展的软实力。在现代服务业的基础上完善多元功能发展,打造现代国际商务中心,各区功能如表 5-12 所列。

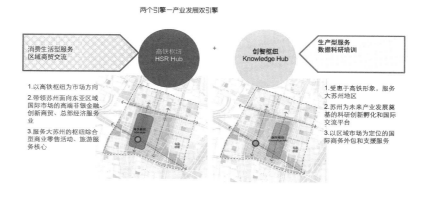

图 5-61　苏州高铁新城产业战略示意图

表 5-12　　　　　　　　　　　　　　苏州高铁新城各区功能

功能分区	功能业态	业态项目
商务枢纽核心区	商务办公、商业金融、旅游服务	合景国际金融广场、清华紫光大厦、万润国际中心、圆融广场、苏州港口发展大厦、国发大厦、文旅万和广场
创新科研核心区	高等教育、科研办公	
区域服务总部基地	工业研发	
生态社区	生态居住	
生态休闲区	公共绿地	生态公园

3. 规划方案

（1）范围：苏州高铁新城东至聚金路、南至太阳路、西至元和塘、北至渭泾塘，规划用地 30 km²，可建设用地面积约 22 km²（图 5-62）。

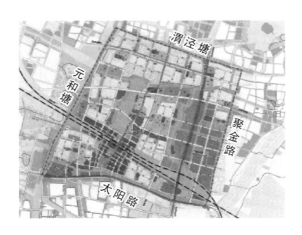

图 5-62　苏州高铁新城用地规划图

（2）结构：苏州高铁新城片区为双核井字组团式发展模式（图 5-63）。

① 双核：商务枢纽核心区和创新科研核心区。

② 井字形绿带：依托主要河流以及高铁防护绿带构建井字形生态绿带。

③ 组团：通过主要道路、河道将片区分为多个用地功能组团（区域服务总部基地、生态休闲区、生态社区等）。

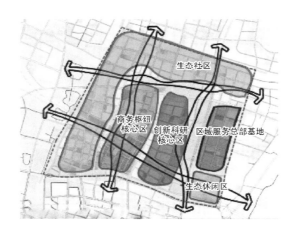

图 5-63　苏州高铁新城功能结构规划示意图

（3）商务枢纽核心区：占地 3.37 km²，将高铁站地区建设成为以交通为枢纽，商务商贸、文化娱乐为主要功能的相城片区中心之一。该片区是交通引导型的发展区，是具有区域功能的现代化交通枢纽、苏州市城市北门户、展示苏州现代化形象的重要窗口，也是相城区未来的经济活力中心和现代生产服务功能的空间载体（图 5-64）。

（a）鸟瞰图 1

（b）鸟瞰图 2

（c）主要开敞空间

图 5-64　苏州高铁新城商务枢纽核心区效果图

商务枢纽核心区空间结构如图 5-65 所示。

① 十字轴:以高铁站为中心,规划南北向公共设施和景观发展轴线;以富临路为依托,组织东西向公共设施和景观发展轴线。

② 一核:高铁站交通枢纽核,用地规模约 0.24 km²,包括高铁站、轻轨站、长途汽车站、公交首末站、出租车进出站以及停车场等交通设施用地及站场配套用地,并通过集中设置,实现零距离换乘。

③ 两区:围绕交通枢纽核的东部综合功能区及西部综合功能区。

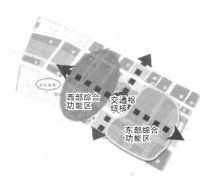

图 5-65 苏州高铁新城商务枢纽核心区空间结构示意图

4. 案例启示

邢台可以学习苏州,融入京津冀与中原经济圈,打造高端功能,承接区域商务办公和总部功能的转移;创造企业拓展区域,打造国际市场与技术交流平台;扩展生活休闲与文化旅游,增强城市软实力。

案例十六 沧州城西新区

1. 概况

沧州城西新区位于沧州市主城西部,规划面积约为 28 km²,其中核心区 3 km²,位于中轴线北京路两侧,是新城建造的起步区和重点建设区。沧州城西新区规划为沧州市的城市副中心(图 5-66)。

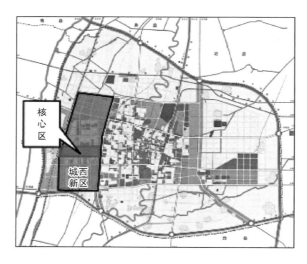

图 5-66 沧州城西新区区位示意图

2. 功能布局

沧州城西新区功能布局如表 5-13 所列。核心区沿中央轴线重点分布商业商务、金融、市民服务等功能(图 5-67),通过公园及水面空间延伸至社区内部(图5-68)。

表 5-13　　　　　　　　　　　　　　　　沧州城西新区各区功能

功能分区	功能业态	业态项目
高新区	高端制造、商贸服务、新材料基地	佳兴仓储物流中心、综合物流园、彩龙国际商贸广场、国际五金城
核心区	行政、商业贸易、金融、商务办公、会议会展、文化休闲、体育	区委区政府、市民服务中心、管道大厦、中国银行、交通银行、民生银行、企业总部区、规划展示馆、博物馆、图书馆、体育馆、杂技馆、日本会馆
新区其他区域	居住、教育科研、工业区	沧州师范学院、沧州医学高等专科学校

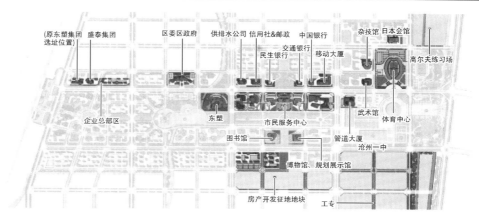

图 5-67　沧州城西新区主要产业功能示意图

图 5-68　沧州城西新区核心区规划鸟瞰图

3. 案例启示

邢台可以学习沧州的理念,将高铁与上东区引领的城市空间打造为城市副中心,中央轴线既是景观轴又是城市功能轴。

案例十七　石家庄空港工业园

1. 概况

石家庄正定机场站位于石家庄市正定县正定国际机场南面。围绕机场和高铁建设的石家庄空港工业园用地面积为 124 km²(图 5-69),其中起步区 35 km²,是石家庄重要的产业片区组团。空港工业园规划范围东至规划的京珠高速,南至规划的张石高速公路支线,西至既有京珠高速,北至无繁线。规划 2040 年人口规模为 60 万人。

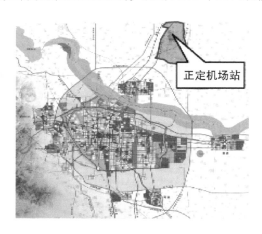

图 5-69　石家庄空港工业园区位示意图

2. 功能布局

石家庄空港工业园是整合航空、高铁、高速公路的复合式交通枢纽,大力发展以主题公园为主的文化休闲旅游产业和以保税仓储为核心的综合物流业,建立通信电子、服装和农产品加工基地,以及 IT 外包、业务流程外包和知识流程外包基地,打造产业高地、服务新城、国际门户。

① 产业高地:根据空港经济的空间特点,发展高技术含量、高附加值的临空型高技术产业、航空物流、保税物流和先进制造业,发展成为城市的产业高地。

② 服务新城:结合京石客运专线、京石城际站,发展总部办公、商贸金融、会议会展、休闲旅游、科技研发和居住等产业与功能,建设宜业、宜居的服务新城。

③ 国际门户:依托石家庄正定国际机场,发展航空运输业、航空配套、站前商务等功能,从而发展成为华北地区重要的国际门户。

空港工业园各分区(图 5-70)功能如表5-14 所列。

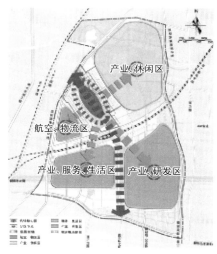

图 5-70　空港工业园规划
空间结构示意图

表 5-14　　　　　　　　　　空港工业园各分区功能

功能分区	功能业态	业态项目
航空、物流区	交通枢纽、航空物流、站前商务	正定国际机场、欧景假日酒店
产业、服务、生活区	总部办公、商贸金融、会议会展、居住	
产业、休闲区	居住、文化休闲旅游、商务、生产服务	
产业、研发区	科技研发、教育、培训	

3. 案例启示

邢台邢东新区可以学习正定将综合枢纽、金融业和现代服务功能作为战略重点。但二者对于城市发展的意义不同，正定局限较大，不能引领城市空间格局的变革，而邢东新区将引发邢台的空间结构战略变革，将邢台带入高铁时代。邢东新区的空间布局可以采用轴线空间加圈层空间的模式。

案例十八　广州南站地区

1. 概况

广州南站(特等站)位于广州市番禺区钟村镇石壁村，广州南站地区(图5-71)规划用地面积为 36 km²，定位为广州市城市副中心。

2. 功能布局

南站地区将承担广州南部的文化、教育、体育、医疗卫生等地区服务职能，为番禺北部众多居住区提供一个公共服务中心，形成以车站商务为核心功能的活力新区。各功能区(图5-72)功能如表5-15所列。

图5-71　广州南站地区区位示意图

图5-72　广州南站地区功能
结构规划示意图

表5-15　　　　　　　　　　广州南站地区各区功能

功能分区	功能业态	业态项目
枢纽核心商贸区	综合交通枢纽、商业贸易、总部办公、文化中心	高速铁路、城际轨道、城市轨道、出租车、长途汽车、公交、奥园越时代
西部时尚商务区	西部商务中心、驻穗商会、旅游服务	创意产业、服装设计、服装面料研发
东部休闲服务区	东部商务中心、会展博览	名优特产展贸中心

功能分区	功能业态	业态项目
屏山综合发展区	产品加工	
石壁商贸物流区	商业贸易物流	
沙湾综合发展区	旅游服务	度假村

枢纽核心商贸区中的广州南站是中国最大的高铁站，带来的人流和物流不可估量，周边将会形成多元化的产业链，物尽其用，创造出更多财富，其中商贸物流成为最大的潜力市场（图5-73）。

图5-73 枢纽核心商贸区鸟瞰图

3. 规划方案

结合高铁站点的圈层式发展，广州南站地区可分为枢纽核心商贸区、西部时尚商务区、东部休闲服务区、石壁商贸物流区、屏山综合发展区和沙湾综合发展区六个功能区，其中核心区4.5 km²（图5-74）。

4. 案例启示

邢台可以参照广州，利用交通枢纽带来的发展动力，发展多元化产业，成为以商贸商务为主的高端服务业集聚中心。空间布局方面，可利用十字景观轴线上的公共空间引导城市发展。

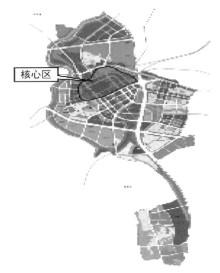

图5-74 广州南站地区核心区区位示意图

5.2 一个中央生态公园改变一座城——典型城市案例分析

案例一 南湖城市中央生态公园：唐山市涅槃重生、成为国际化大都市的战略空间

唐山市作为京津冀协同发展战略中的河北省经济重地，是一个从大地震废墟中成长起来的城市。唐山市依托重工业，在改革开放后经济持续增长，但是高耗能及其引发的一系列问题阻碍了城市的进一步发展。城市产业结构老化，跟不上知识经济时代城市的发展趋势，尤其是在供给侧改革的大背景下，唐山市亟待实现从传统的重化工业向创新驱动的产业转型，城市也需要加快向国际化大都市转型，这也是京津冀协同发展的要求。

为应对这一现状，唐山市面临向国际化升级的迫切需要。作为一座以重工业为主导产业的城市，要实现向国际化大都市的进阶，根据萨森的全球城市理论，国际化进阶的关键动力在于其产业、城市职能的升级，依靠的是城市所打造的具有国际化标准的城市基础设施平台、城市产业平台及高端生活性服务平台。为此，唐山市推动了一体二翼战略，即在主城区这个主体外，北部打造凤凰新城，南部打造南湖生态城，形成新的城市主体功能区。南湖生态城的突出定位在于生态引领，打造城市的现代生产性服务业集聚区、高端消费性服务业集聚区，以使区域尽快融入城市发展，并为城市提供新动力。

1. 南湖城市中央生态公园概况

南湖城市中央生态公园（图5-75）是国家4A级景区，位于市中心的南部，是唐山四大主体功能区之一南湖生态城的核心区（图5-76），总体规划面积30 km²，现有"桃花潭""龙泉湾"等九湖，"云凤岛""香茗岛"等五岛，以及樱花大道、凤凰台、音乐喷泉等120多个景点。

南湖城市中央生态公园改造前是经过开滦（集团）有限责任公司130多年开采形成的采煤沉降区，是垃圾成山、污水横流、杂草丛生、人迹罕至的城市疮疤和废墟地，严重制约了城市发展。

南湖城市中央生态公园充分利用采煤塌陷区，实现变废为宝、变劣势为优势、化腐朽为神奇、由"深黑"到"蔚蓝"的历史性巨变，带动周边区域的开发和利用，改善居住条件，提高城市品位，解决土地瓶颈和城市建设资金问题。

2. 南湖城市中央生态公园对于唐山市发展的重大意义

（1）南湖城市中央生态公园改变了唐山的发展框架，更新了城市结构，提高了城市的整体活力。南湖城市中央生态公园是唐山最具有战略特色的区域，是唐山未来主体发展区域，是唐山未来发展最有特色和吸引力的区域，对唐山未来发展起着决定性作用，并推动城市的可持续发展。

图 5-75 南湖城市中央生态公园效果图

城市空间战略平台构建——以邢台为例

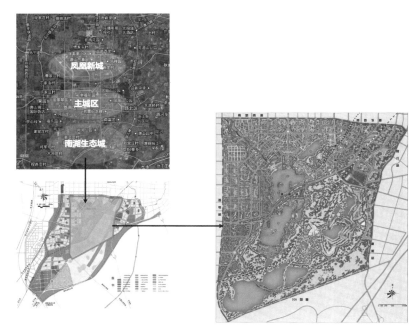

图 5-76 南湖城市中央生态公园位置

（2）南湖城市中央生态公园将南湖板块从城市边缘拉向了核心市区，提升了南湖板块的区位价值。由于煤矿塌陷区的缘故，唐山市主城区向南发展一直受到制约。由于交通设施的制约，唐山市主城区向西发展明显不利。而南湖城市中央生态公园所在区域具有非常难得的水系统环境、生态环境，且相比于主城区其他区域，生态公园的建设成本也更为低廉。通过南湖城市中央生态公园的建设，一举以"生态环境＋现代服务业等产业＋现代化新城"的模式，把南湖板块从主城区发展洼地提升为具有潜力的发展热土，大大提升了南湖板块的区位价值。

3. 南湖城市中央生态公园的打造

（1）内部功能设置上，南湖城市中央生态公园突出城市休闲、生态要求，六大功能板块为城市提供战略价值。

公园内有六大功能区，即城市休闲区、综合生态区、户外运动区、文化展示区、入口服务区、高档商务休闲区（图5-77）。南湖城市中央生态公园内建设有小南湖公园、南湖国家城市湿地公园、地震遗址公园、南湖运动绿地、国家体育休闲基地、南湖紫天鹅庄、凤凰台公园、植物园等公园和文化娱乐、旅游功能设施（图5-78），以丰富的文化娱乐设施、良好的生态环境诠释了"好玩南湖、生态南湖、神奇南湖、文化南湖"这一南湖特色。

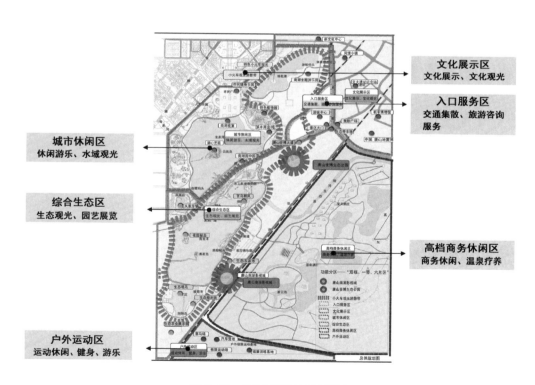

图5-77　公园内部六大功能区

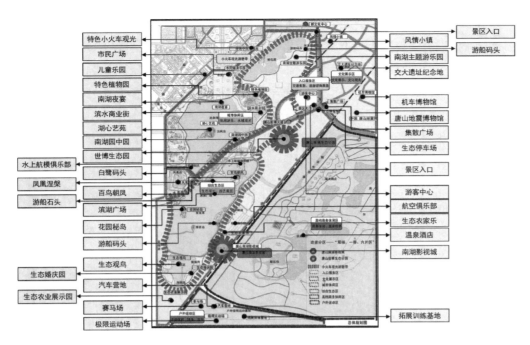

特色小火车观光						风情小镇	景区入口
市民广场						南湖主题游乐园	游船码头
儿童乐园						交大遗址纪念地	
特色植物园							
南湖夜宴						机车博物馆	
滨水商业街						唐山地震博物馆	
湖心艺苑						集散广场	
南湖园中园						生态停车场	
世博生态园						景区入口	
水上航模俱乐部							
凤凰涅槃	白鹭码头					游客中心	
游船石头	百鸟朝凤					航空俱乐部	
	滨湖广场					生态农家乐	
	花园秘岛					温泉酒店	
	游船码头					南湖影视城	
生态婚庆园	生态观鸟						
生态农业展示园	汽车营地						
	赛马场					拓展训练基地	
	极限运动场						

图 5-78　公园内部功能设施分布

　　六大功能区的主要功能和落地项目如表 5-16 所列。

表 5-16　　　　　　　　　　　　　公园内部功能区主要功能及落地项目

主要功能	功能分区		落地项目	相关产业
文化展示	文化展示区	文化展示	新文化中心、交大遗址纪念地、机车博物馆、中国唐山地震博物馆	文化产业、会展业、旅游业
		文化观光	文化风情小镇	餐饮业、零售业、旅游业
生态休闲观光	城市休闲区	休闲游乐	体育健身公园、市民健身乐园、市民广场、特色植物园、南湖主题游乐园、滨水商业街、南湖夜宴、儿童乐园	旅游业
		水域观光	游船码头、特色小火车观光、南湖园中园、湖心艺苑	旅游业
	综合生态区	生态观光	凤凰涅口、游船码头、滨湖广场、花园秘岛、生态观鸟、航空俱乐部、滨水廊道、唐山世博生态公园	旅游业
		园艺展览	生态农业展示园、生态婚庆园、生态农家乐、唐山南湖影视城	文化创意产业、会展业、旅游业
运动休闲健身	户外运动区	运动休闲、游乐	极限运动场、赛马场、汽车营地	奖励旅游业
		健身	拓展训练基地	奖励旅游业
高档商务休闲	高档商务休闲区	商务休闲	温泉酒店(高端商务接待、办公、会议、餐饮、娱乐)	服务服务业、奖励旅游业、住宿业、餐饮业
		温泉疗养	温泉疗养院	奖励旅游业

主要功能	功能分区		落地项目	相关产业
服务中心	入口服务区	交通集散	生态停车场、世博大道、景区大门、集散广场	交通运输业
		旅游咨询服务	游客服务中心	

（2）公园周边功能布局上，突出产业功能和城市功能，引领南湖生态城融于主城区空间布局。

南湖城市中央生态公园周边形成了行政办公、科技产业、金融商务服务、客运物流等产业功能和城市功能。围绕南湖区域布局城市的金融商务中心、行政办公中心、高科技和创意中心、中心商圈、客运物流中心、商贸交易中心（图5-78），结合生态公园的建设，强有力地带动周边区域的发展和功能的完善。

① 金融商务中心：凤凰大厦、综合体金融大厦。

② 客运物流中心：丰南汽车站、丰南火车站。

③ 行政办公中心：市民中心、唐山市图书馆、博物馆、文化宫。

④ 高科技和创意中心：创意园区、1970影视基地、大学科技园。

⑤ 中心商圈：南购商城、丰南商厦、荣大购物广场。

⑥ 商贸交易中心：中山陶瓷城、唐山市二手车市场、果园集市、装饰材料市场。

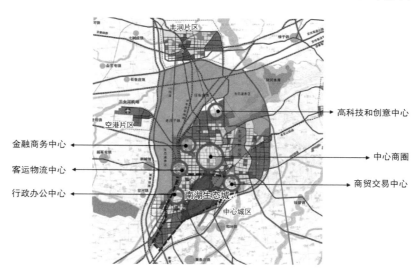

图5-78 公园周边功能布局

4. 南湖城市中央生态公园带来的启示

（1）从战略上坚定了邢台塌陷区中央公园对邢台城市的意义。

唐山南湖城市中央生态公园的建设，实现了塌陷区的历史性巨变；如果说震后重建是唐山的第一次涅槃，那么城市转型则是唐山发展的第二次涅槃，而唐山的城市转型则是从南湖城市中央生态公园开始的，通过一个中央公园拉开城市未来的发展框架，塑造生态新区的城市特色。利用中央公园拓展城市新空间和发展新动力，南湖公园给予了我们启示,为邢台治理塌陷区煤炭业生态环境提供了宝贵经验。

(2) 从空间规模尺度上为邢台塌陷区中央公园提供借鉴意义。

唐山南湖城市中央生态公园规划面积达 30 km²,这种大规模的城市特质空间足以支撑整个城市的功能、产业和特质。对于一个面临迫切的转型发展需求的城市而言,这种战略级的特质空间可以提供巨大的空间动力。

案例二 上海世纪公园:浦东世界级金融贸易区扩展的空间载体

上海作为长三角世界级城市群的核心城市,承担着国家参与世界竞争的战略使命。上海一直被当作国家改革开放的前沿阵地和试验田。在改革开放之初,上海率先以虹桥国际机场为依托,将虹桥板块作为对外开放,尤其是对日韩开放的前沿阵地,并依托延安路向东辐射。在 20 世纪 90 年代上海成立浦东新区后,陆家嘴地区定位为世界级的金融贸易区。陆家嘴的开发无疑是非常成功的,已经成为世界级金融机构的集聚地、众多世界 500 强企业的总部基地。但陆家嘴的空间有限,沿着世纪大道东扩、沿着黄浦江展开,成为陆家嘴金融城开发的必然选择。世纪大道沿线、世纪公园以及上海联洋国际社区的建设,是陆家嘴高端产业功能向外辐射的必然,也是浦东开发的合理逻辑。

1. 上海世纪公园概况

上海世纪公园东邻芳甸路,南临花木路,北靠锦绣路,占地面积 1.4 km²,是上海市中心区域内最大的城市生态公园。公园绿地面积 86 万 m²,水体面积 27 万 m²,广场面积 8.5 万 m²。公园体现了中西方文化、人与自然相互融合的理念。公园以大面积的草坪、森林、湖泊为主体,建有七大景区,分别是乡土田园区、观景区、湖滨区、疏林草坪区、鸟类保护区、异国园区和迷你高尔夫球场区。

世纪公园内有世纪花钟、镜天湖、高柱喷泉、南国风情、东方虹珠盆景园、绿色世界浮雕、音乐喷泉、音乐广场、缘池、鸟岛、奥尔梅加头像和蒙特利尔园等 45 个景点。园内设有儿童乐园、休闲自行车、观光车、游船、绿色迷宫、垂钓区、鸽类游憩区等 13 个参与性游乐项目,同时设有会展厅、蒙特利尔咖啡吧、佳盅苑、世纪餐厅、海纳百川文化家园和休闲卖品部等小型服务设施。

2. 上海世纪公园对于浦东的意义

(1) 世纪公园是陆家嘴高端产业功能向东扩展的空间载体。世纪公园的建成,为陆家嘴金融贸易区向东扩展提供了巨大的空间支撑。世纪公园周边新建的高端商务办公楼群、国际会展博览设施为现代生产性服务业发展提供了巨大空间;周边的国际社区、国际教育和国际文化交流设施为高端生活性服务业的发展提供了空间支持。

(2) 世纪公园为浦东提供了一片城市绿肺,成为难得的城市休闲、生态空间(图 5-79)。世纪公园为陆家嘴提供人文休闲空间,其空间价值、风景价值和生态价值等极大地推动了浦东的发展。

图 5-79　上海世纪公园

3. 上海世纪公园的打造

（1）公园内部功能上，以七大功能区突出城市绿肺和生态休闲空间的功能。

世纪公园内设置了七大功能区：乡土田园区、观景区、湖滨区、疏林草坪区、鸟类保护区、异国园区和迷你高尔夫球场区（图 5-80）。如今，世纪公园已经成为上海浦东乃至整个上海的重要城市生态休闲空间，是周末市民休闲放松的首选场所。

① 乡土田园区：乡土田园区内洋溢着清新与纯净的自然气息。代表性的景点有东方虹珠盆景园（160 余株盆景，品种繁多，造型各异）、缘池景点。

② 观景区：代表性设施为观景平台，位于镜天湖北侧，呈四层阶梯状，错落有致。沿着平台拾级而上，可观赏到四时花境内种植的多种植物。

③ 湖滨区：世纪花钟是公园的标志性景点，既具有科学性、艺术性，又具有实用性；音乐喷泉极具观赏性，和着音乐的节拍，水体魔幻般地呈现三维立体的变化，给人以乐起水腾、音变水舞、音停水息的动感体验。

图 5-80　公园内部功能分布

④ 疏林草坪区：按照四季更迭可分为春、夏、秋、冬四个园。每个园区都拥有当季的代表花卉，姹紫嫣红，美不胜收。

⑤ 鸟类保护区：鸟岛、鸽类游憩区。鸟岛与湿地相结合，为鸟类提供了一片难得的栖息地。

⑥ 异国园区:奥尔梅加头像展示着古老的奥尔梅加民族精湛的雕刻技术,该头像系墨西哥维拉克鲁斯州政府赠予上海市政府的礼物,是两地人民友谊的象征;绿色迷宫则由绿色植物"珊瑚"围合而成,集生态性与娱乐性于一体;蒙特利尔园也是该区的代表性景点。

⑦ 迷你高尔夫球场区:园内设小型高尔夫球场区,居世纪公园西侧。会所面积为 670 m²,由休息厅、咖啡屋、球具出租屋、浴室等组成。小型高尔夫球场占地面积为 35 000 m²,设有 9 个球洞,可进行以切杆、推杆为主的高尔夫球运动。球场设计精美、环境优雅,沙坑、池塘、灌木丛等障碍区配置合理,是一处高雅的健身活动场所。

(2)公园周边功能布局上,突出文化、政务、展览等高端城市职能和高端居住功能,打造陆家嘴金融贸易区向东拓展的空间载体。

世纪公园周边布局居住,商业、商务办公,基础教育,会议会展,行政办公,文化展览等功能的建筑(图 5-81 和表 5-17)。

图 5-81　公园周边功能布局

表 5-17　　　　　　　　　　　　　公园周边功能布局

功能分区	功能业态	业态项目
东面	居住	高层:当代清水园、仁恒河滨城三期、吉云公寓、浦东虹桥公寓、浦东虹桥花园、水清木华公寓、广阳新景苑; 别墅:九间堂、金色维也纳金樽花园、御翠园、浦园千秋别墅、四季雅苑
	商业、商务办公	浦东嘉里城、证大大拇指广场
	基础教育	进才实验小学、耀中国际学校
	会议会展	上海新国际博览中心

功能分区	功能业态	业态项目
南面	居住	花木苑、绿园公寓、金桂小区、牡丹小区、兰花小区、海桐苑、杏花新苑、锦绣苑、龙昌苑、花木鑫丰苑、环龙新纪园、浦东世纪花园、大唐盛世花园、大唐国际公寓
	基础教育	建平世纪中学、东辉外语高中、海桐小学、花木中心小学
	商业、商务办公	科昌商厦、东辰大厦、花木玉兰广场、新领地花木星辰苑、影城小筑办公楼、紫竹国际大厦、博览汇广场、证大喜马拉雅中心、永达国际大厦、麦德龙、百安居
西面	居住	陆家嘴东和公寓、陆家嘴中央公寓、锦绣坊、香梅花园、上海绿城、锦绣华庭、锦绣天第、万源杰座、陆家嘴人才公寓、东方龙苑、涵合园、爱家亚洲花园
	商业、商务办公	陆家嘴世纪金融广场、上海东锦江希尔顿逸林酒店、万杰商务楼博地精品酒店
	基础教育	上海日本人学校浦东校区、建平香梅中学、耀中国际学校、浦明师范学校附属小学东城校区
北面	居住	联洋花园、联洋年华园、联洋新苑、天安花园、华丽家族花园
	基础教育	上海进才实验中学
	商业、商务办公	东怡大酒店、上海佳兆业金融中心、金融大厦、联洋商业广场
	行政办公	浦东新区政府、浦东新区人民法院、检察院、公安局、工商局、市民中心、出入境检验检疫局、中国质量认证中心上海分中心、浦东新区国资委、上海银监局、上海证监局、海事法院、出入境管理局
	文化会展	东方艺术中心、浦东群众文化艺术馆、浦东新区展览馆、银联大厦、金鹰大厦、汇商大厦、上海信息大厦、太平人寿大厦、上海科技馆

① 居住功能：世纪公园住宅是浦东地区住宅的标杆之一，高品质、高价格。虽然世纪公园四周均有住宅，但其定位各不相同。南面居住区开发较早，有一定比例的普通公寓和公房；东面开发较晚，定位最高，其中的九间堂、四季雅苑、御翠园等别墅项目是浦东的顶尖住宅项目。

② 商业、商务办公功能：商务办公功能主要集中在世纪公园北面区域和南面区域。北面区域有银联大厦、金鹰大厦、汇商大厦、上海信息大厦、太平人寿大厦等商业建筑；南面区域有紫竹国际大厦、博览汇广场、证大喜马拉雅中心、永达国际大厦，其中证大喜马拉雅中心已经成为世纪公园周边办公楼的典范。

③ 会议会展功能：最大的会展设施是世纪公园东面的上海新国际博览中心，北面还有浦东展览馆，证大喜马拉雅中心也具有高层次的文化展示交流功能。

④ 行政办公功能：行政办公职能集中在世纪公园北面区域，设有浦东新区政府、浦东新区人民法院、检察院、公安局、工商局、市民中心、出入境检验检疫局、中国质量认证中心上海分中心、浦东新区国资委、上海银监局、上海证监局、海事法院、出入境管理局等行政机构。

⑤ 文化展览功能：文化展览功能主要集中在世纪公园北面区域，主要设施有东方艺术中心、浦东群众文化艺术馆、浦东新区展览馆。

4. 世纪公园带来的启示

（1）以生态绿色大空间来承载现代服务业功能，引领后发展区域价值的提升。

世纪公园诞生时期,浦东新区建设正由基础开发转入功能开发。公园的建设引领区域板块回归市中心,带动了人气,注入了强大的功能活力,促进板块走向高价值端。得益于世纪公园的特质空间,这一区域成为陆家嘴现代服务业东扩的空间载体。邢台塌陷区也因邢东新区的规划回归到城市中心,应赋予中央生态公园及其周边强大的功能活力,以现代化的高端服务打造大平台的空间中心。

(2)借助战略级的大轴线将大公园空间引向主城区的设计手法,值得邢台塌陷区中央公园借鉴。

浦东世纪公园犹如一枚绿色的翡翠镶接于壮观的世纪大道终点,而世纪大道是统领着浦东新区的战略级大轴线,西起小陆家嘴金融贸易区这一国家级的战略区域。将公园的主入口与世纪大道连为一体,更好地体现了世纪公园的价值。

案例三 大西湖风景区:推动杭州向更高国际化水平进阶的空间平台

杭州是中国山水城市的一张世界级名片,作为世界级历史文化名城,以西湖为代表的山水景观一直是杭州旅游业的代表。杭州作为中国的准一线城市,最近十多年的发展引人瞩目。阿里巴巴等互联网创新产业集群,使得杭州成为了中国乃至世界的互联网中心城市。2016年G20峰会的成功举办以及2022年即将举办的第19届亚运会,将杭州推向了全球新兴城市的一线地位。但杭州的国际化,其实一直是不够的。从城市空间上来说,杭州老的城市中心一直围绕着西湖—武林广场—庆春路—解放路这一区域布局商业、商务、办公和酒店等城市国际化核心设施。由于地处老城区,不仅空间局促,新型的国际化设施布局成本也非常高。正是在这样的背景下,习总书记在任浙江省总书记期间,推出了"西湖西进战略"这一具有战略性意义的空间举措。西湖西进和大西湖风景区的建设,为杭州的国际化,尤其是旅游产业的国际化,提供了新的空间载体和平台。

1. 大西湖风景区概况

西湖(图5-82),位于浙江省杭州市西面,是中国大陆首批国家重点风景名胜区和中国十大风景名胜之一,是中国大陆主要的观赏性淡水湖泊之一,也是《世界遗产名录》中中国唯一一个湖泊类文化遗产。

图5-82 杭州西湖

西湖三面环山,面积约6.39 km²,东西宽约2.8 km,南北长约3.2 km,绕湖一周近 15 km。西湖被孤山、白堤、苏堤、杨公堤分隔,按面积大小分为外西湖、西里湖、北里湖、小南湖及岳湖五片水面,苏堤、白堤越过湖面,小瀛洲、湖心亭、阮公墩三个小岛鼎立于外西湖湖心,夕照山的雷峰塔与宝石山的保俶塔隔湖相映,由此形成了"一山、二塔、三岛、三堤、五湖"的基本格局。

2011 年在法国巴黎举办的第 35 届世界遗产大会上,"杭州西湖文化景观"被正式列入世界文化遗产名录。被列入名录的景观范围共计 33.2 km²,包括"西湖十景"以及保俶塔、雷峰塔遗址、六和塔、净慈寺、灵隐寺、飞来峰造像、岳飞墓(庙)、文澜阁、抱朴道院、钱塘门遗址、清行宫遗址、舞鹤赋刻石及林逋墓、西泠印社、龙井等。

杭州西湖是中国首家不收门票的 5A 级景区。免费开放的公园包括杭州花圃、曲院风荷、花港观鱼公园、南线四大公园(柳浪闻莺、老年公园、少年公园、长桥公园)、太子湾公园,西湖沿线成了开放式大公园。

2002 年,在习总书记主政浙江之始,杭州按照习总书记的精神,推进了西湖西进战略,将周边自然山体纳入景区范围内,形成了以传统西湖为核心,周围山体和水体为延伸补充的大西湖风景区。按"看得见山、望得见水、记得住乡愁"的要求,通过因地制宜、筑山理水的园林手法,把大的自然景观空间引入杭州城市中,以大山大水、真山真水、好山好水来构筑大尺度的城市空间和旅游载体空间,使得传统的以水为脉的西湖景区成为既有水脉、又有山魂的新的大西湖风景区。

2. 西湖特质空间对于杭州的意义

(1)西湖构建了杭州独特的风景价值。山水杭州是杭州的城市名片,西湖本身无疑是西湖三水(西湖、京杭运河、钱塘江)中最为重要的部分,因为它处在城市核心区。同时,形成了以传统西湖为核心的大西湖风景区。

(2)西湖构建了杭州独特的产业价值。旅游产业已经成为杭州的支柱性产业之一。西湖是杭州旅游产业发展的重要载体,不仅仅是旅游的观光地,还是酒店、宾馆等旅游服务设施的空间载体。

(3)西湖构建了杭州独特的人文价值。杭州作为历史文化名城,许多历史遗迹和人文价值场所都分布在西湖沿岸区域。

(4)西湖构建了杭州独特的生态价值。大西湖风景区为杭州城市提供了一片绿肺、一片大的水域生态系统空间,具有无可替代的生态价值。

总而言之,大西湖风景区构建了这座城市的战略特质,构建了这座城市最为核心的价值拼图,使其成为东方空间文明与艺术的典范,改变了这座城市的命运。

3. 大西湖风景区的打造

(1)内部功能分布上,实现城市公园职能、旅游职能、文化职能和度假职能的融合。

西湖公园作为一个城市大公共开放空间,没有围墙,与城市完全交融。公园内部布局文化艺术展示、高端休闲度假、市民游乐休闲、特色旅游游览等功能(图 5-83)。

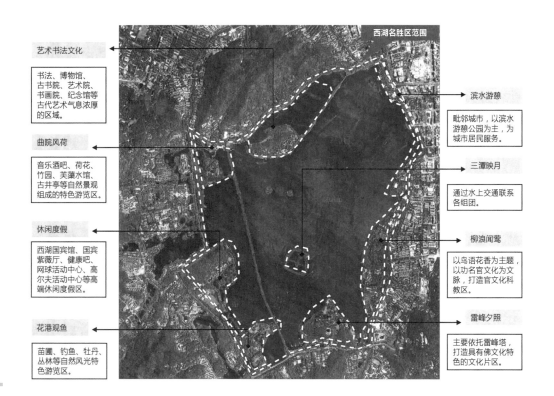

艺术书法文化

书法、博物馆、古书院、艺术院、书画院、纪念馆等古代艺术气息浓厚的区域。

曲院风荷

音乐酒吧、荷花、竹园、芙蓉水馆、古井亭等自然景观组成的特色游览区。

休闲度假

西湖国宾馆、国宾紫薇厅、健康吧、网球活动中心、高尔夫活动中心等高端休闲度假区。

花港观鱼

苗圃、钓鱼、牡丹、丛林等自然风光特色游览区。

西湖名胜区范围

滨水游憩

毗邻城市,以滨水游憩公园为主,为城市居民服务。

三潭映月

通过水上交通联系各组团。

柳浪闻莺

以鸟语花香为主题,以功名官文化为文脉,打造官文化科教区。

雷峰夕照

主要依托雷峰塔,打造具有佛文化特色的文化片区。

图 5-83　西湖公园内部功能分布

① 文化艺术展示功能:一是以艺术书法文化展示为主,主要支撑项目有博物馆、古书院、艺术院、书画院、纪念馆等古代艺术展示场所;二是以柳浪闻莺为代表的展示中国传统官文化的区域。

② 高端休闲度假功能:以西湖国宾馆、健康吧、网球活动中心、高尔夫活动中心为功能载体的高端休闲度假区。

③ 市民游乐休闲功能:以老年公园、少年公园、太子湾公园、长桥公园为代表的城市免费开放式游憩公园。

④ 特色旅游游览功能:雷峰塔佛文化游览区、以自然风光特色游览为主题的花港观鱼游览区、曲院风荷特色游览区。

(2) 周边功能布局上,除了历史形成的居住、行政、文化等功能外,在近期的改造上更加突出高端酒店和百货商业等旅游服务功能。

西湖周边布局居住、医疗卫生、行政办公、文化展览、商业/商务办公、酒店餐饮娱乐、度假疗养、高等教育等功能。作为一个城市中心的公园,周边区域的功能复合符合城市发展规律(图 5-84 和表 5-18)。

从近年来滨水地块用途的改造而言,最为突出的就是西湖东部邻近主城区的香格里拉大酒店、温德姆酒店、国贸中心、湖滨银泰等高端酒店、百货商业设施的建设。

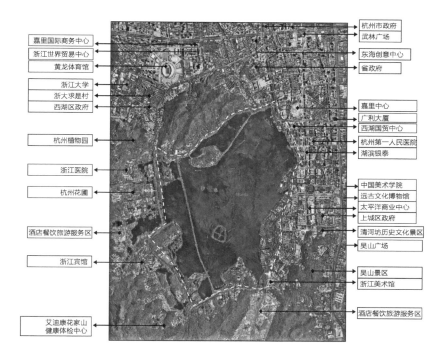

图 5-84　西湖公园周边功能分布

表 5-18　　　　　　　　　　　　　　　西湖公园周边功能布局

功能分区	功能业态	业态项目
东面	居住	国都公寓、仙林苑、涌金花园、柳浪新苑
	医疗卫生	杭州第一人民医院、上城区人民医院、浙江省中医院、省儿童医院
	行政办公	上城区政府
	高等教育	中国美术学院、上城区教育学院、杭州广播电视大学
	文化展览	远古文化博物馆、清河坊历史文化景区、浙江美术馆
	商业/商务办公	嘉里中心、广利大厦、西湖国贸中心、湖滨银泰、太平洋商业中心、杭州解百购物广场
南面	酒店餐饮娱乐	杭州朗诗假日酒店、玉皇山庄、蓝天清水湾国际大酒店
	度假疗养	杭州海勒疗养院
	高等教育	杭州师范大学音乐学院
	文化展览	中国音乐博物馆、中国丝绸博物馆
西面	科普、观赏游览	杭州植物园、杭州花圃
	医疗卫生	艾迪康花家山健康体检中心、浙江医院、杭州疗养院名医馆
	文化展览	中国茶叶博物馆
	度假疗养	浙江省总工会疗养院、昆龙度假村
	酒店餐饮娱乐	浙江宾馆、航海酒店、中天俱乐部、爱丁堡酒店、杭州金溪山庄

功能分区	功能业态	业态项目
北面	商业/商务办公	浙江世界贸易中心、嘉里国际商务中心、武林广场、东海创意中心、现代国际大厦、黄龙世纪广场、黄龙饭店
	行政办公	省政府、杭州市政府、西湖区政府、省地税局
	高等教育	浙江大学、杭州市陈经纶体育学校、浙江省老龄文艺大学
	居住	景湖苑、三华园、西子名苑、黄龙雅苑、丁香公寓
	文化体育	浙江图书馆、现代博物馆、护国仁王寺遗址、黄龙体育馆
	医疗卫生	杭州市中医院、下城区人民医院

① 商业/商务办公功能:主要分布在西湖的东部和北部区域。北部区域的落地项目有浙江世界贸易中心、嘉里国际商务中心、武林广场、东海创意中心、现代国际大厦、黄龙世纪广场;东部区域近年来改造的重点方向就是强化商业/商务功能,主要设施有嘉里中心、广利大厦、西湖国贸中心、湖滨银泰、太平洋商业中心、杭州解百购物广场等。

② 酒店和国际购物等高端消费性服务功能:西湖四周都有酒店分布,但各具特色。东部靠近主城区的酒店设施以新建的高星级酒店为主,如香格里拉酒店、温德姆酒店和世茂酒店;而在南部、北部区域,酒店设施以老的度假村为主,例如西湖国宾馆。

③ 度假疗养功能:疗养院主要在西湖西部的自然山体中,多数为当年政府部门所创建,例如浙江省总工会疗养院、昆龙度假村。

④ 文化展览和文化体验高端消费功能:西湖东部的远古文化博物馆、清河坊历史文化景区、浙江美术馆,西部的中国茶叶博物馆、北面的现代博物馆等。

4. 西湖带来的启示

筑山理水的冶园手法在中国很常见,但一般都局限于园中之园、院中之园的空间尺度。西湖则是在城市的大空间尺度下运用了中国风景园林的手法,将自然的大山大水引入城市,是中国园林艺术在城市空间尺度上的运用,是东方在空间文明上的艺术巨献。西湖的面积在唐代是 10.8 km²,宋代是 9.3 km²,清代是 7.5 km²,2002 年在习总书记的指导下,杭州开始实行西湖西进工程,将周边山体纳入大西湖风景区范围,力图扩大西湖景区的空间规模。在邢台规划中,我们应该尽量保持中央公园的空间规模,实现最大的战略特质空间,这是西湖给邢台塌陷区中央公园设计提供的启示。

案例四 蜀冈瘦西湖风景名胜区:推动扬州旅游业国际化进阶的动力

扬州是中国历史文化名城,是南京都市圈和京杭大运河上的节点城市,有着悠久的历史文化和秀美的山水风景。作为一座典型的旅游城市,扬州的旅游业十分发达,是城市经济的支柱产业。但扬州的旅游产业基本上以观光型旅游为主,产业附加值不高,与扬州设定的"全球坐标系中的旅游标杆城市"这一目标尚有不少差距。因此,扬州需要发挥其历史文化底蕴深厚的优势,发展以高端文化体验旅游为主体的旅游业,以国际化的旅游服务设施、标准和内容来构建扬州旅游产业的核心竞争力。扬州蜀冈瘦西湖风景名胜区为高端文化体验旅游作了一个很好的范例。

1. 扬州蜀冈瘦西湖风景名胜区概况

瘦西湖位于扬州市西北郊(图5-85),1988年被国务院列为具有重要历史文化遗产和扬州园林特色的国家重点名胜区,2010年被授予中国旅游界含金量最高的荣誉——国家AAAAA级旅游景区,成为扬州首个国家5A级旅游景区。

图5-85　扬州瘦西湖

瘦西湖现游览区面积1 km² 左右,以生态为基础,以文化为灵魂,以休闲体验为主题。未来要把瘦西湖建设成为国内一流,国际上叫得响,融文化、休闲、生态于一体的国家AAAAA级旅游景区。

在传统瘦西湖的基础上,通过整合区内的人文、自然和社会资源,同与其毗邻的蜀冈西峰生态公园相联系,将其打造成更有影响力、范围更大的城市公园——蜀冈瘦西湖风景名胜区。根据不同的景观特征,蜀冈瘦西湖风景名胜区分为瘦西湖风景区、蜀冈风景区、唐子城风景区、笔架山风景区、绿杨村风景区。

(1)瘦西湖风景区:以"湖上古典园林"为特色。巧妙地利用河流、丘壑的自然风貌,亭廊楼阁依势而筑、傍水而建,形成集锦式的"湖上古典园林"群落。历史上有著名的"二十四景",现存卷石洞天、西园曲水、长堤春柳、徐园、小金山、莲花桥、白塔、二十四桥、静香书屋等瘦西湖十四景,是全国"湖上园林"的杰出代表。

(2)蜀冈风景区:以宗教文化为特色。由东峰、中峰、西峰组成,以宗教文化著称。千年古刹大明寺、观音禅寺香烟缭绕,平山堂、谷林堂、欧阳祠、鉴真纪念堂令人凭风怀古,西峰自然风光秀丽,生态环境优良。

(3)唐子城风景区:以唐古城文化为特色。唐代城池清晰可辨,现有古城墙、古护城河、唐西华门、唐南华门、下马桥、唐十字街遗址、隋宫、铁佛寺等著名历史遗存。

(4)笔架山风景区:以自然景观和温泉为特色。植被丰富,山色葱翠,更有茶园、古树名木、花木盆景等植物点缀其间。区内还有充裕的可用于理疗及沐浴的优质温泉水资源,宋夹城护城河为湿地造景、水上游览提供了有利条件。

(5)绿杨村风景区:以历史文化遗迹与旅游服务设施较完善为特色。与老城区毗邻,内有史公祠、梅花岭、天宁寺、重宁寺、御码头、冶春、绿杨村等众多文物古迹和风景园林,并有较为齐全的旅游服务设施,形成城市与风景园林相互因借、融为一体的完美格局。

2. 蜀冈瘦西湖风景名胜区对于扬州的意义

瘦西湖作为扬州的历史文化沉淀与传统的延续的特质空间,造就了扬州区别于其他城市的独特个性,它贯穿于整个城市的发展进程,见证了整个城市的兴衰。蜀冈瘦西湖风景名胜区对于扬州城市的意义至少有以下三个方面。

(1)展示扬州城市气质的活教材。扬州作为一座历史文化名城,其历史上的几度兴衰都与中国国运休戚相关,代表了一个个历史时代的变迁。而蜀冈瘦西湖风景名胜区的兴衰则是扬州这座城市的真实写照。

(2)凸显产业价值的空间载体。蜀冈瘦西湖风景名胜区对于包括旅游、酒店、餐饮、百货、会务等在内的旅游产业链的价值毋庸多言,包括商务办公等在内的现代服务业也在蜀冈瘦西湖风景名胜区这个空间载体中快速发展。

(3)构筑宜居城市。扬州是中国的宜居城市之一,历史文化名城与现代生活方式相融合。在历史文化遗址保护方面,扬州堪称典范,瘦西湖风景区为宜居城市提供了生态游憩的场所。

3. 扬州蜀冈瘦西湖风景名胜区的打造

(1)内部功能分布强调历史文化展示功能,塑造扬州的历史文化名城气质。

景区内部布局综合服务区、文化艺术馆、罗城广场、壶舫雅游、宋夹城考古遗址公园、万花园、四桥烟雨、游乐场等(图5-86和表5-19)。

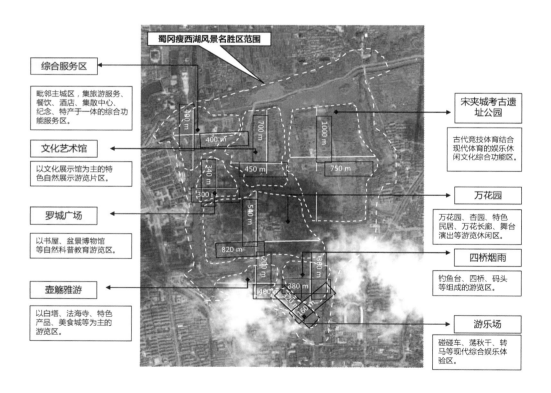

图5-86 景区内部功能布局

表 5-19

扬州蜀冈瘦西湖风景名胜区产业分类

功能分区	行业分类	业态项目
宗教文化区	文化艺术业	大明寺、扬州革命烈士纪念馆
	教育	鉴真学院、鉴真佛教学院国际研修中心
汉文化区	文化艺术业	汉陵苑、汉墓博物馆
古城遗址区	文化艺术业	扬州城遗址、扬州唐城遗址博物馆、观音山
广陵风韵区	休闲健身活动	宋夹城体育休闲公园
	文化艺术业	杨派盆景博物馆、宋夹城考古遗址公园
	旅游业	瘦西湖
温泉度假休闲区	娱乐业	温泉疗养中心、温泉浴场
	住宿和餐饮业	度假村
运动休闲区	休闲健身活动	雷塘垂钓服务中心、汽车营地、拓展基地
综合休闲区	娱乐业	兰天浴场
	住宿和餐饮业	康乃馨大酒店
	旅游业	世界动物之窗

（2）景区外部功能分布上，突出文化旅游主题，发展度假、休闲等旅游产业职能，为城市的发展提供产业动力。

旅游业是扬州的永久性基本产业，也是景区的支柱产业。一方面，挖掘展示景区的文化内涵，体现时代脉络，放大名人文化效应，传承非物质文化遗产，传播扬州传统文化，以文化和景观吸引游客；另一方面，延伸旅游产业链，完善服务设施，真正实现景区从观光型向消费度假型的华丽转变。

① 虹桥坊特色文化休闲街区：旅游服务设施景观化、国际化的典范。自去年虹桥坊特色文化休闲街区亮相以来，满记甜品、星巴克旗舰店、哈根达斯旗舰店、BLU、Talking、克莉丝汀、味蕾、全聚德等各类餐饮店、甜品店、KTV、酒吧休闲业态争相入驻，古色古香的建筑群给人与国际接轨的休闲文化体验，所以其也被称为"老扬州底片，新城市客厅"。

② 宋夹城公园：旅游景点与城市服务功能结合的典范。从虹桥坊东堤人行慢道向北，穿过长春桥，到达宋夹城公园。这片集古城遗址、湿地温泉资源于一体的寸土寸金区域，被赋予运动时尚的内涵。公园设有网球馆、篮球馆、羽毛球馆，南北两个纯开放型的广场将满足市民、游客对运动健身和文化展示活动的需要。

4. 蜀冈瘦西湖风景名胜区带来的启示

（1）瘦西湖既尊重历史与自然，又用现代造园手法对景观进行丰富和完善，突出扬州的接地气、大气和洋气。因此，邢台中央公园必须注重对历史文化的继承和发展，并符合现代人的审美，促使邢台以开放的姿态走向世界。

（2）瘦西湖的一砖一瓦、一草一木都兼顾了整个景区的自然特性和文化特征，避免了新建建筑与大景区的色彩、格调"两张皮"。14 km² 的中央公园不仅应有风景，还应有保证区域活力的文化设施、公共服务设施。如何保证建筑、景观、场所形成一个功能协调的整体，是瘦西湖给我们的启示。

案例五 东湖风景区：武汉现代服务业升级的空间载体

武汉作为中国中部的国家中心城市，总面积 8 569 km²。2017 年，地区生产总值 13 410 亿元，处在中国万亿俱乐部城市的前列。但武汉的产业和城市风貌一直是与国际化大都市有差距。从洋务运动的张之洞汉阳钢铁厂，到中华人民共和国成立后的武汉钢铁厂，再到改革开放后的神龙富康汽车产业园，武汉一直以大型重化工业城市的面貌出现，其历史文化资源以及高校云集的资源禀赋没有被挖掘，产业结构中传统产业比重过高，现代生产性服务业、高端的战略新兴产业以及代表国际生活方式的高端消费性服务业一直没有发展起来，城市的面貌落后陈旧，被人诟病为"中国最大的县城"。

为提升城市的国际化水平和促进产业升级，武汉自 20 世纪 90 年代开始，大力发展创新型产业，力图通过发展以光通信为代表的信息产业，来推进城市向创新驱动、价值驱动的转型。东湖光谷科技园区和楚河汉街历史文化街区正是在这样的背景下，被推向城市发展的前台。

武汉两江交汇、百湖密布，大江大河的城市地理格局世界少有，一城秀水半城山，山水形胜，景致天成。尤其是武昌区有亚洲最大的城中湖——东湖，如明珠镶嵌其中。发挥东湖的生态功能，在开辟旅游休闲、文化体验新场所的同时，在周边建设创新性高端产业园区、现代生产性服务业集聚区、高端消费性服务业和国际社区，以吸引国际企业和国际高端人才，是东湖在武汉城市发展中的战略使命。

1. 东湖风景区概况

武汉东湖生态旅游风景区，简称东湖风景区（图 5-87），是国家 5A 级旅游景区、全国文明风景旅游区示范点、首批国家重点风景名胜。东湖风景区位于武汉市武昌核心城区东部，因此得名东湖。景区面积 88 km²，其中东湖湖面面积 33 km²，是中国第二大城中湖。开阔的大水面系统是东湖风景区得天独厚的自然生态资源，东湖风景区以旅游观光、休闲度假、科普教育为主要功能，每年接待海内外游客达数百万人次，是华中地区最大的风景游览地。近年来东湖风景区提升功能定位为以生态为骨架、以高端旅游为核心的复合型"活性"功能区，实现从观光型旅游到度假型旅游的转变。

图 5-87 东湖风景区

2. 东湖风景区对于武汉的意义

（1）东湖处于城市中心，通过城市主体性大空间概念，将湖区的发展与城市的空间拓展进行战略同步，促进了东湖国家自主创新示范区的形成。

（2）通过中央风景区、中央文化区和中央生态区的概念，服务周边，撬动周边地块的开发,重新定义整个区域的地段概念和战略地位。

(3) 围绕东湖及周边区域打造武汉武昌、洪山、青山三大区的核心,突显武汉商贸金融的辐射功能、交通通信的枢纽功能、高新技术的扩散功能,形成不可复制的城市特质。

3. 东湖风景区的打造

(1) 武汉东湖风景区内部功能分区上,以中央风景区、中央生态区功能构建为主。

东湖风景区内部分为七个景区,分别为听涛景区、喻家山景区、白马景区、落雁景区、磨山景区、渔光景区及后湖景区(图5-88)。在八大景区之间,建设了全长28.7 km的东湖绿道,串联起东湖的磨山、听涛、落雁三大景区,同时打造湖中道、湖山道、磨山道、郊野道四条主题绿道以及四处门户景观、八大景观节点。东湖绿道只能步行和骑行,绿道上设有多个共享自行车的营运点。

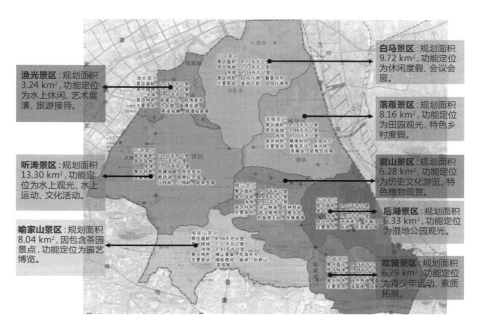

图5-88　武汉东湖风景区内部功能分区

① 听涛景区:东湖风景区的核心景区之一,位于东湖最大的湖泊郭郑湖的西北岸,是东湖风景区的第一个开放景区。主要景点有行吟阁、屈原纪念馆、沧浪亭、长天楼、鲁迅广场、九女墩、湖光阁、楚风园和中国内陆最大的东湖疑海沙滩浴场等。

② 磨山景区:磨山景区是东湖风景区开发较好的部分,三面环水,六峰逶迤,既有优美如画的自然风光,又有丰富的楚文化人文景观(磨山楚城),每年接待中外游客100多万人次,是武汉市最亮丽的旅游休闲胜地。东湖樱花园各种观赏树种达250多种,共200余万株,在武汉有"绿色宝库"之誉。

③ 喻家山景区:代表性景点有武汉大学、洪山和鼓架山。武汉大学掩映在珞珈山的山林之中,古朴典雅的校园建筑错落散布在樱花、桂花等花木间,引来游人无数,已经成为武汉的一张景观名片。

④ 白马景区:代表景点有白马洲湿地和吹笛山。

⑤ 落雁景区:东段团湖水域沿岸的南源九峰马鞍山森林公园与磨山景区隔湖相望,拥有古树名木 30 多株,是武汉市古树名木资源最集中、最具观赏价值的群落。

⑥ 吹笛景区:代表项目马鞍山森林公园,以丰富的森林植被和 80% 以上的绿化覆盖率,成为武汉市民周末郊游、登山的好去处。

⑦ 渔光景区:渔光景区与白马景区相连,共同构建以生态、休闲功能为主体的东湖生态休闲区,代表项目是渔光特色综合服务中心,它与欢乐谷协同打造水上娱乐、生态体验、休闲度假等功能。

⑧ 后湖景区:后湖景区是东湖风景区的重要组成部分,它以河湖港汊、芳草湿地为特色,以湿地观光和生态休闲为主,是东湖生态湿地体验的核心区。

(2) 武汉东湖风景区周边突出城市功能和产业功能。

东湖风景区周边布局高等教育、游乐型服务、商业与商务办公、文化会展、酒店和娱乐等功能(图 5-89)。

图 5-89　武汉东湖风景区周边功能布局

① 高等教育功能:主要的高教功能布局在东湖的南面区域,包括湖北轻工职业学院、武汉科技大学、武汉理工大学、华中师范大学、武汉体育学院、武汉民政职业学院、湖北交通职业学院、武汉职业学院、华中女子大学、武汉警官职业学院、湖北工业大学、武汉经贸大学、武汉工程大学、湖北经管大学、中国地质大学、华中科技大学等多所高等院校,该区域也是武汉市的高等教育高地。

② 商业与商务办公功能:主要分布在东湖的南部区域,形成了两大商务办公集聚区,一是以光谷广场为核心的商务办公区域,二是以万达武汉中央文化区为核心

的文化创意办公区。

③ 文化会展功能：东湖周边建有湖北省博物馆、亚洲棋院、屈原纪念馆、湖北省京剧院、东湖国际会议中心等。

④ 游乐型服务功能：东湖周边建有武汉东湖海洋世界、武汉欢乐谷、玛雅海滩水上公园等。

⑤ 酒店和娱乐功能：在东湖风景区中的高星级酒店有湖北东湖大厦、武汉华美达光谷酒店、武汉光明万丽酒店等五星级酒店。

4. 东湖风景区带来的启示

宏大的东湖是一个综合性系统，包括水生态系统、森林生态系统、历史文化系统、公共艺术系统、产业体系系统、风景游览系统等，邢台塌陷区也需要进行系统性的专项研究。

案例六 东湖公园：枣庄构建城市活力中心的典范

枣庄是一个因煤而建、因煤而兴的现代化工矿城市。枣庄市定位为山东省重要的能源、建材和煤化工基地，是鲁南城市带中心城市之一。在枣庄市城市总体布局中，有薛城区和市中区两个中心城区，并规划有枣庄高新技术开发区和枣庄经济开发区两个产业组团。在两个中心城区中，因为城市产业基本以传统的资源和化工型产业为主，导致城市缺乏现代服务业集聚区，没有城市活力中心和城市客厅等能展示城市形象、聚集现代生产性服务业和高端消费性服务业的现代化城市中心空间。

同时由于煤炭开采过度，地下形成了采空区，杂乱的居民区占据了城市的主要区域，城市功能分区混乱，加之煤化工业对环境的破坏，枣庄市急需一个大的城市空间来改变城市空间结构，并使之成为枣庄由传统产业向现代服务业升级的空间载体。正是在这样的背景下，位于市中区的原采煤塌陷区被规划建设成为东湖公园，并在周边布局了政务、文化、商务商业等城市功能设施。该区域现在已经成为枣庄市的城市活力中心。

1. 枣庄东湖公园的概况

枣庄东湖公园(图5-90)东邻西昌北路，南临文化西路，北靠建华西路，西接衡山路，占地总面积0.65 km²，其中水面0.34 km²，总投资2亿元。公园分为文化广场区、体育运动区、水上活动区、滨水休闲健身区、综合服务区、湖心岛文化休闲区六大功能区，最终形成"二台三园十二画、一湖一岛一翠峰"的景观群。同时，公园设置了室外健身路径、网球场、沙滩排球等16个项目，建设约2万m²的集竞技体育、全民健身、会展、生态休闲、文化娱乐、商贸等功能于一体的综合体育馆。

目前东湖公园区域已经成为枣庄市中区的核心区域，公园以生态、游憩、文化、健身为主题，是枣庄市全民健身中心。公园周边区域目前已经建设有城市居住、文化娱乐、商业配套和仓储市场等城市功能设施，区级行政中心、文化体育中心和医疗卫生中心等也将坐落于此。

图 5-90　东湖公园效果图

2. 枣庄东湖公园对于城市的意义

(1) 东湖公园代表枣庄市新的城市形象,体现枣庄江北水乡的城市特色。枣庄是山东省唯一不缺水的地区。山东省的年均降水量在 400~800 mm,而枣庄能达到 800~1 200 mm。正因为如此,枣庄境内湖泊、河流众多,水资源较为丰富,有着江北水乡的美誉。东湖公园以大面积的湖泊水面、传统的构园手法(如栈桥、湖中建三岛等)体现出枣庄江北水乡的城市形象。

(2) 改变了城市发展的空间格局。枣庄东湖公园地处枣庄市中区的核心区域,西部毗邻薛城区,南部毗邻枣庄经济开发区,通过光明大道、西昌路等城市交通主干线联系城市主要功能板块。东湖公园周边的文化路则是市中区的重要的商业街。通过东湖公园的建设,实现枣庄市老城区向西组团化发展的城市发展目标,使市中区成为鲁南明珠,以及园林式、生态型、现代化的城市新区。

3. 枣庄东湖公园的打造

(1) 公园内部功能以突出城市公园为主,强调生态、游憩、文化、健身功能。

枣庄东湖公园包括六大功能区:文化广场区、体育运动区、水上活动区、滨水休闲健身区、综合服务区、湖心岛文化休闲区(图 5-91)。

① 文化广场区:这一区域的核心建筑是秧歌广场和观湖阁,此外还有休闲广场、健身广场、主山瀑布、登山步道、博弈广场、文化休闲广场、健身秧歌广场、观湖阁、码头、茶室。

② 体育运动区:儿童活动天地、体育文化墙、假山瀑布、休闲亭、运动场、阳光沙滩。

③ 水上活动区:跌水平台、渔台夕钓、桃花岛、音乐喷泉、亲水平台、三潭印月。

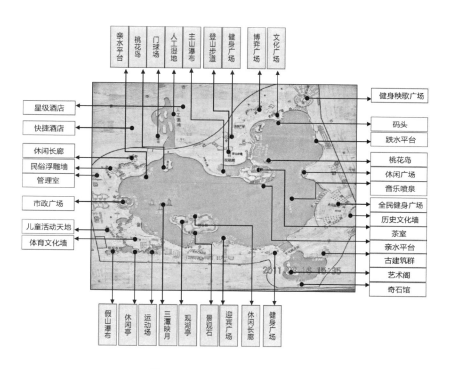

图 5-91　公园内部功能分布

④ 滨水休闲健身区：休闲广场、木栈道、全民健身广场、历史文化墙、古建筑群、艺术阁、奇石馆、小健身广场、泰山石、迎宾广场。

⑤ 湖心岛文化休闲区：观湖亭、景观石、休闲长廊。

⑥ 综合服务区：休闲长廊、民俗浮雕墙、管理室、市政广场、圆形舞台。

作为一个以运动、健身为主题的城市公园，枣庄东湖公园在运动主题的打造上，全方位、多角度地适应不同年龄阶段市民的需求。有适合儿童和亲子运动休闲的滨水沙滩、儿童活动天地、水上亲子游乐船项目等，也有适合年轻人运动的球类运动场、登山步道和沿湖跑步道，也有适合中老年人跳广场舞的秧歌广场、全民健身广场等。在运动主题中植入一些表达当地文化传统和特色的元素，如民俗浮雕墙、枣庄历史文化墙等，将东湖公园建成一个有功能、有品位、有文化的市民休闲和运动健身交往场所。

（2）公园周边依托公园的生态型园林景观系统，布局现代城市功能，如政务、文化、商务商业等。

东湖公园周边布局生态居住、行政办公、文化体育等功能（图 5-92）。

① 生态居住功能：主要分布在东湖公园的东部区域，沿着西昌北路沿线分布有东湖湾、中原西湖阳光、世纪玉峰、东湖豪庭、中原东湖阳光等高档小区。

② 行政办公功能：东湖公园的西部规划建设有市中区政府办公大楼以及配套的公务员小区。

③ 文化体育教育设施：在行政中心周边区域布局有中学教育设施、文化中心、体育中心等公共配套设施。

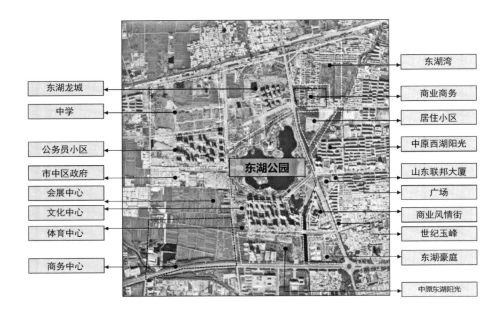

图 5-92　公园周边功能分布

4. 东湖公园带来的启示

（1）东湖公园是枣庄加快城市转型的规划成果。综合采取"治、用、保"措施,利用原有的废弃坑塘、工矿塌陷地以及其他存量建设用地,结合内部村庄进行改造、整合,规划实施城市环境综合治理工程。昔日的废弃地华丽转身为枣庄市中区新地标,东湖公园的具体整治措施给邢台塌陷区提供了宝贵经验。

（2）在具体的园林手法上,东湖公园植物的配置与种植值得借鉴,根据不同的功能分区,培植不同的植物种类。

案例七　梅溪湖国际新城：长沙进阶现代国际化都市的助力

长沙市是国家中部地区的重要城市,万亿俱乐部城市之一,长江中游城市群中的副中心城市,亦是长株潭城市群的首位城市。长沙作为我国首批历史文化名城,具有三千年灿烂的古城文明史,是楚汉文明和湖湘文化的发源地,是湖南省的政治、经济、文化、交通和科教中心。

虽然长沙经济总量和人均经济水平在国内位于前列,但长沙的产业结构不够合理。过去 20 年长沙的快速崛起,更多依赖于国家快速城市化的红利,以三一重工等为代表的工程装备业是长沙的支柱产业,但随着城市化进程放缓,这一产业在未来是不可持续的。而互联网、软件等代表着未来知识经济、创新经济发展方向的产业,在长沙基础薄弱。

要继续保持在国家主要城市队列中的站位,长沙迫切需要在产业上实现转型升级,追赶杭州等先进城市。长沙一方面需要利用好高校较多的优势,另一方面需要在吸引国内、国际高端人才和高端产业上费力气。长沙缺乏现代生产性服务业发展平台,消费性服务业的国际化程度也不够,没有一线城市那样的世界级消费中心设施。现有的五一路沿线商业设施基本上都处在本土化、城市级消费的水准。打造一个满足国际化生活方式要求的国际生活中心和现代生产性服务业集聚区,是长沙的迫切需求。梅溪湖国际新城正是在这样的背景下应运而生的,其国际社区功能和现代生产性服务业功能在很大程度上弥补了长沙的短板。

1. 梅溪湖国际新城的概况

梅溪湖是湖南省长沙市湘江西岸岳麓山下的一片自然形成的水面,面积达到 2 km²。湖的东面紧邻 4A 级景区桃花岭风景区。

长沙原本是沿着湘江这条轴线开发的,但为适应长株潭城市群大战略的要求,长沙市提出要建设新的城市发展核。梅溪湖国际新城就是在这样的背景下产生的。

梅溪湖国际新城(图 5-93)西接三环,北起龙王港,南至岳麓山支脉桃花岭,环抱梅溪湖,集山、水、洲、城于一体。梅溪湖片区总用地面积 14.8 km²,国际新城占地 7.6 km²,涵盖高档住宅、超五星级酒店、5A 级写字楼、酒店式公寓、文化艺术中心、科技创新中心等众多顶级业态。

图 5-93　梅溪湖国际新城

根据政府创建"长沙未来城市中心"及"国际服务区、科技创新城"的要求,梅溪湖国际新城总体战略定位为:中国国家级绿色低碳示范新城,华中地区两型社会的新城典范,湖南省和长株潭最具国际化水平、科技创新、以人为本、生态宜居、可持续发展的活力新城。

2. 梅溪湖国际新城的打造

梅溪湖国际新城规模宏大,战略定位也非常高,如何形成这一片区的活力? 梅溪湖国际新城在规划阶段就提出了两大途径:一是通过现代服务业集聚区形成产业活力;二是建设大规模的国际社区,导入人口。而这两条途径的前提条件都是梅溪湖优越的生态环境,在此基础上才能形成现代服务业的产业张力和国际居住社区的城市发展引力。梅溪湖创新科技研发中心、梅溪湖国际文化艺术中心以及梅溪湖国际 CBD 三大引擎全面启动。

(1) 梅溪湖创新科技研发中心。

梅溪湖创新科技研发中心作为省部合作重点项目(图 5-94),将打造零碳展示中心、科学家中心、院士工作站和研发中心样板区,建设集高端研发人才、一流仪器设备、优良创新氛围于一体的国际高端应用技术研发中心。40 万 m² 的高端创新研发基地将为新城注入持久活力,引入国际一流的高端产业园区运营商。

图 5-94　梅溪湖创新科技研发中心效果图

(2) 梅溪湖国际文化艺术中心。

梅溪湖国际文化艺术中心将城市建筑与文化艺术完美结合,打造集大型歌剧、舞剧、交响乐等世界经典艺术表演、国际大师艺术展览、国际顶尖艺术交流等功能于一体的国际化文化艺术中心(图 5-95)。

图 5-95　梅溪湖国际文化艺术中心效果图

(3) 梅溪湖国际 CBD。

梅溪湖国际 CBD 是长沙未来最高端、最先进的城市综合体(图 5-96),包括超五星级酒店、国际甲级写字楼、大型购物中心、国际酒店公寓等世界顶级物业配置,300 m 超高层城市建筑群将成为城市未来的综合性地标。CBD 商务区 10 年内将建成 215 万 m² 的商业办公酒店群,成为长沙的新城市中心。

图 5-96　梅溪湖国际 CBD 效果图

(4) 宜居中心。

通过 645 万 m² 的大规模城市住宅,构筑具有活力的、宜居的新城市中心(图 5-97)。具体方法如下:① 住宅全部按照绿色建筑标准建造,定位为长沙市高端住宅;② 一流的山水自然资源,打造绿色山水宜居新城;③ 国际级社区规划设计,生活与工作、商业、文化等功能空间合理布局,功能复合。

图 5-97　宜居中心效果图

3. 梅溪湖国际新城带来的启示

（1）以大尺度生态空间引领现代服务业集聚区的建设。环 0.2 km² 水面打造梅溪湖国际新城起步区,串联国际交流、会展、金融、科教、研发等现代服务功能,形成强有力的现代服务业集聚空间。邢东新区可借鉴梅溪湖的这一方法,围绕塌陷区空间布局城市功能区,打造强有力的城市功能体系。

（2）配合环湖活力引爆点,以大规模国际社区建设导入城市人口,形成生活活力。歌剧院及文化中心、研发中心、商业金融中心形成环湖活力引爆点,推动环湖组团开发,大规模建设国际社区。这不仅是对片区开发资金的平衡,更重要的是导入了城市人口,形成了真正的城市核心区域。这对邢台塌陷区中央生态公园人气的打造以及如何撬动中央生态公园周边地块的开发给予了启示。

案例八　白洋淀景区：世界级科创中心雄安新区拥湾发展的战略大空间

1. 白洋淀景区概况

白洋淀景区的主体部分位于河北省保定市安新县(图 5-98),距离保定市区约 50 km。白洋淀是中国海河平原上最大的湖泊群,总面积 366 km²,现有大小淀泊 143 个,白洋淀总流域面积 31 199 km²,年平均蓄水量 13.2 亿 m³。其中最大的湖泊小白洋淀位于安新县中部偏南,是在太行山前的永定河和滹沱河冲积扇交汇处的扇缘洼地上汇水形成的,从北、西、南三面接纳瀑河、唐河、漕河、潴龙河等河流。而大白洋淀的范围更大,涉及保定市安新县、容城县、雄县境内相关区域。2007 年,保定市安新白洋淀景区经国家旅游局正式批准为国家 5A 级旅游景区。

图 5-98　安新白洋淀景区

　　2017 年 4 月,中共中央、国务院印发通知,决定在保定市下辖的雄县、安新县、容城县设立河北雄安新区。这是以习总书记为核心的党中央作出的一项重大的历史性战略选择,是继深圳经济特区和上海浦东新区之后又一具有全国意义的新区,是千年大计、国家大事。

　　雄安新区以特定区域为起步区先行开发,起步区面积约 100 km²,中期发展区面积约 200 km²,远期控制区面积约 2 000 km²。雄安新区定位为二类大城市。设立雄安新区,对于集中疏解北京非首都功能、探索人口与经济密集地区优化开发新模式、调整优化京津冀城市布局和空间结构、培育创新驱动发展新引擎,具有重大现实意义和深远历史意义。

　　由此,处在雄安新区核心的白洋淀(图 5-99)成为新区的焦点之一,如何保护利用好生态系统、景观系统、环境保障系统,是白洋淀面临的重大历史使命。

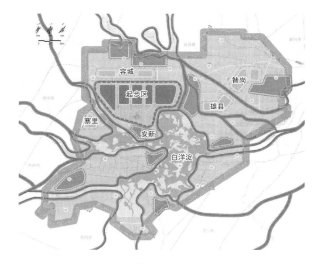

图 5-99　白洋淀在雄安新区的位置

2. 白洋淀景区对于雄安新区的意义

（1）白洋淀景区对于雄安新区的生态意义。

白洋淀对华北平原的生态系统平衡具有非常重要的作用，对于雄安新区这个远期规划人口在 200 万～250 万人的现代化新城而言，其生态意义更加显著。湿地保护、生物多样性、环境保护、生态系统平衡在很大程度上是衡量雄安新区这个现代化新城成功与否的重要指标，是探索人口与经济密集地区优化开发新模式成功与否的重要考量。

白洋淀作为"华北之肾"，为雄安新区提供了生态保障。白洋淀地处北京、天津、石家庄三角的中心位置，是大清河水系重要的水量调节枢纽，作为华北平原最大的淡水湿地系统，素有"华北明珠"之称。143 个淀泊星罗棋布，3 700 条沟壕纵横交错，对维护华北地区生态环境具有不可替代的作用。

因华北大多数地区干旱缺水，所以面积达 300 多 km² 的白洋淀湿地成为华北极其稀缺的生态资源，在雄安新区未来城市建设和发展中起着重要的作用：①有利于新区生态城市建设，提升城市形象，良好的湿地生态系统可以成为新区的生态保障；②为城市提供水资源，补充新区地下水；③调节流量，控制洪水，减少城市内涝发生的概率。

为更好地保障白洋淀的生态环境，尤其是水环境，保定推动了"九水共治"，以区域协同治理措施来保障水环境。以九河下梢的白洋淀为核心，推动流域环境治理，提升生态环境质量，形成大山水新生态格局。实施"九河连通"工程（图 5-100），推动区域流域环境协同治理，建成新时代的生态文明典范城市。

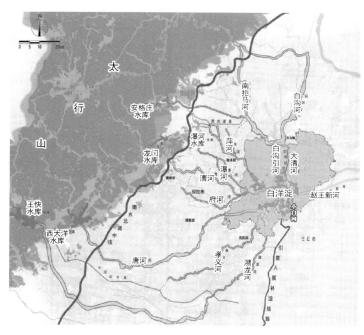

图 5-100　"九河连通"工程

衔接太行山脉—渤海湾的区域山水格局，将山水纳入城市，构建京南生态绿楔—拒马河—白洋淀生态廊道（图 5-101），形成连山通海、南北交融的区域山水格局,构建生态安全保障。

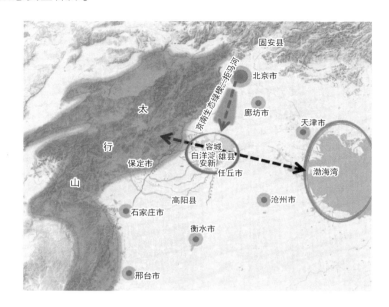

图 5-101　白洋淀区域山水格局

（2）白洋淀景区对于雄安新区的空间意义。

白洋淀景区面积约 400 km²,是雄安新区的战略空间资源。白洋淀在雄安新区规划的远期控制区内具有独特的空间价值,不仅仅具有生态价值、环境价值、文化旅游价值,更是雄安新区建设现代化新城的核心空间资源。

雄安新区围绕白洋淀,形成环湾发展格局（图 5-102）。以白洋淀为区域共享中心,形成类似旧金山的大湾区结构。功能组团沿白洋淀生态空间区展开,同时将生态空间转变为环湾发展绿色驱动力,催生湾区型生态共享空间及新功能。

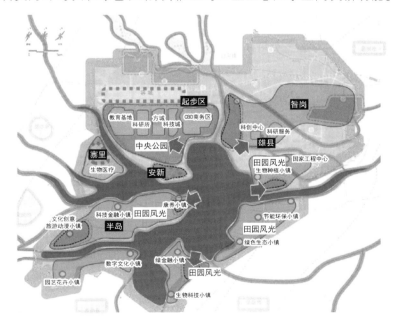

图 5-102　雄安新区环湾发展格局

（3）白洋淀景区对于雄安新区的产业意义

① 建设白洋淀这个国际一流的休闲旅游目的地和完善其国际交往功能,有利于推动高端旅游业发展。统筹大白洋淀的全面发展,通过功能互补,构建大白洋淀休闲旅游产业链和产业集群,加快建设和完善国际级的旅游、会议、交往功能设施,把白洋淀建设成为具有国际水准的湿地生态公园。

② 通过高端产业特色小镇建设,将白洋淀环湖区域打造成具有国际影响力、对标旧金山湾区的高科技产业带。借助白洋淀形成拥湾发展格局,转变空间发展模式,由高强度的集聚化中心城区(类似 downtown 模式)转向均衡发展、有机生长的都市空间区域。在这些都市空间区域内,以特色小镇为主要形式的多节点体系围绕白洋淀生态空间形成连绵的大都市空间区(图 5-103)。雄安新区的特色小镇以产业为先导,并不是纯农业或旅游小镇,其中不少是高科技小镇。这些产业与中期建设的 200 km² 的高新科技产业相辅相成,是对雄安新区城市核心区产业的延伸与补充。

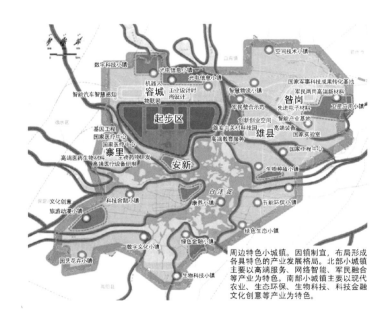

图 5-103　雄安新区高端产业特色小镇

3. 白洋淀景区的打造

（1）生态修复。

① 恢复湖泊水面。首先,实施"退耕还淀"策略,使淀区逐步恢复至 360 km² 左右,恢复白洋淀"华北之肾"的功能。其次,建立多水源补水机制。白洋淀本身处于缺水地区,加之上游水库截流和周边工农业对水的需求较大,使得入淀水量逐年减少。多水源补水机制通过统筹引黄入冀补淀(图 5-104)、上游水库(图 5-105)及本地非常规水资源,合理调控淀泊生态水文,使白洋淀正常水位保持在 6.5~7.0 m。

图 5-104　引黄入冀补淀工程

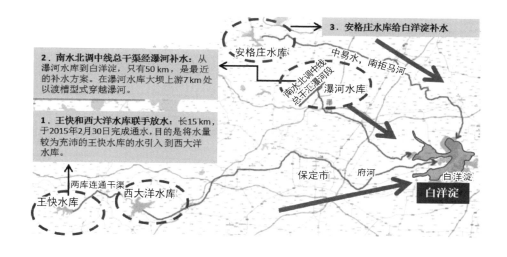

图 5-105　上游水库生态补水

② 建立创新生态管控体系。为了使水质达标,优化流域产业结构,加强水环境治理,坚持流域"控源、截污、治河"系统治理,实施入淀河流水质目标管理,全面清除工业污染源,强化城镇、乡村污水收集处理,有效治理农业面源污染,重构良好的河流生态环境,确保入淀河流水质达标。

③ 开展生态修复,建设白洋淀国家公园。首先,利用自然本底优势,结合生态清淤,对现有苇田荷塘进行微地貌改造和调控,修复多元生境,重现白洋淀"苇海荷塘"自然景观。同时实施生态过程调控,恢复退化区域的原生水生植被,促进水生动物土著种增殖和种类增加,恢复和保护鸟类栖息地,从而提高生物多样性,优化白洋淀生态系统结构。其次,远景规划建设白洋淀国家公园。

（2）构建"一淀、三带、九片、多廊"的生态空间格局，形成林城相融、林水相依的生态城市。

　　① 一淀：开展白洋淀环境治理和生态修复。

　　② 三带：建设环淀绿化带、环起步区绿化带、环新区绿化带（图 5-106），以优化城淀之间、组团之间和新区与周边区域的生态空间结构。

图 5-106　白洋淀生态空间格局中的"三带"

　　③ 九片：在城市组团间和重要生态涵养区建设九片大型近自然森林斑块，提高碳汇能力，增强生物多样性保护功能。

　　④ 多廊：沿新区主要河流和交通干线两侧建设多条绿色生态廊道，发挥护蓝、增绿、通风、降尘等作用。

　　为系统地进行生态系统构建，全面打造山水林田湖生命共同体，采取如下做法。

　　① 打造森林河道系统（图 5-107），统筹城水林田系统，塑造绿色发展的新空间。如白洋淀上游、下游主要河道两侧绿化宽度 500～1 000 m；河流两侧非耕地、废弃地、拉土场等地段栽植小片林，实行带片结合，突出整体效果；白洋淀上游支流进行生态涵养保护，大面积植树造林；注入白洋淀的河流流域，林地宽 1 km 以上。

图 5-107　森林河道系统

228

② 通过大规模植树造林,开展国土绿化行动,将新区森林覆盖率由现状的11%提高到40%(图5-108)。

图5-108 绿化覆盖率

③ 在大生态体系中,打造白洋淀国家公园,构建城市公园、大型植物园、湿地公园等生态用地(图5-109)。

图5-109 生态用地

④ 打造立体生态格局,3 km进森林,1 km进林带,300 m进公园,街道100%林荫化,绿化覆盖率达到50%。

(3) 通过构建绿色空间,将高端创新产业作为城市发展的驱动力。

① 环淀发展催生湾区型新功能。雄安新区借鉴了旧金山湾区的大空间格局,通过环湾发展,将生态空间转变为城市发展的驱动力,催生湾区型生态共享空间及新功能。

② 生态入城,城绿交融,为城市发展提供绿色引擎动力。将生态引入城市,城市就是园林,蓝绿空间占比达70%,塑造高质量城区环境,建设生态典范城市。构建由大型郊野生态公园、大型综合公园及社区公园组成的宜人便民公园体系,实现森林环城、湿地入城。

③ 绿廊共享,组团驱动,引发整个新区的产业升级和功能升级。城市功能围绕生态绿化空间展开布局,把绿色作为空间生长动力,共享利用生态空间,从而引发新区产业和功能的升级。具体而言,将以容城为主的北湾打造成雄安新区的起步区,以大溵古淀的恢复与起步区生态空间的建设为契机,主要发展高端服务与信息智能产业;以雄县和昝岗为主的东湾,以小清河环湖生态建设为契机,主要发展创新创业与高新装备产业;半岛湾区通过生态建设,主要发展文化创意、康养旅游及医药产

业;南湾则通过生态建设,发展数字文化与生态环保产业。

4. 白洋淀景区带来的启示

近年来,白洋淀湿地存在面积萎缩、水资源极度短缺、水环境污染严重及生物多样性减少四大生态问题。为顺利建设雄安新区,首先,在算清白洋淀湿地"水账""污账"和"生态账"的前提下,进一步加强流域水资源调配,科学确定白洋淀湿地最佳水位,恢复淀区水量;其次,加强污染防治,恢复湿地水质;最后,建立白洋淀流域的生态功能红线、环境质量红线和资源利用红线等国家生态保护红线体系,为尽快恢复白洋淀湿地结构与功能提供制度保障。

白洋淀流域发展的核心要素是生态,为带动雄安新区的发展,打造具有当地风情的特色小镇是首选。雄安新区借助白洋淀形成了拥湾发展格局,构成了以特色小镇为主要形式的多节点体系。同时,将雄安新区的特色和功能与建设的特色小镇结合,可以吸引大批游客前来体验碧水蓝天、苇绿荷红的白洋淀和生态城市的特色文化。

白洋淀之于雄安,犹如西湖之于杭州。雄安新区是我国新时期城市发展建设的标杆,白洋淀是维持京津冀地区生态平衡的重要屏障。对白洋淀生态修复和环境保护的探索,不仅为雄安新区可持续发展奠定生态之基,也为探索"营城理水"绿色生态城市建设提供了新模式。

案例九 纽约中央公园: 世界级 **CBD** 曼哈顿的城市中央公园

1. 纽约中央公园的概况

纽约中央公园(Central Park,图 5-110)是美国景观设计之父奥姆斯特德(Frederick Law Olmsted, 1822—1903)著名的代表作,是美国乃至全世界著名的城市公园,它的意义不仅在于它是全美第一个并且是最大的公园,还在于在其规划建设中诞生了一个新的学科——景观设计学(Landscape Architecture)。公园面积达 3.4 km²,每年吸引多达 2 500 万人次进出,园内有动物园、运动场、美术馆、剧院等设施。

2. 中央公园对纽约的意义

纽约中央公园不只是纽约市民的休闲地,还是世界各地旅游者喜爱的旅游胜地,它对城市的贡献是无法估量的。纽约中央公园在塑造自身特色的同时,也塑造了曼哈顿个性化、可持续发展的城市空间。

图 5-110 纽约中央公园

3. 纽约中央公园的打造

（1）中央公园内部功能布局。

纽约中央公园内部的主要功能及落地项目如表5-20及图5-111所示。

表5-20　　　　　　　　　　　中央公园内部功能及落地项目

主要功能	落地项目
运动健身	拉斯科溜冰场、沃尔曼溜冰场、网球场
文化	戴拉寇特剧院、大都会艺术博物馆、方尖碑
生态保护	保护水域

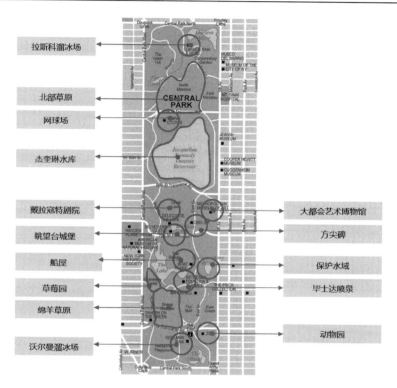

图5-111　中央公园内部功能项目分布

（2）中央公园周边功能布局。

纽约中央公园周边的主要功能及落地项目如表5-21及图5-112所示。

表5-21　　　　　　　　　　　中央公园周边功能及落地项目

主要功能	落地项目
酒店	爵士酒店
餐饮	广场饭店、乔治餐厅
文化、展览	百老汇、美国自然史博物馆、海顿天象馆、EI博物馆、所罗门·古根海姆美术馆、犹太博物馆
教堂、历史建筑	罗斯福故居、教堂
教育	德怀特学校、曼哈顿国家大学
公共服务	纽约历史学会、西奈山医院

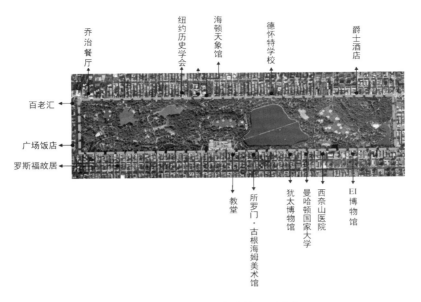

图 5-112　中央公园周边功能项目分布

4. 纽约中央公园带来的启示

曼哈顿是世界级的 CBD,有着极高的级差地租,因而成为全球著名的企业总部集聚区、第三方现代服务业企业集聚区、创意创新型龙头企业集聚区和高端消费性服务业集聚区。其汇聚的知识、信息和高端国际化人才密度非常高,知识的产生、交流、溢出需要有纽约中央公园这样一个城市级的公共空间。

公园骨架路网支撑大尺度空间中的人流导向与疏散,内部大环路串联各个公共活力功能点,形成交通便捷和活力集聚的中央区域。大尺度空间的路网组织及如何形成功能点的集聚效应给予邢东新区中央生态公园启示。

城市高端商务、商业、居住等功能围绕公园外侧的公共服务空间(百老汇、华尔街、帝国大厦、纽约时代广场)布局,形成连续完整的环公园城市界面。纽约中央公园与外部组团形成完整的城市界面给予我们启示。

案例十　滨海湾花园:国际化城市新加坡向世界级城市进阶的空间增长极

1. 滨海湾花园的概况

滨海湾花园面积达 1.01 km²,坐落在新加坡滨海湾新市区的填海土地上,为本地和国际游客提供一个独特的休闲度假旅游目的地,它包含三个不同的花园:南园、东园、中园。中园连接南园和东园,它将建造长达 3 km 的滨水长廊,城市美景尽收眼底。南园是滨海湾花园中最大的一个花园,占地 0.54 km²,毗邻滨海湾综合度假胜地。东园位于滨海堤坝西岸,占地 0.32 km²。

2. 滨海湾花园对于城市的意义

滨海湾花园具有静谧的氛围,通过营造滨海湾和花园之间的"亲密关系",让游客与海滨亲密接触,同时欣赏金融区优美的天际线。作为新加坡重要的特质空间,滨海湾花园凸显城市气质,是新加坡的名片之一。

3. 滨海湾花园的打造

滨海湾花园内部及周边功能分布如图 5-113、图 5-114 及表 5-22 所示。

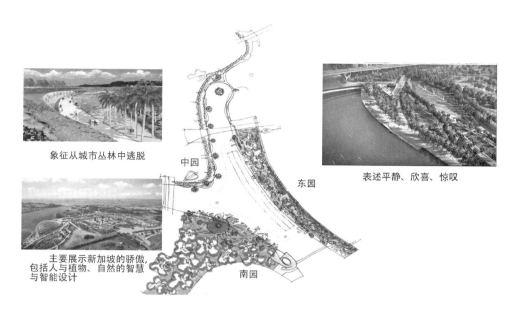

图 5-113　滨海湾花园内部功能分布

图 5-114　滨海湾花园内部及周边功能项目分布

表 5-22   滨海湾花园内部及周边功能及落地项目

功能分区		主要功能	落地项目
滨海湾花园	东园	商务休闲	滨海湾高尔夫球场
	中园	休闲、体验式观光旅游	游园、公园
	南园		擎天大树、空中走廊、苍穹之顶、云之森林
滨海湾湖区		文化	博物馆、剧院、电影院、演艺剧场、图书馆、音乐表演场地
		会展	会展中心
		休闲、游乐、观光	海湾塔、蜻蜓湖、海湾广场、酒吧艺术街、礼堂、摩天轮
		酒店	浮尔顿酒店、金沙酒店
		金融商业	大华银行、购物中心、美食街

4. 滨海湾花园带来的启示

滨海湾花园是新加坡下一步建设国际化城市的重要支撑点,体现了新加坡从"花园城市"变为"花园中的城市"的价值观念转变。

滨海湾花园借助开阔的大湖面形成中央活力空间骨架,整合周边会展、旅游、商务、商业、文化、艺术、休闲娱乐等功能,形成充满活力的城市公共活动集聚空间。

滨海湾花园融入了艺术、自然和技术等方面的先进手段,展现了如何在城市发展中实现新一代的公园规划和可持续发展,在整个可持续发展领域树立了具有示范意义的标杆。

滨海湾花园在处理城市与花园、园林与艺术、自然与人文、生态与科技的关系方面,给予邢台塌陷区建设重要启示。

案例十一 海德公园:世界级城市伦敦向全球展示文化力量的空间

1. 海德公园的概况

海德公园(图 5-115)是伦敦知名的公园,英国最大的皇家公园,占地面积为 1.6 km²。它位于白金汉宫的西侧,伦敦市中心的威斯敏斯特教堂地区,西接肯辛顿公园,东连绿色公园。海德公园历史上曾经是英国国王的鹿场,后来又成为赛车和赛马的场所。其东北角有一个大理石凯旋门,东南角有惠灵顿拱门,但最有名的应该是这里的演讲者之角。作为英国民主的历史象征,市民可在此演说任何有关国计民生的话题,这个传统一直延续至今。

图 5-115　海德公园

2. 海德公园对于伦敦的意义

英国是一个老牌资本主义国家,为世界经济发展作出了表率,更为重要的是,英国在世界文化和价值观等方面也具有全球性的影响力。海德公园作为伦敦这样一个全球城市的城市公共空间,其意义必定超越一般的城市公园,它是一个国家的文化象征,一个国家向世界展示价值观和文化力量的场所,正如演讲者之角向世界宣示着民主理念。在知识经济时代,文化因素往往是最顶层、最具渗透力量、最持久的发展动力。海德公园所代表的多元化的国际文化,往往会成为对国际性人才的吸引力,从而为伦敦汇聚知识经济时代最为稀缺的知识、信息和高端人才这些创新性要素。海德公园周边的文化、教育机构,为人才的交流创造了许多共享空间。从某种程度说,海德公园直接反映了伦敦城市公园的特点,以及城市的公共空间特点,是城市建设发展中的一个典型案例,也吸引着全世界的游客前来观赏学习,为伦敦旅游业带来了不容小觑的经济效益。

3. 海德公园的打造

海德公园内部及周边功能分布如图 5-116、表 5-23 所示。

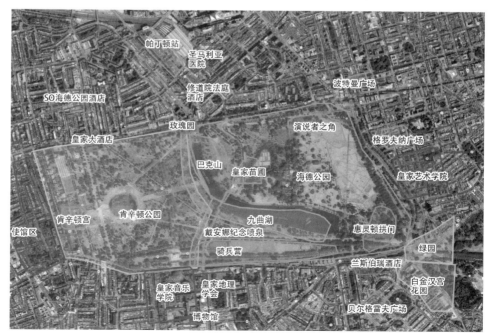

图 5-116　海德公园及周边功能分布

表 5-23　　　　　　　　　　　　　　　　　　　海德公园及周边功能

功能分区	主要功能	项目落地
周边	酒店	SO 海德公园酒店、皇家大酒店、修道院法庭酒店、兰斯伯瑞酒店
	休闲游憩	绿园、白金汉宫花园、肯辛顿公园、玫瑰园
	文化	博物馆
	教育	皇家音乐学院、皇家艺术学院
	广场	贝尔格雷夫广场、格罗夫纳广场、波特曼广场
	公共服务	帕丁顿站、圣马利亚医院、使馆区
海德公园		巴克山、皇家苗圃、演说者之角、惠灵顿拱门

4. 海德公园带来的启示

海德公园对于邢台塌陷区公园的借鉴意义有以下两个方面。

(1) 如何构建出公园空间的开敞性和公众的参与性。

海德公园最大的特点是其开敞性与参与性。如果城市居民因为寸土寸金而缺少公共空间，或者只有拥挤的公共空间，那么追求健康就是一句空话；如果城市公园只是观赏性的，不能尽情玩耍，那么再多的公园也没有实用价值。海德公园的演讲者之角这一公共空间，成为英国民主政治的代表和缩影。

(2) 如何在公园空间结构上应用短轴线结构，形成空间冲击力。

以肯辛顿宫前的大环形广场为中心，放射出几条贯穿公园的轴线，海德公园通过轴线空间结构形成视觉张力，体现出皇家公园的空间特质。邢台塌陷区中央公园面积巨大，其中有较大水系，通过将短轴线和广场相结合，将公园向城市引导，打开城市的界面，避免城市包围公园的局面。

案例十二　波士顿公园：波士顿城市公共空间促进知识溢出和创新驱动的典范

1. 波士顿公园的概况

波士顿是世界文化教育名城，拥有世界知名的大学、科研机构、企业研究中心，在全球生物技术领域具有非常高的地位，与旧金山、英国剑桥三角生物科学城并称世界三大医学中心。波士顿公园(图 5-117)是位于波士顿市中心的一个城市公园，占地 0.24 km²，是美国境内第一个对公众开放的植物园，也是波士顿的标志。波士顿公园是波士顿重要的中央文化区核心空间。公园全年开放，不过鲜花绽放、景色最为美丽的时间是每年 4 月至 10 月。

图5-117 波士顿公园

2.波士顿公园对于波士顿的意义

波士顿公园主要作为一个公共开放的公园,供人们在此进行交流、休闲、娱乐活动。这个公园是典型的英国式花园,是城市中难得的绿洲。波士顿公园除了一般城市公园所具备的休闲娱乐功能,还为波士顿高端人才交流提供公共空间。公园周边的爱默生学院、费舍尔学院等大学,以及企业的研究中心,尤其是公园周边的小餐厅、小咖啡馆等生活设施,为专业技术人才频繁交流提供空间。波士顿公园这个城市公共空间促进了知识的创新、传播和溢出,推动了创新性产业的发展。

3.波士顿公园的打造

波士顿公园内部及周边功能分布如图5-118、图5-119及表5-24所示。

图5-118 波士顿公园内部功能分布

图 5-119　波士顿公园周边功能分布

表 5-24　　　　　　　　　　　　　　　波士顿公园周边功能

功能分区	主要功能	项目落地
周边区域	文化艺术	滨海艺术中心、麻省图书馆、奥芬剧院、波士顿歌剧院
	酒店	波士顿凯悦酒店、波士顿四季酒店、泰姬酒店
	纪念	吉布森馆
	商业金融	主权银行、购物商城、后湾瑜伽、罗贝拉购物、餐饮中心
	教育、教堂	费舍尔学院、阿灵顿街教堂、国王礼拜教堂、公园街教堂、爱默生学院

地处波士顿市中心的波士顿公园,为城市文化生活和创新性产业发展提供了如下功能空间:

(1) 文化生活的场所空间。纪念碑、纪念馆等文化建筑为公园提供了节点性的场所空间,成为演说者、表演者、艺术家的表演集聚地。这对于重视高品质文化生活的国际高端人才,非常具有吸引力,文化的多元性和广泛交流,是国际化大都市所能提供的独特国际化生活方式的表现。

(2) 知识生产和文化传播的载体。公园周边的滨海艺术中心、麻省图书馆、波士顿歌剧院传播着文化,爱默生学院、费舍尔学院等为知识生产和传播的重要机构设施。除此之外,公园周边还有大量的创新企业与商务办公,公园以及公园周边的咖啡馆、书店等日常生活设施为专业人才之间频繁的日常交易和知识溢出创造了条件。

(3) 高端酒店和购物消费中心等设施为国际化的商务活动提供了一个国际化的高端消费性服务业场所。

4. 波士顿公园带来的启示

波士顿公园这一战略特质区,能为邢台塌陷区生态体系构建提供两个方面的借鉴意义。

（1）波士顿公园采取的中观尺度（0.2 km² 以内）空间景观手法

波士顿公园最有名的莫过于优雅的天鹅湖，以湖面为中心构建公园体系，环绕公园设有纪念碑、雕像等文化纪念建筑，并以放射轴线体现出历史文化的肃穆感，这种中观尺度空间的景观手法值得借鉴。

（2）通过开放式大绿道网络，形成城市公园序列的大空间串联，构建城市公园体系

翡翠项链是波士顿的城市名片，在世界城市园林中被称道。波士顿公园是整个"翡翠项链"中的一环，采取开放式格局，通过大绿道网络，保证了波士顿整个公园绿地系统的串联。这种将一系列公园串联的大绿道网络为邢台塌陷区生态体系构建提供了一个有价值的参考方向。

参 考 文 献

[1] FRIEDMANN J. The world city hypothesis [J]. Development and Change, 1986(17): 69-83.

[2] 谢守红.西方世界城市理论的发展与启示[J].开发研究,2008(1):51-54.

[3] 李青.全球化下的城市形态:世界城市的论说及现实涵义[J].数量经济技术经济研究,2002(1):113-116.

[4] FRIEDMANN J, WOLFF G. World city formation: an agenda for research and action [J]. International Journal of Urban and Regional Research, 1982(3): 309-344.

[5] FRIEDMANN J. Where we stand: a decade of world city research [M]// Knox P L, Taylor P J. World Cities in a World System. Cambridge: Cambridge University Press, 1995: 21-47.

[6] 谢守红,宁越敏.世界城市研究综述[J].地理科学进展,2004,23(5):56-66.

[7] 唐子来,李粲.迈向全球城市的战略思考[J].国际城市规划,2015,30(4):9-17.

[8] 葛天任.国外学者对全球城市理论的研究述评[J].国外社会科学.2018(5):35-44.

[9] SASSEN S. The Global City: New York, London, Tokyo[M]. Princeton: Princeton University Press, 1991.

[10] SASSEN S. On concentration and centrality in the global city [M] // Knox P L, Taylor P J. World Cities in a World System. Cambridge: Cambridge University Press, 1995: 63-78.

[11] 傅蓉. 论以丝奇雅·萨森为中心的全球城市理论[D].上海:上海师范大学,2013.

[12] 林文明.企业家精神与企业家网络双重视角下区域产业集群的形成机理研究[D].温州:温州大学,2018.

[13] 苏红键.空间分工理论与中国区域经济发展研究[D].北京:北京交通大学,2012.

[14] 克鲁格曼.新经济地理学[M].苗长虹,魏也华,吕拉昌,译.北京:科学出版社,2011.

[15] 刘安国,杨开忠.新经济地理学理论与模型评介[J].经济学动态,2001(12):67-72.

[16] 赵强,李体新.基于兴趣小组的高职计算机专业教学方法研究:关注隐性知识教育[J].智富时代,2014(12):173.

[17] 张美涛,陈述.促进西部欠发达地区经济增长的最优城市规模研究:基于知识溢出效应的实证[J].贵州商学院学报,2018,31(4):56-67.

[18] 冯荣凯.知识溢出及其影响因素:一个文献综述[J].商品与质量.2012(S4):321.

[19] 陈玉娟.知识溢出、科技创新与区域竞争力关系的统计研究[D].浙江:浙江工商大学,2013.

[20] 赵勇,白永秀.知识溢出:一个文献综述[J].经济研究,2009(1):144-153.

[21] 吴缚龙,李志刚,何深静.打造城市的黄金时代:彼得·霍尔的城市世界[J].国外城市规划,2004,19(4):1-3.

[22] 李文丽.论彼得·霍尔的世界城市理论[D].上海:上海师范大学,2014.

[23] HALL P, PAIN K. The Polycentric Metropolis: Learning From Mega-City Regions in Europe[M]. London: Routledge, 2009.

[24] 周振华.全球城市区域:全球城市发展的地域空间基础[J].天津社会科学,2007(1):69-73,81.

［25］杨波,朱道才,景治中.城市化的阶段特征与我国城市化道路的选择[J].上海经济研究,2006 (2):34-39.

［26］HOPKINS T, WALLERSTEIN I. Commodity chains in the world-economy prior to 1800[J]. Review, 1986,10(1):157-170.

［27］LESLIE D,REIMER S. Spatializing commodity chains[J]. Progress in Human Geography, 1999, 23(3):401-420.

［28］GEREFFI G, KORZENIEWICZ M. Commodity Chains and Global Capitalism[M]. New York: Greenwood Press, 1994.

［29］盛维,陈恭,江育恒.全球城市核心功能演变及其对上海的启示[J].科学发展,2018,114(5): 46-53.

［30］赵新正.经济全球化与城市-区域空间结构研究:以上海-长三角为例[D].上海:华东师范大学,2011.

［31］朱元秀.现代化视角下长三角地区转型发展研究[D].上海:华东师范大学,2013.

［32］CASTELLS M, INCE M. Conversations with Manuel Castells[M]. Cambridge: Polity Press, 2003.

［33］任艺琳.基于"流空间"理论的海峡西岸城市群网络结构研究[D].江西:江西理工大学,2018.

［34］CAMAGNI R P. From City Hierarchy to City Network: Reflections about an Emerging Paradigm [M]//LAKSHMANAN T R, NIJKAMP P. Stricture and Change in the Space Economy. New York: Springer-Verlag, 1993:66-87.

［35］李仙德.城市网络结构与演变[M].北京:科学出版社,2015.

［36］CASTELLS M. Rise of the Network Society: The Information Age: Economy, Society and Culture Volume 1[M]. Oxford: Wiley-Blackwell, 1996.

［37］CASTELLS M. Globalisation, networking, urbanisation: reflections on the spatial dynamics of the information age[J]. Urban Studies, 2010, 47(13): 2737-2745.

［38］赵梓渝.基于大数据的中国人口迁徙空间格局及其对城镇化影响研究[D]. 长春:吉林大学,2018.

［39］王士君,廉超,赵梓渝.从中心地到城市网络:中国城镇体系研究的理论转变[J].地理研究, 2019,38(1):66-76.

［40］田中磊.基于西咸新区总体规划对"田园城市"理论的再思考[D].西安:西安建筑科技大学,2015.

［41］解艳.霍华德"田园城市"理论对中国城乡一体化的启示[J].上海党史与党建,2013 (12):54-56.

［42］宗仁.霍华德"田园城市"理论对中国城市发展的现实借鉴[J].现代城市研究,2018 (2):77-81.

［43］周学红."有机疏散"理论对泸州区域性中心城市建设的启示[J].酒城教育,2016(4): 34-36,43.

［44］常程.浅析简·雅各布斯城市多样性理论[D].上海:上海师范大学,2011.

［45］常程.论简·雅各布斯的城市多样性理论[J].都市文化研究,2015(2):58-66.

［46］薛飞.中国城市规模的 Zipf 法则检验及其影响因素[D].厦门:厦门大学,2007.

附录 A　塌陷区生态景观建设地质可行性研究报告

邢台市政府规划在邢台东部(东至东华路、西至襄都路、南至红星街、北至邢州大道,以下简称项目区)建设大水面、路场、陆域景观和小型钢结构设施等非建筑类景观生态休闲区,对煤矿开采废弃地进行生态修复,通过景观绿化和大水面建设,改善城市居民的生活环境。由于项目区位于冀中能源股份有限公司邢东矿(以下简称邢东矿)采煤沉陷影响范围内,为保证大水面及景观建设项目安全,评价邢东矿开采对项目区建设的影响,委托中煤科工集团唐山研究院有限公司对项目区大水面及非建筑类景观建设进行采动影响评价分析,论证项目建设的可行性。

中煤科工集团唐山研究院有限公司矿山测量研究所是我国唯一从事矿山测量、开采沉陷与"三下采煤"研究的专业研究机构,从 1956 年开始一直开展相关科学研究和试验工作,承担并完成了国家攻关、省部级重点等科研项目百余项,并多次获国家和省部级科技进步奖。该机构在覆岩破坏、地表移动规律、"三下采煤"和沉陷区治理利用方面开展长期深入研究,提出了相关的系统理论计算方法,特别是在开采影响下的地表沉陷规律、建筑物下采煤及开采沉陷对建筑物影响评价、采动(空)区上方地表建筑物保护措施及抗变形结构建筑物设计等方面积累了丰富的经验和科学实验数据。

该机构接受委托后,立即组织技术人员进行现场调查,在邢台市城乡规划局协调下,与相关单位进行座谈,收集项目区内及周边有关地质、采矿等资料。依据《建筑物、水体、铁路及主要井巷煤柱留设与压煤开采规程》及相关规范,在详细分析与计算的基础上,完成了《邢东矿采煤沉陷区大水面及非建筑类景观建设可行性分析》报告。

在现场踏勘调查及收集资料过程中,邢台市城乡规划局、邢台市国土资源局、冀中能源股份有限公司、邢东矿等给予了帮助,并提供相关技术资料,在此一并表示感谢。

1. 项目评价要求

1)评价目的

(1)确定项目区大水面及非建筑类景观受邢东矿开采地表移动变形影响程度。

(2)论证项目区进行大水面和非建筑类景观建设的可行性。

(3)提出相应技术处理措施。

2)评价依据

(1)《建筑物、水体、铁路及主要井巷煤柱留设与压煤开采规程》(原国家煤炭工业局制定,2000 年 5 月,以下简称《三下采煤规程》)。

(2)《煤矿防治水规定》(煤炭工业出版社,2009 年 11 月)。

3）主要技术资料

（1）《邢东矿井地质报告》（西安科技大学、邢东矿,2005 年）。

（2）《邢东矿井地质条件分类报告》（西安科技大学、邢东矿,2005 年）。

（3）《邢东矿井水文地质条件分类报告》（西安科技大学、邢东矿,2005 年）。

（4）《冀中能源股份有限公司邢东矿生产地质报告》（邢东矿,2014 年）。

（5）《冀中能源股份有限公司邢东矿 2009 年度矿山储量年报》（邢东矿,2010 年）。

（6）冀中能源股份有限公司邢东矿地层综合柱状图（1∶1 000,2014 年）。

（7）《邢东煤矿超高水材料充填开采技术方案》（邢东矿,2010 年）。

（8）邢东矿矿井综合水文地质图（1∶5 000,2014 年）。

（9）邢东矿地形图（1∶5 000,2010 年）。

（10）邢东矿钻孔柱状图、地质剖面图。

（11）《冀中能源股份有限公司邢东矿矿山地质环境保护与治理恢复方案》（邢东矿,2010 年 12 月）。

（12）《邢东矿 2100 采区村庄下采煤技术方案》（2006 年）。

（13）《邢东矿 1200 采区条带开采技术方案》（2009 年）。

（14）《冀中能源股份有限公司邢东矿 1100 采区南部和 1200 采区东部建筑物下压煤开采方案》（2013 年）。

（15）《邢台市眼科医院异地迁建项目地质灾害危险性评估报告》（地矿邢台地质工程勘察院,2010 年 1 月）。

（16）《邢台市邢州大道污水工程（东三环以东）岩土工程勘察报告》（2014 年 7 月）。

（17）《邢台市青青小镇东区岩土工程勘察报告》（2013 年 10 月）。

（18）《自然城 1#、2#、3#、5#、6#、7#、11#、12#、15# 楼岩土工程勘察报告》（2009 年 6 月）。

（19）邢东矿 1#、2#、2下、6#、7#、8#、9# 煤层底板等高线及资源储量估算图（1∶5 000,2014 年 12 月）。

2. 项目区概况

1）项目区位置

项目区范围东至东华路、西至襄都路、南至红星街、北至邢州大道。该区域地表主要以农田、村庄为主。

项目区内外交通极为便利,京广铁路从西侧通过,邢台至山东济南公路从南侧通过,京珠高速从东侧穿过,项目区内各村之间均有简易公路通行汽车。

2）项目区自然条件

项目区位于太行山东麓冲洪积平原,地形比较平坦,地面标高＋53～＋62 m,地表自然坡度约为 2.3‰。项目区范围内无地表冲沟、自然水系和大的人工水体。

项目区属于半干旱暖温带大陆性季风气候区,四季分明,冬季寒冷干燥,夏季炎热多雨。依据邢台市气象局近十年统计资料,大气降雨主要集中在每年的 7～9 月,占全年降水量的 49.6%~85.4%，多年平均降水量 496.25 mm。年蒸发量在 946.1~2 268.3 mm，多年平均蒸发量为 1 794.9 mm。多年平均气温 13℃ 左右，历年最高气温为 43.2℃，一般出现在 7 月份，最低气温为 −24.8℃，一般出现在 12 月末至次年 1 月。冻结期为 11 月份至次年 2 月，最大冻结深度为 0.44 m。年风向多为西北风，历年最大风速为 18 m/s。

自公元前 230 年开始有地震记载以来，历史上邻近地区曾发生过多次地震。影响最明显的是 1966 年 3 月 8 日 5 时 29 分及 22 日 16 时 19 分邢台市区隆尧县白家寨、宁晋县东汪先后发生 6.8 级和 7.2 级强烈地震(邢台大地震)。

根据《中国地震动参数区划图》(GB 18306—2001)，邢台地区地震基本烈度为 Ⅶ 度，地震动峰值加速度为 0.15g。

3) 邢东矿建设和生产情况

邢东矿隶属于冀中能源股份有限公司，属国有重点煤矿企业。邢东矿始建于 1997 年 2 月，于 2001 年 11 月建成投产，设计生产能力 60 万 t/a，目前核定生产能力 125 万 t/a，开采煤层为 2$^\#$煤。

邢东矿工业广场设在井田中部先于村村西，布置有两个井筒即主井和副井，矿井采用立井分水平开拓方式，水平标高分别为 −760 m 和 −980 m，上下水平采用暗斜井进行连接。矿井通风采用中央并列抽出式，副井进风，主井回风。采用综合机械化采煤一次采全高，走向长壁开采，支护全部采用锚网梁锚索联合支护，顶板采用全部垮落法管理，局部采用充填开采。

(1) 已开采区。

邢东井田及周边没有小煤窑分布。自投产至今形成了 20 个工作面采空区，分布范围为 −760 水平一采区的 1121 工作面、1122 工作面、1123 工作面、1124 工作面、1125 工作面、1126 工作面、1127 工作面、1128 工作面采空区；−760 水平二采区分布有 1221 工作面、1223 工作面、1225 工作面以及 1 个矸石充填的 12212 工作面采空区；−980 水平一采区分布有 2121 工作面、2122 工作面、2123 工作面、2124 工作面、2127 工作面；−980 水平二采区分布有 2221 工作面、2223 工作面、2225 工作面采空区。

邢东矿已开采区域分布在 2$^\#$煤断层 F$_{19}$ 以南区域，邢东矿地质环境治理方案在 2009 年编制，2015—2020 年开采规划并未详细制定，根据收集到的邢东矿 2$^\#$煤各个采区开采方案，2$^\#$煤村庄压煤比较严重，采用条带开采和充填开采来解放村庄下压煤，已制定开采方案的各个采区剩余可采储量足够开采到 2020 年。

(2) 未来开采。

2$^\#$煤断层 F$_{19}$ 以北由于断层过大，开采比较困难，矿方并未做开采方案，其余各可采煤层目前未做开采规划。依据《冀中能源股份有限公司邢东矿 2009 年度矿山储量年报》，1$^\#$、2$^\#$、2$_{下}$、6$^\#$、7$^\#$、8$^\#$、9$^\#$煤层可采资源都是未来开采的区域。

3. 项目区地质采矿条件

1) 地层分布

邢东矿地表被第四系松散沉积物覆盖，属于全掩盖区。根据区域地质、精查勘探和煤矿开采揭露资料,地层由老到新有中元古界、寒武系、奥陶系、石炭系、二叠系、三叠系、第三系和第四系,缺失上元古界、上奥陶统、志留系、泥盆系和下石炭统。

(1) 中元古界(Pt2)。

区内主要为长城群长州沟组,岩性以紫红色及灰白色变质中粗粒砂岩为主,局部夹紫红色页岩和薄层砾岩,砂岩层面波痕较为清晰,地层厚度 176~665 m。其沉积基底为太古界赞皇群混合片麻岩,两者之间为角度不整合接触,中元古界上部缺失上元古界。

(2) 下古生界(Pz1)。

下古生界主要包括寒武系、下奥陶统和中奥陶统,缺失上奥陶统和志留系。上、下古生界之间为平行不整合接触。

① 寒武系(∈)。

本区寒武系地层发育良好,层位齐全,地层接触关系清楚,自下而上分为 7 个岩性组。

a. 馒头组(∈1m)。

岩性以紫红色钙质页岩和砂页岩为主,间夹薄层泥灰岩和白云质灰岩,上部含石盐假晶,地层厚度 20 m。

b. 毛庄组(∈2m)。

毛庄组下部为紫红色页岩夹白云质灰岩,中部为厚层竹叶状灰岩和白云岩,上部为暗紫色及黄绿色钙质页岩和生物碎屑岩。毛庄组灰岩中含有大量三叶虫化石,地层厚度 64 m。

c. 徐庄组(∈2x)。

徐庄组下部为紫色及灰绿色砂页岩,夹白云质泥灰岩和海绿石砂岩;上部为厚层白云质鲕状灰岩,夹多层黄绿色页岩。徐庄组灰岩中含有丰富的三叶虫标准化石和腕足类螺类化石,地层厚度 60~75 m。

d. 张夏组(∈2z)。

张夏组底部为灰色薄板状灰岩和白云质灰岩,中部为厚层鲕状结晶灰岩,上部为中厚层鲕状白云质灰岩及藻灰岩。张夏组灰岩中含有丰富的三叶虫标准化石和腕足类螺类化石,地层厚度 160~225 m。

e. 崮山组(∈3g)。

崮山组底部为薄层泥灰岩与黄绿色页岩互层,中部为中厚层泥质条带灰岩和竹叶状灰岩,上部为中厚层泥质条带灰岩。崮山组内含有丰富的三叶虫、腕足和笔石类化石,地层厚度 57 m。

f. 长山组(∈3c)。

岩性主要为紫红色薄层至中厚层竹叶状灰岩、泥质条带灰岩和砂页岩,竹叶状灰岩中的片砾常带红色氧化圈。长山组内含有三叶虫、腕足和笔石类化石,地层厚度 20~34 m。

g. 凤山组(∈3f)。

岩性以灰色及黄色中厚层白云岩为主,夹花斑状条纹状灰岩;下部为竹叶状灰岩和黄绿色钙质页岩。凤山组内含有丰富的三叶虫、腕足和笔石类化石,地层厚度79～90 m。

② 奥陶系(O)。

奥陶系岩性较为单一,几乎全为灰岩和白云质灰岩,构成了上覆石炭二叠纪煤系的沉积基底,也是威胁太原组下部煤层开采的主要含水层。奥陶系地层平均厚度600 m,自下而上可分为冶里组、亮甲山组、下马家沟组、上马家沟组和峰峰组等5个岩性组。其中下马家沟组、上马家沟组和峰峰组又可分成8个岩性段。

a. 冶里组(O1y)。

岩性主要为浅灰色及灰白色巨厚层状白云岩。下部为砂糖状中细晶白云岩,夹竹叶状白云岩;上部为粗晶质白云岩,并含白色燧石结核。地层厚度120 m。

b. 亮甲山组(O1l)。

下部为粉红色板状白云质灰岩,夹竹叶状白云岩;上部为白色燧石条带白云岩。地层厚度68 m。

c. 下马家沟组(O2x)。

按照岩性不同,下马家沟组自下而上可分为3个岩性段,并构成一个完整的沉积旋回。

第一段(O2x1):此段就是以往所称的"贾汪页岩"。岩性主要由黄绿色钙质页岩和泥灰岩组成,其中含有浅黄色白云岩角砾、页岩碎片、石英岩细砾及中粗砂粒。本段底部存在剥蚀面,并有底砾岩沉积,与下伏亮甲山组呈明显侵蚀接触关系,地层厚度为10 m左右。

第二段(O2x2):上部为角砾状灰岩,并夹几层板状纯灰岩,角砾与灰岩胶结物界面不太清晰,砾石成分以灰岩为主,次为白云岩,砾石呈棱角状,大小不一,砾径30～50 cm;下部为浅黄色泥质白云质角砾岩,砾石成分主要为白云岩,次为灰岩,砾径1～3 cm。地层厚度35 m左右。

第三段(O2x3):下部为纯灰岩和角砾状灰岩互层,地下水溶蚀后出现蜂窝状溶孔;中部有一层15 m厚度的蓝色花斑状或浅粉色灰岩,有人称作云雾状灰岩,可作标志层;上部为厚层状纯灰岩,含5～6层石盐或石膏假晶,每层厚0.15～0.20 m。晶体大小不等,风化后呈圆形、方形和针形,表面呈麻点,可作标志层。本段含头足类、腹足类、腕足类和苔藓虫化石。地层厚度100 m左右。

d. 上马家沟组(O2s)。

按照岩性变化,自下而上分为3个岩性段,并构成一个由海侵到海退的完整沉积旋回。

第四段(O2s1):主要由一套泥质白云质角砾岩组成。底部由黄绿色钙质页岩与薄层泥质白云岩组成,层理清楚,风化后呈叶片状;中部和上部由浅粉色及灰黄色泥质白云质角砾岩组成,层理不清。本段属海侵初期沉积产物,厚50 m左右。

第五段(O2s2):下部为花斑状灰岩,中夹两层角砾状灰岩;上部为厚层纯灰岩,含5～6层链状燧石层。本段与第四段接触面处岩溶发育,是危害煤炭开发的一个重要含水段。第五段含有丰富的动物化石,以珠角石为主,其次为腹足类和三叶虫,其中角石种类达 42 种之多。地层厚度 100 m 左右。

第六段(O2s3)：本段主要由白云质角砾岩和 3～4 层厚层状灰岩组成。顶部常有一层红色条带灰岩，中部和底部常有泥质白云质角砾岩及薄层灰岩形成相对隔水层。所以本段下部为一相对较弱的含水层。地层厚度 100 m 左右。

e. 峰峰组(O2f)。

峰峰组自下而上分为 2 个岩性段(即第七段和第八段)，由岩性组合可以看出，峰峰组也构成一个由海侵到海退的完整沉积旋回。其中第七段为海侵初期沉积，第八段为海侵最广阔时期的沉积，而海退时期的沉积已被风化侵蚀而消失。

第七段(O2f1)：岩性主要由黄色和浅粉红色泥质及白云质角砾岩组成，中部或顶部常夹有 1～2 层 2～4 m 厚的纯灰岩。角砾成分以白云岩为主，灰岩次之，角砾轮廓清晰，胶结物多为黄色钙质软泥。本段水平层理明显，局部可见到石膏和石盐假晶，属相对隔水层，地层厚度 50 m 左右。

第八段(O2f2)：本段是奥陶系中统质地最纯的灰岩段，是最主要的含水段，因而也是影响中下部煤组开采的主要含水层。底部由深灰色灰岩和薄层角砾状灰岩组成，中部由深灰色巨厚层状及中厚层状结晶灰岩组成。灰岩多呈花斑状，花斑以灰白、灰黄和褐黄色为主。自下而上花斑由大变小，由褐黄色渐变为白色。局部含燧石结核，多分布在层面附近，上部为角砾状白云质灰岩，角砾轮廓不清晰。本段含有丰富的海生动物化石，例如头足类角石、牙形石和腕足类化石。地层厚度 100 m 左右。

(3) 上古生界(Pz2)。

上古生界主要包括中、上石炭统和二叠系，缺失了泥盆系和下石炭统。

① 石炭系(C)。

石炭系包括中石炭统本溪组(C2b)和上石炭统太原组(C3t)，底部与中奥陶统峰峰组(O2f)呈平行不整合接触。

a. 本溪组(C2b)。

主要由深灰色泥岩、粉砂岩和石灰岩组成，夹灰白色中细粒砂岩。底部为铁质铝土岩，具有鲕状结构。灰岩中夹不稳定薄煤层(10#煤)，并含蜓类动物化石。泥岩和粉砂岩中含丰富的羊齿类和科达类植物化石。本组厚度 5.1～51 m，平均厚度 16.13 m。

b. 太原组(C3t)。

属典型海陆交互相沉积，是井田内主要含煤地层。岩性以灰黑色粉砂岩、砂质泥岩、泥岩与浅灰色中细粒砂岩为主，夹海相灰岩 6 层，含煤 11 层。该组顶界为北岔沟砂岩，底界为晋祠砂岩。地层厚度 132～156 m，一般厚度 143 m。

② 二叠系(P)。

a. 山西组(P1s)。

属过渡相碎屑岩沉积，亦为井田内的主要含煤地层。岩性主要为灰黑色粉砂岩、砂质泥岩与浅灰、灰白色中细砂岩，含煤 3 层。该组顶界为骆驼脖砂岩，底界为北岔沟砂岩，与下伏太原组为整合接触。地层厚度 46～72 m，一般厚度 58 m。

b. 下石盒子组（P1x）。

该组地层属石炭二叠纪煤系的直接盖层，岩性主要由灰色、灰绿色及紫色花斑状泥岩、粉砂岩和灰绿色、灰白色中砂岩和细砂岩组成，砂岩主要成分为石英和长石，泥质胶结，裂隙不发育。下部地层中见有植物根化石，局部发育薄煤层；顶部普遍发育有一层5 m厚的湖泊相铝土岩，颜色多为樱红色、蛋青色和乳白色。该铝土岩沉积稳定且极易识别，为一良好的标志层。

下石盒子组底界为骆驼脖砂岩，顶界为铝土岩，与下伏山西组为连续沉积关系。地层厚度50～81 m，一般厚度64 m左右。

c. 上石盒子组（P2s）。

本组底界为下石盒子组的铝土岩顶板，顶界为石千峰组底部的含砾粗砂岩。地层厚度420～498 m，一般厚度460 m。该组90%以上属于河流冲积相沉积，按岩性自然组合特征可分成的4个岩性段，即第一段、第二段、第三段和第四段。

第一段（P2s1）：岩性由灰绿色、紫灰色、杂色花斑状泥岩、粉砂岩及灰绿色、灰白色细砂岩组成，属河流冲、洪积相，具有河流冲积旋回结构，在每一冲积旋回顶部常有一层紫红色或花斑泥岩。本段下界止于铝土岩顶板，上界止于第二段底含细砾粗砂岩。地层厚度77～128 m，平均厚度106 m。

第二段（P2s2）：全段以中、粗砂岩为骨架，夹灰绿色和杂色花斑粉砂岩，顶部常有一层杂色粗砂岩或泥质粉砂岩。地层厚度102～138 m，一般厚度114 m。

第三段（P2s3）：岩性由暗紫色、灰紫色及灰绿色泥岩、铝土质泥岩和粉砂岩组成，局部夹蓝绿色及紫色薄层中砂岩，在铝土质泥岩中常有泥质锰铁质结核。地层厚度54～75 m，一般厚度62 m。

第四段（P2s4）：岩性由暗紫色、灰绿色泥岩、粉砂岩及灰白色、灰绿色中粗砂岩组成，局部夹紫色薄层砂岩。全段层理不明显，多呈厚层块状构造。地层厚度175～202 m，一般厚度189 m。

d. 石千峰组（P2sh）。

本组为一套干燥气候条件下形成的红色碎屑沉积。地层厚度187～220 m，一般厚度194 m。按照岩性变化自下而上可分为4个岩性段。

第一段（P2sh1）：属一套灰白色带青绿色的含砾粗砂岩，砾石为石英岩和石英质砂岩，磨圆度较好，砂岩分选性差，泥质胶结，与下伏石盒子组呈冲刷接触。地层厚度5～17 m。

第二段（P2sh2）：岩性为酱紫色中细粒钙质砂岩、暗紫色泥质粉细砂岩及红色泥岩互层。地层中普遍含有石膏结核和片状、板状石膏晶体，晶体外围有蓝色扩散晕。地层厚度150 m左右。

第三段（P2sh3）：岩性为灰白色带淡绿色、褐紫色湖相灰岩，层理不清，含硅质及石膏质，外貌呈块状、结核状、瘤状、网状和角砾状。地层厚度2～5 m。

第四段（P2sh4）：岩性为暗紫色、棕红色泥质细砂岩，常带灰绿色或翠绿色浑圆形珠斑或斑块，具不清晰的水平层理。地层厚度40～50 m。

（4）中生界(Mz)。

中生界只有三叠系中、下统,缺失了上三叠系、侏罗系和白垩系。

三叠系(T)包括下三叠统刘家沟组(T1l)、和尚沟组(T1h)和中三叠统流泉组(T2l)。

① 刘家沟组(T1l)。

岩性为砖红色、淡紫色薄板状及中厚层状细砂岩,夹暗紫色薄层泥岩。岩层中泥裂、雨痕和雹痕较为明显,细砂岩中层理以水平层理为主,其次为斜层理和交错层理。地层厚度480~600 m。

② 和尚沟组(T1h)。

岩性主要由紫红色、暗紫色中厚层状细砂岩组成,含泥质较多,岩性较为松软,底部有一层紫红色泥岩。地层厚度235 m。

③ 流泉组(T2l)。

岩性主要由黄色中砂岩、细砂岩及灰绿色、紫色和杂色粉砂岩组成,夹紫色、绿色薄层泥岩。砂岩为钙质胶结,交错层理发育。地层厚度106~225 m。

（5）新生界(Kz)。

① 新近系(N)。

新近系主要由黄棕色、黄绿色泥岩和钙质固结的砖红色细砂岩、粉砂岩组成。粉砂岩中多含不规则钙质结核,岩层呈半固结状态。第三系仅D29,D40,0902,0904,1201,1204孔见到,与下伏地层呈角度不整合接触,地层厚度120.5~554.19 m。

② 第四系(Q)。

邢东井田全部被第四系松散沉积物覆盖。地层厚度192~620 m,一般厚度245 m,且西部薄,东部厚。按照形成时代、成因和岩性可将第四系分为上下两组。下部为下更新统冰碛组,按成因及岩性又可分成三段;上部为中更新统、上更新统、全新统冲洪积砂层、黏土层和表土耕作层(Q2+3+Q4)。

a. 冰碛组(Q1)。

第一段(Q11):主要由砾径大小不一的冰碛石组成,砾径10~1 000 mm,砾石主要为肉红色石英岩和石英质砂岩,无分选和定向排列现象,砾石之间充填有紫红色黏土质砂。在井田内泥砾层西厚东薄,砾径西大东小,在D8至D34一线有一条近东西向的泥砾缺失带,被中、粗砂代替,初步认为属一条古冰水河道。地层厚度0~13 m,一般厚度2~4 m。

第二段(Q12):由粒度不同、厚度不等的砂层和亚黏土交互组成,属于间冰期冰水与大气降水形成的冲、洪积物。砂层以黄色粗砂和中砂为主,细砂次之。矿物成分以石英为主,其次为长石。分选性与磨圆性差,常含少量细砾。地层厚度170~320 m,一般厚度185 m。

第三段(Q13):主要由大小不一的冰碛石组成,砾石主要为石英岩和石英质砂岩,分选性较差,其间充填砂、泥质成分。地层厚度0~35 m,一般厚度10~20 m。

b. 冲洪积砂层、黏土层及表土耕作层(Q2+3+Q4)。

主要由黄灰色亚砂土、亚黏土和黄白色中细砂层组成,含大量螺类化石,井田内不易细分。地层厚度21~77 m,一般厚度40 m。

2）煤层分布

邢东井田含煤地层为中石炭统本溪组、上石炭统太原组和下二叠统山西组。含煤地层平均厚度 217.13 m，共含煤 15 层，其中 $2^{\#}$、$2_{\text{下}}$、$6^{\#}$、$7^{\#}$、$8^{\#}$、$9^{\#}$ 煤层全区可采；$1^{\#}$、$3^{\#}$、$5_{\text{上}}$、$5^{\#}$、$6_{\text{下}}$、$7_{\text{上}}$ 煤层局部可采；$3_{\text{上}}$、$4_{\text{下}}$、$10^{\#}$ 煤层不可采。煤层平均总厚度 20.44 m，含煤系数 9.4%。其中，可采煤层平均总厚度 15.98 m，可采含煤系数 7.4%。煤质属高挥发分的低、中变质烟煤，即气肥煤类。

各主要标志层厚度及间距详见表 A-1。

表 A-1　　　　　　　　　邢东矿煤层或标志层厚度与间距

煤层或标志层	厚度/m	煤层间距/m	煤层与标志层间距/m
铝土岩	$\dfrac{0.48-9.90}{4.94}$		
$1^{\#}$ 煤	$\dfrac{0.16-1.64}{0.61}$	$\dfrac{7.53-30.02}{18.78}$	$\dfrac{84.17-119.58}{104.38}$
$2^{\#}$ 煤	$\dfrac{2.65-5.48}{4.29}$	$\dfrac{0.25-6.45}{1.93}$	
$2_{\text{下}}$ 煤	$\dfrac{0.52-1.85}{1.21}$	$\dfrac{7.84-14.98}{11.28}$	$\dfrac{34.59-58.92}{46.76}$
$3_{\text{上}}$ 煤	$\dfrac{0.15-0.59}{0.33}$	$\dfrac{6.11-23.4}{18.73}$	
$3^{\#}$ 煤	$\dfrac{0.13-0.84}{0.52}$	$\dfrac{16.5-25.55}{19.43}$	
野青灰岩	$\dfrac{1.00-3.19}{2.10}$		$\dfrac{6.90-23.29}{15.34}$
$4_{\text{下}}$ 煤	$\dfrac{0.12-0.56}{0.35}$	$\dfrac{3.20-11.86}{7.86}$	
$5_{\text{上}}$ 煤	$\dfrac{0.24-1.28}{0.62}$	$\dfrac{1.03-3.70}{1.83}$	
$5^{\#}$ 煤	$\dfrac{0.23-1.01}{0.53}$	$\dfrac{5.94-18.93}{12.61}$	
$6^{\#}$ 煤	$\dfrac{0.89-1.97}{1.54}$	$\dfrac{5.42-17.35}{12.48}$	$\dfrac{4.13-15.45}{10.50}$
伏青灰岩	$\dfrac{0.40-4.26}{2.01}$		
$6_{\text{下}}$ 煤	$\dfrac{0.15-0.96}{0.55}$	$\dfrac{5.58-35.25}{13.63}$	
$7_{\text{上}}$ 煤	$\dfrac{0.22-1.02}{0.62}$	$\dfrac{1.23-12.27}{3.52}$	
$7^{\#}$ 煤	$\dfrac{0.47-2.46}{1.41}$		$\dfrac{6.49-15.47}{11.08}$
中青灰岩	$\dfrac{0.29-1.69}{0.47}$	$\dfrac{10.23-25.04}{18.52}$	$\dfrac{2.43-7.52}{4.60}$
大青灰岩	$\dfrac{1.00-8.13}{4.57}$		
$8^{\#}$ 煤	$\dfrac{1.39-5.63}{4.20}$	$\dfrac{0.29-1.47}{0.88}$	$\dfrac{9.10-26.58}{20.60}$
$9^{\#}$ 煤	$\dfrac{1.16-4.70}{3.08}$		
本溪灰岩	$\dfrac{0.68-10.45}{3.61}$	$\dfrac{4.33-20.43}{12.38}$	
$10^{\#}$ 煤	$\dfrac{0.23-0.70}{0.48}$		

3）地质构造

邢东井田位于邯邢煤田东北部。邯邢煤田属华北古板块内太行山次级断块的范畴。煤田西部为太行山隆起中南段,整体呈北东向展布,由赞皇隆起和武安断陷组成。

邢东井田内各类断层发育,不同级别的断层将整个井田的含煤地层切割成一系列大小不等、形状各异的断块,各断块又表现为地堑、地垒和阶梯状构造组合。地层走向总的趋势自北而南由北西转为北北东,倾向由北东转为南东东,略呈向东突出的弧形。地层平缓,倾角一般在10°～15°。在断层附近地层产状有不同程度的变化。采掘揭露资料表明,较大断裂附近煤层倾角可达30°。

（1）褶皱。

井田内共发育两个大中型褶皱,大吴庄—高家屯开阔向斜和邢台制药厂—三合庄残破背斜,地层比较平缓,除靠近断层和背斜轴部地层倾角较大外(地层倾角15°～30°),其余地区地层倾角10°～15°,对采区划分影响较小。

（2）断层。

邢东井田在勘探和生产过程中共发现断层389条(表A-2)。其中,落差大于20 m的断层86条,占已揭露断层的22.1%;落差在5～20 m的断层66条,占已揭露断层的17.0%;落差在5 m以下的小型断层237条,占已揭露断层的60.9%。

表 A-2 邢东井田断层

断层类型	落差/m	条数	比例/%
大中型断层	≥20	86	22.1
中小型断层	5～20	66	17.0
小型断层	<5	237	60.9
合 计		389	100

（3）岩浆岩。

邢东井田范围内未发现岩浆岩侵入现象。

（4）陷落柱。

邢东矿生产至今未发生过因陷落柱造成的灾害。邢东矿自2001年11月18日投产以来,生产过程中共揭露陷落柱7个,均为不导水陷落柱。

依据《煤矿地质工作规定》,邢东矿地质构造复杂程度类型为中等型。

4）水文地质

邢东井田地处太行山中段东麓与华北平原西侧,地势西高东低。地面海拔高度在+53～+62 m,地表自然坡度约为2.3‰。地面冲沟不发育,无大的自然水系和人工水体。唯在井田西界以外约4 km处有一奥陶系石灰岩岩溶泉群——达活泉群。水流均汇集于牛尾河中,而后东流泻出区外滏阳河。

邢东矿为邢台矿区采深最大的矿井,位于百泉泉域最东部,邢台二号大断层(H=500～1 000 m)既是百泉泉域的东部边界也是邢东矿东部的自然边界。根据井田地质勘探和水文地质勘探揭露,含水层之间均分布一定厚度的并且有良好隔水性能的隔水岩层。

自上而下各含、隔水层的主要特征分述如下：

（1）第四系顶砾孔隙含水层（X_2）。

由下部的砾石和其上部的中细砂岩组成，厚度 30～93 m，平均厚度约 48 m，其中砾石层厚度一般为 10～20 m。含水层富水性强至极强，据民井抽水试验资料，单位涌水量为 1.29～9.83 L/(s·m)，水位标高 +54.50～60.40 m，水质类型为 HCO_3·Cl-Ca·Mg 和 HCO_3·SO_4^--Ca·Mg 型，TDS（矿化度）为 0.185～0.590 g/L。

（2）X_{1-1}～X_2 号之间隔水层。

其位于第四系顶砾孔隙含水层和第四系中部孔隙含水层之间，隔水层由黏土、亚黏土和亚砂土等组成，厚 3.5～46.4 m，隔水条件较差。

（3）第四系中部孔隙含水层（X_{1-1}）。

以中细砂为主，分选、磨圆较好，一般由 5 个单层组成，厚度 27～71 m，平均厚度约 42 m，上部较松散，下部微固结。含水层富水性弱，据邢台井田抽水试验资料，钻孔水位标高 +77.56～+78.83 m，单位涌水量为 0.023 7～0.034 4L/(s·m)，水质类型为 HCO_3-Ca 型，TDS 为 0.186～0.340 g/L。

（4）X_1～X_{1-1} 号之间隔水层。

其位于第四系中部孔隙含水层和第四系底板孔隙含水层之间，隔水层由黏土、亚黏土和亚砂土等组成，厚 25.7～118.5 m，隔水条件良好。

（5）第四系底砾孔隙含水层（X_1）。

砾石成分以石英砂岩为主，混有不等粒度的黏土和散砂，层厚 0～13 m，一般为 2～4 m，分布不稳定。含水层富水性弱，单位涌水量 0.002 93 L/(s·m)，钻孔水位标高 +63.57 m，水质类型为 SO_4·HCO_3-Ca·Na 型，TDS 为 0.592 g/L。

（6）Ⅸ（及其以下各基岩含水层）～X_1 号之间隔水层。

其位于上石盒子组二段砂岩裂隙含水层和第四系底板孔隙含水层之间，隔水层在井田中部和北部 F_1 断裂破碎带附近，煤系及其以上各基岩含水层均与 X_1 号含水层相接触，彼此存在水力联系。

（7）上石盒子组二段砂岩裂隙含水层（Ⅸ）。

以中粗砂岩为主，含砾，裂隙较发育，厚度约 70 m。富水性中等，本区未做抽水试验，据东庞井田 4230 孔抽水结果，单位涌水量 0.118 L/(s·m)，钻孔水位标高 +80.67 m，水质类型为 HCO_3-Na·Ca 型，TDS 为 0.328 g/L。

（8）Ⅷ～Ⅸ 号之间隔水层。

其位于下石盒子组底部砂岩裂隙含水层和上石盒子组二段砂岩裂隙含水层之间，隔水层由粉砂岩、铝土质粉砂岩和铝土岩等组成，厚 77～128 m，平均厚度 106 m，隔水条件良好。

（9）下石盒子组底部砂岩裂隙含水层（Ⅷ）。

以中细砂岩为主，泥质胶结，裂隙不发育，一般 2～4 层，以底部含砾中砂岩（或细砂岩）最稳定，层厚 6.9～39.9 m，平均厚度 19.83 m。含水层富水性弱，地下水以静储量为主。单位涌水量 0.000 78～0.001 44 L/(s·m)，渗透系数平均 0.003 53～

0.004 65 m/d,水质类型为 HCO_3-Na 型,TDS 为 0.436 g/L。

（10）Ⅶ～Ⅷ号之间隔水层。

其位于 2#煤顶板砂岩裂隙含水层和下石盒子组底部砂岩裂隙含水层之间,隔水层由粉砂岩、泥岩和中细砂岩等组成,厚 19.09～48.12 m,平均厚度 34.56 m,隔水条件良好。

（11）2#煤顶板砂岩裂隙含水层（Ⅶ）。

以中细砂岩为主,分选、滚圆一般,泥钙质胶结,裂隙较发育,多被钙质充填,层厚 0～16.03 m,平均厚度 8.05 m。含水层富水性弱,单位涌水量 0.001 04～0.001 08 L/(s·m),渗透系数 0.007 2～0.011 9 m/d,平均 0.009 55 m/d,钻孔水位标高 ＋64.01～＋68.02 m,水质类型为 HCO_3-Na,HCO_3·SO_4-Na 型,TDS 为 0.448～0.485 g/L。

（12）Ⅵ～Ⅶ号之间隔水层。

其位于 2#煤和野青灰岩裂隙岩溶含水层之间,隔水层由粉砂岩、中细砂岩、砂质泥岩和煤层组成,偶见铝土质泥岩和薄层泥岩。厚度 42.54～67.90 m,从本次施工的水 5 岩石力学样来看,各种岩石孔隙率均未超 10%,含水率 0.2%～2.1%,平均抗压强度 30.9～90.1 MPa,其中砂质泥岩平均抗压强度 31.5～47.3 MPa,细粒砂岩平均抗压强度 64.8～90.1 MPa,厚度大,隔水条件良好。

（13）野青灰岩裂隙岩溶含水层（Ⅵ）。

石炭系上统太原组野青石灰岩,质不纯,含少量泥质,裂隙、岩溶均不发育,厚度 1.27～4.26 m,平均厚度 2.23 m。含水层富水性弱,地下水以静储量为主,单位涌水量 0.003 82～0.035 6 L/(s·m),水质类型为 HCO_3-Na 和 HCO_3·Cl-Na 型,TDS 为 0.451～0.625 g/L。

（14）Ⅳ～Ⅵ号之间隔水层。

其位于伏青灰岩裂隙岩溶含水层和野青灰岩裂隙岩溶含水层之间,隔水层由泥岩、砂质泥岩、粉砂岩和煤层等组成,厚 28.56～49.73 m,从水 1 岩石力学分析结果来看,砂质泥岩孔隙率 9.2%～10.9%,含水率 1.8%～3.2%,平均抗压强度 14.8～30.9 MPa;粉砂岩孔隙率 6.4%～7.0%,含水率 0.6%～2.2%,平均抗压强度 41.7～73.3 MPa,厚度较大,隔水条件良好。

（15）伏青灰岩裂隙岩溶含水层（Ⅳ）。

石炭系上统太原组伏青石灰岩质不纯,含泥质,裂隙和岩溶均不发育,厚度 0.63～3.26 m。含水层富水性弱,地下水以静储量为主,单位涌水量 0.002 63～0.002 97L/(s·m),水质类型为 HCO_3·Cl-Na 和 HCO_3·SO_4-Na 型,TDS 为0.519～0.533 g/L。

（16）Ⅱ～Ⅳ号之间隔水层。

其位于大青灰岩裂隙岩溶含水层和伏青灰岩裂隙岩溶含水层之间,隔水层由粉砂岩、泥岩、中细砂岩和煤层组成,厚 24.56～59.57 m,从水 5 细砂岩孔隙率 5.8%、含水率 0.2%来看,隔水条件良好。

（17）大青灰岩裂隙岩溶含水层（Ⅱ）。

由灰岩组成,质较纯,裂隙较发育,大部被方解石充填,局部可见小溶洞和溶孔,层厚 1.70~8.22 m。含水层富水性弱,单位涌水量 0.000 7~0.014 1 L/(s·m),钻孔水位标高 -93.34~+64.42 m,水质类型以 HCO_3-Ca·Na 型为主,TDS 为 0.325~0.817 g/L。

(18) I_1~Ⅱ号之间隔水层。

其位于本溪灰岩裂隙岩溶含水层和大青灰岩裂隙岩溶含水层之间,隔水层由砂岩、泥岩、铝土质泥岩、铝土质粉砂岩和煤层等组成,厚 4.69~33.76 m,一般 20 m 左右,从水 5 钻孔岩石力学分析结果来看,孔隙率 3.6%~12%,含水率 0.2%~1.9%,铝土质泥岩普氏硬度系数 2.5~4.2,平均抗压强度 25.2~42.4 MPa,砂质泥岩普氏硬度系数 3.8~6.2,平均抗压强度 38.4~61.6 MPa,隔水条件较差。

(19) 本溪灰岩裂隙岩溶含水层(I_1)。

石炭系上统太原组本溪石灰岩,质不纯,含少量泥质,裂隙、岩溶均不发育,平均厚度 3.5 m 左右。含水层富水性弱,在揭露的 28 个钻孔中无漏水现象,泥浆消耗量均小于 0.5 m³/h。

(20) I~I_1号之间隔水层。

其位于奥陶系灰岩岩溶裂隙含水层和本溪灰岩裂隙岩溶含水层之间,隔水层由铝土岩、铝土质粉砂岩及细粉砂岩等组成,部分钻孔见铁质泥岩。隔水层厚度 2.93~38 m,一般 5~10 m。从水 5 岩石力学分析结果来看,铝土岩孔隙率 7.6%,含水率 1.6%,吸水率 2.7%,隔水条件较差。

(21) 奥陶系灰岩岩溶裂隙含水层(I)。

奥陶系石灰岩为煤系地层的基盘,总厚度 545 m,由石灰岩、角砾状灰岩、泥质灰岩、白云质灰岩组成。奥陶系灰岩岩溶裂隙含水层可细分三组八段,其中一、四、七段为相对隔水层。含水层富水性不均一,据水文地质补勘抽水试验成果,单位涌水量 0.038 2~3.776 L/(s·m),富水性由弱至强,钻孔水位标高 +25.35~+35.95 m,水质类型为 HCO_3-Ca,SO_4·HCO_3-Ca·Mg,SO_4-Ca 和 SO_4-Ca·Mg 型,TDS 为 0.306~3.720 g/L。

5)项目区周边工程勘察资料

由于项目区内是邢东矿采煤影响区,邢台市在该区域内未进行过大的项目建设,故在邢台市城乡规划局和邢台市国土资源局的帮助下,对周边已作项目工程勘察资料进行收集,有代表性的项目包括邢台市眼科医院异地迁建项目(襄都路西)、邢台市邢州大道污水工程(东三环以东)、邢台市青青小镇东区岩土工程勘察(项目区南侧)、自然城 1#、2#、3#、5#、6#、7#、11#、12#、15# 楼岩土工程勘察等。这些项目均分布在项目区边缘,且均匀分布,地层结构和项目区内类似。

(1)邢台市青青小镇东区岩土工程勘察(位于项目区南侧)。

在钻孔揭露深度 50 m 内,自上而下划分为 9 层:

① 新近沉积粉质黏土[Q42(al+pl)]:黄褐~褐色,可塑~硬塑,含砂粒、植物根系、姜石,局部姜石含量大,韧性、干强度中等,无摇振反应,稍有光泽。层厚 3.7~1.3 m。

② 粉土(Q4al+pl):黄褐色,稍湿~湿,中密~密实,含砂粒、姜石,局部姜石含

量大,韧性、干强度低,摇振反应中等,无光泽。层厚 6.0～1.1 m。

③ 细砂(Q4al+pl):褐黄色,稍湿,中密,主要由石英及长石组成,砂质较纯,分选性较好。层厚 4.3～0.3 m。

④ 粉土(Q4al+pl):褐黄色,稍湿～湿,中密,含砂粒,韧性、干强度低,摇振反应中等,无光泽。层厚 11.0～4.1 m。

⑤ 粉质黏土(Q4al+pl):褐黄色,可塑,含砂粒、姜石,韧性、干强度中等,无摇振反应,稍有光泽。层厚 7.9～2.8 m。

⑥ 中砂(Q4al+pl):褐黄色,稍湿～湿,中密,主要由石英及长石组成,含砾石,砂质较纯,分选性差,钻进振响。层厚 5.2～1.0 m。

⑦ 粉质黏土(Q4al+pl):黄褐色,可塑～硬塑,含砂粒、姜石、铁锰斑,局部含大姜石,韧性、干强度中等,无摇振反应,稍有光泽。该层在深孔揭穿,最大揭露厚度 16.0 m。

⑧ 中砂(Q4al+pl):褐黄色,稍湿～湿,中密,主要由石英及长石组成,含砾石,砂质较纯,分选性差,钻进振响。该层在深孔揭穿,最大揭露厚度 8.9 m。

⑨ 粉质黏土(Q4al+pl):黄褐色,可塑,含砂粒、姜石,韧性、干强度中等～高,无摇振反应,有光泽。该层未揭穿,最大揭露厚度 4.1 m。

(2) 邢台市邢州大道污水工程(东三环以东)(位于项目区北边界)。

在钻孔揭露深度 20 m 内,自上而下划分为 7 层:

① 杂填土(Q42ml):杂色,松散,稍湿。主要由粉土组成,含砖块、灰渣等建筑垃圾。平均层厚 1.1 m。

② 粉土[Q42(al+pl)]:黄褐色,稍密～中密,稍湿,韧性低,干强度低,摇振反应迅速,无光泽。平均层厚 0.9 m。

③ 粉质黏土(Q4al+pl):黄褐色,可塑,局部软塑,韧性中等,干强度中等,无摇振反应迅速,稍有光泽,含少量砂粒。平均层厚 1.1 m。

④ 细砂(Q4al+pl):褐黄色,稍密～中密,稍湿,砂质较纯,分选性一般,以长石、石英为主。平均层厚 0.7 m。

⑤ 粉质黏土(Q4al+pl):黄褐色,可塑,局部软塑,韧性中等,干强度中等,无摇振反应,稍有光泽,含少量砂粒。平均层厚 2.8 m。

⑥ 粉质黏土(Q4al+pl):褐黄色,可塑,韧性低中等,干强度中等,无摇振反应,稍有光泽,见锈斑,含少量姜石颗粒,夹粉土薄层。平均层厚 6.0 m。

⑦ 粉质黏土(Q4al+pl):褐黄色,可塑,韧性低中等,干强度中等,无摇振反应,稍有光泽,见锈斑,偶见小姜石,含砂粒。平均层厚 7.4 m。

(3) 邢台市眼科医院异地迁建项目(位于项目区西侧)。

根据西侧 500 m 处邻近场地《邢台市豫珠苑岩土工程勘察报告》,在钻孔揭露深度内,自上而下划分为 6 层:

① 杂填土(Q42ml):褐灰色,灰黄色,稍湿,松散,成分为砂质、灰渣、砖块及黏性土。该层为新近堆积土,自重固结尚未完成,层厚 0.2～1.5 m。

② 粉质黏土[Q42(al+pl)]:褐黄色,硬塑,稍有光泽,韧性中等,干强度中等,偶

见蓝色砖块,局部地段夹薄层粉土,粉土呈黄褐色,稍湿,中密,无光泽,韧性低,干强度低。该层为新近沉积土。层底埋深 1.8~4.0 m,层厚 0.3~3.8 m。

③ 中砂[Q41(al + pl)]:灰黄色,稍湿,稍密~中密,成分以石英、长石为主,含少量暗色矿物和云母。分选性差,颗粒自上而下逐渐变粗,下部呈现为砾砂。该层局部地段缺失,层底埋深 4.5~8.0 m,层厚 2.0~5.2 m。

④ 粉质黏土(Q4al + pl):褐黄色,黄褐色,可塑~硬塑,稍有光泽,韧性中等,干强度中等,含铁锰染条带及姜石,姜石直径一般 1~2 cm。层底埋深 8.9~10.2 m,层厚 1.1~6.0 m。

⑤ 中砂[Q3(al + pl)]:灰黄色,稍湿,中密,分选性差,局部地段含小砾石,成分以石英、长石为主,含少量暗色矿物和云母。层底埋深 15.5~15.9 m,层厚 6.0~6.8 m。

⑥ 粉质黏土[Q3(al + pl)]:黄褐色,硬塑,稍有光泽,韧性中等,干强度中等,含铁锰染条带,含少量姜石,最大揭露厚度 4.5 m。

综上所述,在项目区西侧、南侧、北侧各选取一个工程勘察报告,揭露的地层中,都有多层、稳定存在的粉质黏土存在,粉质黏土是相对隔水层。

4. 煤炭开采覆岩与地表影响特征分析

工作面煤层开采后,所形成的采空区上方的岩层,在自重力的作用下,产生破坏、冒落、弯曲、变形等运动,上覆岩层的这种破坏与移动,将随着时间的推移逐渐扩展(影响)到地表,使位于地表的建(构)筑物受到不同程度的损害或影响。

1) 煤炭开采地表移动变形特征

地表下沉即为通常所说的地表塌陷。煤层开采后,采空区上覆岩层产生垮落、断裂、弯曲,并在地表形成一个比采空区范围大得多的沉陷区,即下沉盆地。

下沉盆地内地表任意一点的移动和变形通常用下沉、倾斜、曲率、水平移动和水平变形等数值来表示。

地下开采引起地表下沉盆地内任一点移动,从开始移动(下沉)到移动基本稳定,统称地表移动过程,可分为三个阶段:初始期、活跃期和衰退期。依据《三下采煤规程》,经观测当地表移动在 6 个月内下沉值不超过 30 mm 时,即认为地表移动已稳定(停止)。其后,地表还可能有少量残余下沉量,这个残余下沉量将持续相当长一段时间,与开采深度、覆岩性质、顶板管理方法等有关。在老采空区上方新建建(构)筑物时,应根据开采结束时间,计算残余下沉的影响。

2) 煤炭开采上覆岩层破坏特征

依据开采沉陷的研究成果,煤层采出后,其上覆岩层的移动过程通常如下:首先从煤层的直接顶板开始,由下而上依次产生冒落、断裂、裂隙、弯曲等各种不同的移动与破坏形式,最后在地表形成下沉盆地。当采动引起的移动与破坏稳定后,按岩层破坏程度的不同,岩体内大致分为三个不同的开采影响带,即冒落带、裂隙带、弯曲带,简称"三带"(图 A-1)。

冒落带:指采用全部垮落方法管理顶板时,采煤工作面放顶后引起的煤层直接顶板的破坏范围。其特点是顶板在岩体自重力作用下,发生弯曲,当岩层内拉应力超过岩体的强度时,岩层发生破坏形成碎块状,因无支撑而垮落并充填采空区,形成一定的冒落范围即冒落带,冒落带的高度通常为采出煤层厚度的3~5倍。

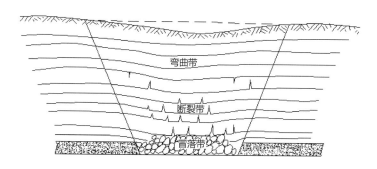

图 A-1 煤层开采后上覆岩层"三带"分布

裂隙带:冒落带以上到弯曲带之间称为裂隙带(也称断裂带)。该区段岩层发生垂直于层面的裂缝、断开,有的岩层顺层面离开,称为离层,但它仍保持原有层位。它与冒落带之间无明显的界限。根据我国各煤田的观测资料分析,这两带的总高度,一般为采出煤层厚度的11~16倍。

弯曲带:该带位于裂隙带以上。岩层在自重力作用下产生法向弯曲,在此带内的岩层仍保持其整体性和层状结构。

"三带"的形成主要取决于煤层的赋存条件、采煤方法、顶板管理方法和岩体的物理力学性质等因素。

在实际地表移动变形观测中,下沉盆地内常常发现地表裂缝,但这种裂缝与上述裂缝带完全不同。一般情况下,地表有可能产生裂缝,但这种裂缝主要是由开采而产生不均匀沉降使松散土体受拉伸变形所引起的。根据实测资料,地表裂缝在其下方一定深度内即自行闭合而消失,一般不和岩体内裂缝带之裂缝相沟通。当有表土层覆盖的情况下,地表裂缝的深度一般为5~20 m。特殊情况下,如采区中存在高角度大断层,而当断层保护煤柱留设偏小,采动造成断层面产生滑移时,断层露头处,其地表将产生台阶状裂缝。此外,在地震力的作用下,也可诱发断层活化。

3) 老采空区的活化影响特征

地下开采结束以后,虽然经过长时间的自然压实,但开采引起的地下空洞、离层、裂隙和垮落带的欠压密、孔隙中饱水等现象仍长期存在。在采空区上方修建建(构)筑物、地震活动、邻区开采、多煤层开采、强排地下水等,都可能打破原来的应力平衡状态,使老采空区"活化"。

研究表明,采用不同的顶板管理方法时,老采空区地基稳定性存在较大差异;同时老采空区及其覆岩中不同位置的岩体结构有较大差异,这种采动次生岩体结构的差异对老采空区覆岩"活化"规律有重要影响,其存在形式将决定老采空区覆岩"活化"的基本特点,直接影响老采空区的地基稳定性。

长壁连续规则工作面开采后,上覆岩层形成垮落带、断裂带和弯曲带。垮落带岩体呈散体和碎裂形态,岩块间空隙大、连通性好;断裂带岩体呈块裂层状结构,裂缝连通且发育;弯曲带岩体为较完整的层状结构,采动破坏轻微。地下煤层开采结束,经过一段时间后,地表沉陷逐渐减小,按开采沉陷理论,当连续 6 个月内下沉值不超过 30 mm 时,可认为地表移动已稳定,实际上地表仍会产生少量的残余沉降。产生残余沉降的主要原因如下:

(1) 煤层开采后,上覆岩体内部结构遭到破坏,虽经多年的压实,但岩体内形成的空隙、裂缝、离层和破碎岩块需较长的时间才能压密,这就使采空区地表在相当长的时间内还会有少量的残余沉降。

(2) 煤层开采后形成垮落带,垮落带岩体结构为散体结构和碎裂结构,存在较大的残余碎胀系数和空隙率。自采空区边界向采空区中央可将垮落带划分为未充分充填区、垮落岩块堆积区、垮落岩块压密区,在采空区边缘存在未被垮落岩块充分充填的空洞,煤壁上方顶板形成了一定的悬臂梁结构和砌体梁结构。由于悬臂梁结构和砌体梁结构的存在,垮落带不同位置破裂岩体的压密程度有较大差异,其"活化"的主要形式为空隙、裂隙和空洞的再压密,及其压密过程中岩块的转动和蠕变,导致地表再次出现相对较大的不均匀沉降。

(3) 裂隙带岩体为块裂结构,块体间相互咬合、铰接,形成一定的铰接砌体岩梁半拱形结构和悬臂梁结构。其上部的软弱岩层可视为坚硬岩层上的荷载,同时又是上层坚硬岩层组与下部结构联结的垫层,多组坚硬岩层的存在形成了上覆岩层的复合砌体梁结构,邻近采空区边界上方裂隙带各砌体梁间常出现明显的离层区。该区域老采空区覆岩"活化"的主要形式为煤体强度弱化或外力作用下岩块结构失稳及由此造成的裂隙和离层的压密。下层岩体结构的失稳将诱发上方各层岩体结构的相继失稳和离层裂隙的压密,导致建筑物地基出现较大的不均匀沉降。

(4) 老采空区中部为充分下沉区,垮落断裂岩块主要承受竖向压应力作用,其自然压密程度较好,但由于破裂岩块不可复原的性质,岩块间的裂隙将长期存在,在受到上部附加荷载作用时,主要产生再压密,地表变形降沉量相对较小,也比较均匀。

采空区地表残余沉降量的大小、分布与开采方法、采厚、采空区尺寸、采深、覆岩性质等密切相关,采空区采厚越大、采深越浅,地表残余沉降量越大。在一定采深条件下(深厚比大于 30),采空区上方地表一般不会产生剧烈沉降,地表残余沉降相对平缓、分布连续。

4) 地表移动与变形对建(构)筑物的影响

地下开采引起的地表移动和变形,将对其影响范围内的建(构)筑物产生作用,该影响一般是由地表通过建(构)筑物的基础传到其上部结构的。不同的地表变形作用对建(构)筑物产生的影响也不同。

(1) 地表下沉和水平移动对建(构)筑物的影响。

地表大面积、平缓、均匀的下沉和水平移动,一般对建(构)筑物影响很小,不会引起建(构)筑物破坏,故不作为衡量建(构)筑物破坏的指标。如建(构)筑物位于盆地的平底部分,最终将呈现出整体移动,建(构)筑物各部件不产生附加应力,仍可保持原来的形态,但采动过程中的动态影响还是存在的。而当下沉值较大时,有时也会带来严重的后果,特别是在地下水位很高的情况下,地表沉陷后积水,使建(构)筑物基础淹没在水中,即使其不受损害也无法使用。

(2) 地表倾斜对建(构)筑物的影响。

移动盆地内非均匀下沉引起的地表倾斜,会使位于其范围内的建(构)筑物歪斜,特别是对底面积小、高度大的建(构)筑物(如烟囱、水塔、高压输电线铁塔等)影响较大。

倾斜会使公路、铁路、管道、地面上下水系统等的坡度遭到破坏,从而影响其正常工作;另外,倾斜变形导致设备偏斜,磨损加大或运转不正常。

(3) 地表曲率变形对建(构)筑物的影响。

曲率变形表示地表倾斜的变化程度,并且有正、负曲率之分,受其影响的建(构)筑物受力状况和破坏特征也不同。建(构)筑物位于正曲率(地表上凸)部位时,其基础中间受力大,两端受力小,甚至处于悬空状态,产生破坏时,其破坏特征为倒八字裂缝;建(构)筑物位于负曲率(地表下凹)部位时,其基础中间部位受力小,两端处于支撑状态,其破坏特征为正八字裂缝。

曲率变形引起的建(构)筑物上附加应力的大小,与地表曲率半径、土壤物理力学性质和建(构)筑物特征有关。一般而言,随曲率半径的增大,作用在建(构)筑物上的附加应力减小;随建(构)筑物长度的增大、底面积增大,建(构)筑物产生的破坏也加大。

(4) 地表水平变形对建(构)筑物的影响。

地表水平变形使建(构)筑物的基础产生拉伸或压缩附加力是引起建(构)筑物破坏的重要因素。特别是砖木结构的建(构)筑物,抗拉伸变形的能力很小,所以受到拉伸变形后,往往是先在建(构)筑物的薄弱部位(如门窗上方)出现裂缝,有时地表尚未出现明显裂缝,而在建(构)筑物墙上却出现了裂缝,破坏严重时可能使建(构)筑物倒塌。压缩变形则能使建(构)物墙壁挤碎、地板鼓起,出现剪切或挤压裂缝,使门窗变形、开关不便等。

水平变形对建(构)筑物的影响程度与地表变形值的大小,建(构)筑物的长度、平面形状、结构、建筑材料、建造质量、建筑基础特点,建(构)筑物和采空区的相对位置等因素有关。其中地表变形值的大小及其分布又受开采深度、开采厚度、开采方法、顶板管理方法、采动程度、岩性、水文地质条件、地质构造等因素的影响。

5) 建(构)筑物破坏与地表变形的关系

地表变形使建(构)筑物的基础及其结构产生附加应力,从而使建(构)筑物遭受到某种程度的损害。建(构)筑物受开采影响的损害程度取决于地表变形值的大小和建(构)筑物本身抵抗采动变形的能力。对于长度或变形缝区段内长度小于 20 m 的砖混结构建(构)筑物,其损坏等级依照《三下采煤规程》进行划分,详见表 A-2。其他结构类型的建(构)筑物可参照表 A-3 的规定执行。

表 A-3　　　　　　　　　　　　　　　　　　砖混结构建筑物损坏等级

损坏等级	建筑物损坏程度	地表变形值			损坏分类	处理方式
		水平变形ε/ (mm·m^{-1})	曲率 k/ (×10^{-3}m^{-1})	倾斜/ (mm·m^{-1})		
Ⅰ	自然间砖墙上出现宽度 1～2 mm 的裂缝	≤2.0	≤0.2	≤3.0	极轻微损坏	不修
	自然间砖墙上出现宽度小于 4 mm 的裂缝;多条裂缝总宽度小于 10 mm				轻微损坏	简单维修
Ⅱ	自然间砖墙上出现宽度小于 15 mm 的裂缝;多条裂缝总宽度小于 30 mm;钢筋混凝土梁、柱上裂缝长度小于 1/3 截面高度;梁端抽出小于 20 mm;砖柱上出现水平裂缝,缝长大于 1/2 截面边长;门窗略有歪斜	≤4.0	≤0.4	≤6.0	轻度损坏	小修
Ⅲ	自然间砖墙上出现宽度小于 30 mm 的裂缝;多条裂缝总宽度小于 50 mm;钢筋混凝土梁、柱上裂缝长度小于 1/2 截面高度;梁端抽出小于 50 mm;砖柱上出现小于 5 mm 的水平错动;门窗严重变形	≤6.0	≤0.6	≤10.0	中度损坏	中修
Ⅳ	自然间砖墙上出现宽度大于 30 mm 的裂缝;多条裂缝总宽度大于 50 mm;梁端抽出小于 60 mm;砖柱出现小于 25 mm 的水平错动	>6.0	>0.6	>10.0	严重损坏	大修
	自然间砖墙上出现严重交叉裂缝、上下贯通裂缝,以及严重外鼓、歪斜;钢筋混凝土梁、柱裂缝沿截面贯通;梁端抽出大于 60 mm;砖柱出现大于 25 mm 的水平错动;有倒塌危险				极度严重损坏	拆建

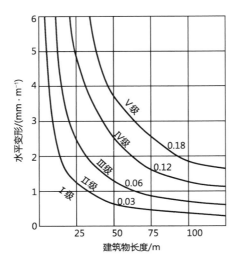

另外,建(构)筑物的损害程度与其长度有很大的关系,如图 A-3 所示,相同地表变形值作用下,当建(构)筑物长度增大后,其损坏程度也相应增加。

图 A-2　建(构)筑物损坏程度与长度和地表水平变形的关系

6）断层对地表移动与变形的影响

根据我国开采沉陷的研究成果，如果开采工作面周围存在断层时，则开采所引起的地表移动与变形，将在某种程度上受到断层的影响与制约。

断层对地表移动与变形产生影响的原因，主要在于断层带处岩层形成一个弱面，力学强度大大地低于周围岩层的力学强度，由于应力的集中作用，使该处成为岩层变形集中的有利位置。地下煤层开采后，在上覆岩层发生移动与变形的同时，岩层会沿着断层面发生滑动，于是在断层露头处易出现台阶状的断裂破坏。同时，也使盆地内移动与变形的正常分布发生改变。在冲积层很薄的情况下，断层露头处的地表变形加剧，大大地超过了正常值。因此，在对采动地表进行地基稳定性评价时，应较好地分析断层和其他地质构造对移动变形的影响。断层对开采引起的地表移动变形的影响，很大程度上取决于断层的位置及其要素，如平面位置、倾向与走向、断层带宽度等。

根据邢东矿采掘工程平面图可知，该项目区下方地质构造较为复杂，但因此处冲积层较厚，地质构造所引起的异常地表移动不明显。

7）地表移动影响时间分析

地下开采破坏了采空区周围岩体内原有的应力平衡，在上覆岩层自重力作用下，岩体将产生移动与变形。一般表现为从采空区上方顶板至地表岩层出现冒落、断裂、弯曲下沉，底板岩层发生底鼓、开裂，采空区周围的煤壁被压出和出现片帮等。煤层采出一定面积后，上覆岩层的移动与变形将逐渐波及地表，使地表出现一种在时间和空间上连续有规律的移动和变形，移动稳定后，岩体又重新达到新的应力平衡状态。

采煤引起的地表移动持续时间，对于缓倾斜煤层而言，依照原国家煤炭工业局2000年6月颁布的《三下采煤规程》，可按下式计算：

$$T_{总} = 2.5H_0 \qquad\qquad (A-1)$$

式中，$T_{总}$ 为地表总移动时间（d）；H_0 为采深（m）。

根据本区邢东矿地质采矿资料计算，$2^{\#}$ 煤已开采区开采深度在 600～1 300 m，煤层开采深度跨度较大。依据表 C-1，各煤层间距在 0.88～18.78 m，由于整体开采深度较大，未开采的煤层开采深度范围与 $2^{\#}$ 煤差不多。经计算，开采移动时间在4～9年。

5. 项目区地表移动变形预计

1）预计方法确定

对于地表移动变形的研究，国内外专家提出了多种方法，我国经过40多年的系统研究和实践，已掌握了地表的移动变形规律。目前，我国比较常用的地表移动变形计算方法有概率积分法、负指数函数法、威布尔函数法和典型曲线法等，其中概率积分法具有参数容易确定、实用性强等优点，在各矿区使用比较广泛，是最常用的方法。本次计算采用概率积分法。

2）数学模型

概率积分法是把岩体看作一种随机介质，把岩层看作由大量松散的颗粒体介质组成，通过随机介质理论，把岩层移动看作一种服从统计规律的随机过程，由此来研究岩层与地表移动。

从统计观点出发，可以把整个开采区域分解为无限个微小单元的开采，整个开采对岩层及地表的影响等于各单元开采对岩层及地表影响之和。按随机介质理论，单元开采引起的地表单元下沉盆地呈正态分布，且与概率密度的分布一致。因此，整个开采引起的下沉剖面方程可以表示为概率密度函数的积分公式。地表单元下沉盆地的表达式为

$$w_e(x) = \frac{1}{r} e^{-\frac{x^2}{\pi r^2}} \tag{A-2}$$

式中，r 为主要影响半径，主要与单元采深和主要影响角有关。通过式（A-2）可以看出，在单元开采时，地表产生的下沉盆地，其函数形式与正态分布概率密度函数相同。

根据下沉盆地的表达式可以推导出地表单元水平移动的表达式为

$$u_e(x) = -\frac{2\pi B x}{r^3} e^{-\frac{x^2}{\pi r^2}} \tag{A-3}$$

式中，B 为常数。

通过数学推导，可以得出任意形状工作面开采时地表任意点的移动与变形计算公式。

设单一工作面开采引起的地表任意点的下沉、沿 j 方向的倾斜、曲率、水平移动、水平变形分别用 W，i_j，K_j，U_j，ε_j 表示，其计算公式为

$$W(x,y) = \int_A F(x,y,s,t) \, ds \, dt \tag{A-4}$$

$$i_j(x,y) = i_x \cos\varphi + i_y \sin\varphi \tag{A-5}$$

$$U_j(x,y) = U_x \cos\varphi + U_y \sin\varphi \tag{A-6}$$

$$K_j(x,y) = K_x \cos^2\varphi + K_y \sin^2\varphi + S_{xy} \tag{A-7}$$

$$\varepsilon_j(x,y) = \varepsilon_x \cos^2\varphi + \varepsilon_y \sin^2\varphi + \frac{1}{2}\gamma_{xy} \sin2\varphi \tag{A-8}$$

式中

$$F_j(x,y,s,t) = W_{\max} f(x,y,s,t) \Big/ \int_\infty f(x,y,s,t) \, dA \tag{A-9}$$

$$f(x,y,s,t) = \frac{1}{r^2} \exp\left\{ -\frac{\pi}{r^2} \left[(x-s+d)^2 + (y-t)^2 \right] \right\} \tag{A-10}$$

$$d = H_s \cot\theta \tag{A-11}$$

$$\theta = 90° - K\alpha \tag{A-12}$$

$$i_x = \frac{\partial W}{\partial x}; \qquad i_y = \frac{\partial W}{\partial y} \tag{A-13}$$

$$K_x = \frac{\partial^2 W}{\partial x^2}; \qquad K_y = \frac{\partial^2 W}{\partial y^2} \qquad (A-14)$$

$$\varepsilon_x = \frac{\partial U_x}{\partial x}; \qquad \varepsilon_y = \frac{\partial U_y}{\partial y} \qquad (A-15)$$

$$U_x = b\frac{\partial}{\partial x}\int_A rF(x,y,s,t)\,\mathrm{d}s\,\mathrm{d}t + \cot\theta \cdot W(x,y) \qquad (A-16)$$

$$U_y = b\frac{\partial}{\partial y}\int_A rF(x,y,s,t)\,\mathrm{d}s\,\mathrm{d}t \qquad (A-17)$$

$$S_{xy} = \frac{2\partial^2 W}{\partial x\partial y} \qquad (A-18)$$

$$\gamma_{xy} = \frac{\partial u_x}{\partial y} + \frac{\partial u_y}{\partial x} \qquad (A-19)$$

式中，W_{max} 为充分采动时的最大下沉值；α 为煤层倾角；A 为引起地表移动变形的有效开采面积，即考虑拐点偏移距后的计算面积；q 为下沉系数；θ 为影响传播角；K 为影响传播系数；H_s 为积分变量 s 处的采深（不随 t 变化）；x,y 为地表点在工作面局部坐标系中的坐标，x 指向上山方向，y 平行于走向方向，由 x 轴顺时针转 90° 得到；s,t 为分别是沿上山方向和走向方向的积分变量；O_{st} 为坐标系的原点，和 O_{xy} 坐标系的原点重叠；φ 为 x 与 j 方向的夹角。

多个（N 个）工作面引起地表点的移动变形是各工作面影响值的代数和，公式为

$$W(x,y) = \sum W_i(x,y) \qquad (A-20)$$

$$i_j(x,y) = \sum (i_x\cos\varphi + i_y\sin\varphi) \qquad (A-21)$$

$$U_j(x,y) = \sum (U_x\cos\varphi + U_y\sin\varphi) \qquad (A-22)$$

$$K_j(x,y) = \sum (K_x\cos^2\varphi + K_y\sin^2\varphi + S_{xy}) \qquad (A-23)$$

$$\varepsilon_j(x,y) = \sum \left(\varepsilon_x\cos^2\varphi + \varepsilon_y\sin^2\varphi + \frac{1}{2}\gamma_{xy}\sin2\varphi\right) \qquad (A-24)$$

式中，W_i 为第 i 个工作面开采引起的地表点下沉值；$i_x,i_y,K_x,K_y,U_x,U_y,\varepsilon_x,\varepsilon_y$ 分别是第 i 个工作面开采引起的地表点沿倾斜方向和走向方向的移动变形值；φ 为第 i 个工作面从上山方向到 j 方向的夹角。

地表最大下沉值 W_{max}，最大倾斜值 i_{max}，最大曲率变形值 k_{max}，最大水平移动值 U_{max}，最大水平变形值 ε_{max} 计算公式分别为

$$W_{max} = qm\cos\alpha \qquad (A-25)$$

$$i_{max} = \frac{W_{max}}{r} \qquad (A-26)$$

$$k_{max} = \pm1.52\frac{W_{max}}{r^2} \qquad (A-27)$$

$$U_{max} = bW_{max} \qquad (A-28)$$

$$\varepsilon_{max} = \pm1.52b\frac{W_{max}}{r} \qquad (A-29)$$

式中,b 为水平移动系数;m 为煤层采厚;$r=\dfrac{H}{\tan\beta}$,H 为采深。

3）预计参数确定

邢东矿由于地表各类建(构)筑物密集(密度达 1 个村庄/km²),村庄及工业广场压煤量约占全矿井地质储量的 82.8%。除去保护煤柱、安全防水煤柱和构造损失等,全井田不受地面建筑影响的可采储量很少,建筑物压煤问题十分突出。目前开采 2# 煤时,在保护煤柱外采用冒落法管理顶板(以下简称常规开采),在保护煤柱内采用条带开采或充填开采方式。

(1)常规开采预计参数确定。

邢东矿为了求得本矿常规开采条件下的预计参数,建立了 1122 地表移动观测站。

参阅《邢东矿 2100 采区村庄下采煤技术方案》"7.3 预计参数确定"章节,常规开采预计参数取值如下:

下沉系数 $\eta=0.85$

主要影响角正切 $\tan\beta=2.0$

主要影响传播角 $\theta=90°-0.6\alpha$(α 为煤层倾角)

水平移动系数 $b=0.35$

拐点偏移距 $s=0.03H$(H 为平均采深)

(2)条带开采预计参数。

参照国内条带开采的实践,条带开采引起的地表移动与变形规律与常规开采相似。但与常规开采比有如下特点:下沉系数很小,为 0.03～0.16;主要影响角正切 $\tan\beta$ 较小,为 1.00～2.00;水平移动系数主要随采深的增加而减小。

参阅《邢东矿 1200 采区条带开采技术方案》第 7.3.2 节,条带开采的预计参数取值如下:

下沉系数 $\eta_{条}=0.10$

主要影响角正切 $\tan\beta=1.8$

主要影响传播角 $\theta=90°-0.6\alpha$(α 为煤层倾角)

水平移动系数 $b=0.35$

拐点偏移距 $s=0$

(3)超高水充填开采预计参数。

根据国内充填开采实践分析,影响充填开采下沉的主要因素为充填前顶底板移近量、充填体欠接顶量、充填体的压缩量。充填前顶底板移近量与顶底板、煤层的性质、工作面长度及充填前悬顶距有关。

参阅《冀中能源股份有限公司邢东矿 1100 采区南部和 1200 采区东部建筑物下压煤开采方案》第 7.3.3 节,超高水充填开采的预计参数如下:

下沉系数 $\eta=0.13$

主要影响角正切 $\tan\beta=1.8$

主要影响传播角 $\theta=90°-0.6\alpha$(α 为煤层倾角)

水平移动系数　　　　　　$b = 0.35$

拐点偏移距　　　　　　　$s = 0$

(4) 地表残余变形预计参数。

根据开采沉陷的研究成果,煤层开采后在相当长时间内地表仍会有少量残余变形发生,这些残余沉陷变形虽小但会对建(构)筑物产生不利影响。采空区引起地表残余移动变形是常规地表移动变形的延续,其移动变形规律与地表移动期内的移动变形规律相一致。因此,老采空区地表残余移动变形,仍可采用目前我国应用较广的概率积分法进行计算。

参考国内经验,地表残余移动变形量较小,本次计算下沉系数取 0.03。除下沉系数外,其他参数参照常规开采预计参数取,不考虑拐点偏移距。

4) 开采影响计算

计算参数确定以后,依据各煤层采掘工程平面图,确定各工作面开采要素(开采厚度、开采深度、煤层倾角和上山方位角等数据)与计算参数,并按计算程序要求输入计算机,然后进行开采沉陷影响的计算。所有计算均采用中煤科工集团唐山研究院有限公司编制的《地表移动变形预计系统》。

$2^{\#}$煤层断层 F_{19} 以南区域已制定开采方案,依据批复的开采方案,有常规顶板冒落开采区域、条带开采区域、充填开采区域。除 $2^{\#}$ 煤断层 F_{19} 以南区域外,其余可采煤层以储量计算图为基础,本次预计按最大可能变形影响考虑,把可采资源按全采、顶板冒落管理计算。

本次预计分两种情况(表 A-4),一是 $2^{\#}$ 煤层开采影响预计,二是所有可采煤层开采影响预计(包括 $2^{\#}$ 煤层)。

表 A-4　　　　　　　　　　　项目区地表移动与变形影响情况

变形值	下沉/mm	倾斜变形/(mm·m⁻¹)		水平变形/(mm·m⁻¹)				最大损坏等级
		南北方向	东西方向	南北方向		东西方向		
				拉伸	压缩	拉伸	压缩	
$2^{\#}$煤开采影响	3 850	43.8	50.0	19.0	22.6	20.7	29.7	Ⅳ级
所有可采煤层开采影响	15 020	70.4	80.4	23.5	30.7	39.1	34.8	Ⅳ级

6. 项目区采动影响评价

1)煤炭开采对地面建(构)筑物影响分析

(1) 项目区受邢东矿 $2^{\#}$ 煤开采影响,地表最大下沉 3 850 mm,南北方向地表最大倾斜变形为 43.8 mm/m,东西方向地表最大倾斜变形为 50.0 mm/m,南北方向地表最大水平变形为 22.6 mm/m,东西方向地表最大水平变形为 29.7 mm/m。参照《三下采煤规程》(表 C-1)有关规定,项目区最大损坏等级为Ⅳ级。

(2) 项目区受邢东矿所有可采煤层开采影响,地表最大下沉 15 020 mm,南北方向地表最大倾斜变形为 70.4 mm/m,东西方向地表最大倾斜变形为 80.4 mm/m,南北方向地表最大水平变形为 30.7 mm/m,东西方向地表最大水平变形为 39.1 mm/m。参照《三下采煤规程》(表 A-1)有关规定,项目区最大损坏等级为Ⅳ级。

（3）下沉对蓄水区的影响：项目区地表最大下沉为 15 020 mm，由于下沉的动态性和不均匀性，使积水区分布和积水区深度发生变化，对蓄水区水体的稳定性产生影响。

（4）水平变形对蓄水区的影响：对蓄水区产生影响的主要是由采动引起的地表拉伸变形，拉伸变形易导致地表产生裂缝，使地表水通过裂缝进入表土层下已疏降的含水层中，导致湖水流失或疏干。据前面勘测资料揭露，项目区地表基本为粉质黏土，粉质黏土能承受的极限水平拉伸值为 2～3 mm/m，即水平拉伸变形≥2 mm/m 区域的地表易出现裂缝，一般裂缝深度 3～5 m，对水体有一定影响。

2）导水裂缝带高度计算

煤层开采后，一般上覆岩层形成冒落带、裂缝带和弯曲带。在冒落带，岩层被断裂成块状，岩块间存在较大孔隙和裂缝。在裂缝带，岩层产生断裂、离层、裂缝，岩体内部结构遭到破坏。在弯曲带，岩层基本上呈整体下沉，但软硬岩层间可形成暂时性离层，其岩体结构破坏轻微。因此，冒落带、裂缝带的岩层虽经多年的压实，但主要靠岩（土）体的自重，仍不可避免地存在一定的裂缝和离层，其抗拉、抗压、抗剪强度明显低于未经扰动的原状岩层的强度。如果新建建筑物荷载传递到这两带，在附加荷载作用下必然会进一步引起沉降和变形，甚至造成建筑物一定程度的破坏。

冒落裂缝带的发育高度，主要与开采煤层的厚度、倾角、开采尺寸、覆岩岩性、顶板管理方法等有关，由于邢东矿矿区覆岩岩性较硬，故按照导水裂缝带高度最大的坚硬岩层公式进行计算，其裂缝带高度 H_{li} 计算公式具体如下：

$$H_{li} = \frac{100 \sum M}{1.2 \sum M + 2.0} \pm 8.9 \tag{A-25}$$

$$H_{li} = 30\sqrt{\sum H_m} + 10 \tag{A-26}$$

式中，$\sum M$ 为各个煤层的累计采厚（m）；H_m 为垮落带高度（m）；H_{li} 为裂缝带高度（m）。

计算结果取式（A-25）和式（A-26）的较大值。各煤层裂缝带高度如表 A-5 所列。

表 A-5　　　　　　　　　各煤层裂缝带高度计算结果

煤层	平均采厚/m	裂缝带高度/m	备注
1#	0.61	33.4	局部可采
2#	4.29	72.1	可采
2下	1.2	43.8	可采
3#	0.52	31.6	局部可采
5上	0.62	33.6	局部可采
5#	0.53	31.8	局部可采
6#	1.54	48.9	可采

煤层	平均采厚/m	裂缝带高度/m	备注
6$_\text{下}$	0.55	32.2	局部可采
7$_\text{上}$	0.62	33.6	局部可采
7$^\#$	1.66	50.5	可采
8$^\#$	4.2	71.5	可采
9$^\#$	3.08	63.0	可采

根据《三下采煤规程》有关规定，上、下两煤层的最小垂距大于回采下层煤的垮落带高度时，上、下层煤的冒落裂缝带高度可按上、下层煤的厚度分别计算，取其中标高最高者作为两层煤的导水裂缝带最大高度。从上面计算的结果可知，位于可采煤层最上部的 1$^\#$煤和 2$^\#$煤间距 18.78 m，1$^\#$煤最大裂缝带发育高度小于 2$^\#$煤裂缝带发育高度。导水裂缝带最大发育高度为 2$^\#$煤开采发育高度 72.1 m。而项目区下方对应的最小采深为 500 m，因此项目区下方尚有较厚和完整岩层存在。

3）沉陷区积水情况分析

邢东矿井下大范围开采，地表呈现出大面积、平缓、均匀的下沉，而当下沉值较大时，有时也会带来严重的后果，特别是在地下水位很高的情况下，地表沉陷后会积水。

根据预计结果，项目区受邢东矿 2$^\#$煤开采影响，地表最大下沉 3 850 mm，参照邢东矿及附近矿井开采影响现状，该下沉量是不会导致地面积水的。邢东矿所有煤层开采后的地表最大下沉 15 020 mm，由于邢东矿开采煤层较多，全部开采结束需要时间较长。由于下沉量逐渐加大，汇水面积增大，虽然下沉未达到地下水埋深，也易产生地表积水，形成沉陷积水区。

7. 采煤沉陷区大水面及非建筑类景观建设可行性分析

1）采煤沉陷区大水面建设可行性分析

（1）项目区开采煤层靠近深部，覆岩类型较硬，按照导水裂缝带高度最大的坚硬岩层公式进行计算，导水裂缝带最大发育高度为 2$^\#$煤开采发育高度 72.1 m。而项目区下方对应的最小采深为 500 m，因此项目区下方尚有较完整岩层存在。新建建（构）筑物的荷载影响深度不会与采空区的垮落带、断裂带相交叠。

（2）通过分析第四系松散层的岩性结构，第四系松散层主要赋存三个含水层：第四系顶砾孔隙含水层（X$_2$）、第四系中部孔隙含水层（X$_{1-1}$）、第四系底砾孔隙含水层（X$_1$）。第四系顶砾孔隙含水层和第四系中部孔隙含水层之间，隔水层由黏土、亚黏土和亚砂土等组成，厚 3.5～46.4 m，隔水条件较差。第四系中部孔隙含水层和第四系底板孔隙含水层之间，隔水层由黏土、亚黏土和亚砂土等组成，厚 25.7～118.5 m，隔水条件良好，基本上隔断了顶砾层和底砾层之间的水力联系。

（3）煤层开采后，上部岩体发生破坏，该破坏对松散层而言，仅仅是产生整体移动和变形，不产生结构破坏，即采动后，松散层内部的含、隔水性能基本不变。采动后底砾层和顶砾层之间仍存在良好的隔水层，不会产生水力联系，由于地表水体位于顶砾层之上,因此,顶砾层和地表水体都不会向工作面充水,对工作面的开采没有影响。

(4) 邢台市眼科医院异地迁建项目、邢台市邢州大道污水工程(东三环以东)、邢台市青青小镇东区岩土工程这些项目均分布在项目区边缘,且均匀分布,地层结构和项目区内类似。揭露的地层中,都有多层、稳定存在的粉质黏土,而粉质黏土是相对隔水层。

(5) 根据工程勘察资料,项目区下方分布着多层稳定的粉质黏土,粉质黏土分布在第四系顶砾孔隙含水层(X_2)上面,粉质黏土属相对隔水层,隔水效果一般。第四系顶砾孔隙含水层和第四系中部孔隙含水层之间隔水层由黏土、亚黏土和亚砂土等组成,厚 3.5~46.4 m,隔水条件较差。故为安全起见,对拟建大水面作防渗处理。

(6) 根据预计结果,项目区受邢东矿 2# 煤开采影响,地表最大下沉 3 850 mm,参照邢东矿及附近矿井开采影响现状,该下沉量是不会导致地面积水的。所以,项目区建设大水面需要采用开挖的方式,开挖可能破坏原有的隔水层,对水体造成影响。

(7) 由于开采拉伸变形影响,堤坝局部易产生裂缝,堤坝建设应与陆域景观结合,形成宽体陆域堤坝,防止形成贯穿裂缝。

2) 采煤沉陷区非建筑类景观建设可行性分析

(1) 邢东矿第四系最小厚度 192 m,整体较厚,断层活化所引起的异常地表移动不明显。

(2) 项目区可采煤层多、开采年限长,采动影响具有阶段性、重复性和累积性,大部分区域最终损坏等级均达到Ⅳ级,工程建设时,应根据受影响程度因地制宜安排工程。小于Ⅱ级损坏(含Ⅱ级损坏)变形区,采取合适的抗变形结构技术措施后,建设小型低层钢结构设施是可行的;大于Ⅱ级损坏变形区域,采取加强性抗变形技术措施或采取沉降变形可调整措施后,建设小型低层钢结构设施是可行的。

(3) 由于地表受到不同程度的开采影响,下沉影响场地和路面的平整、场地和道路的硬化,可选用抗变形能力强、适应性好、可维修的连锁块硬化方式建设。

(4) 陆域景观由于受到下沉影响,应根据井下开采计划、地表动态变形程度,采取分层预填高的方式建设,对陆域景观分阶段进行构建和维护。

(5) 建设大型非建筑类景观设施应单独进行采动评价。

8. 安全技术措施

1) 防渗技术措施

(1) 正常条件下的防渗措施。

充分利用岩体隔水层,对于开挖揭露的砂层,在蓄水区底铺一层不透水的粉土(或黏土)并用压路机夯实形成防渗层,其厚度不小于 $H/3$(H 为水深),以减少湖底漏水量。生态渠渠底铺土工防渗毯及 0.5 m 厚的防渗土,节约外补水源,减少运营费用。

当天然基础层无法满足项目防渗要求时,可考虑使用天然或人工材料构筑防渗层,防渗层厚度应相当于厚度 1.5 m 黏土层的防渗性能。例如 GCL 纳基膨润土防水毯,其中 Ⅰ 型为 GCL-HYP1(环境友好型),包含无纺织物、防渗纳基膨润土、有纺织物,由针刺复合而成,厚度 5 mm,使用寿命 50 年,为微渗土工布,其渗透系数≤5×10⁻¹¹m/s(4.32×10⁻⁶m/d),相当于厚 1 m 黏土铺底隔水性,水力坡度取 1,其年单位面积(m²)的渗漏量为

$$q_{布漏} = 4.32 \times 10^{-6} \times 365 = 0.001\ 577\ \text{m}^3/(\text{m}^2 \cdot \text{a})$$

另外还有一种类型为加强型,即 GCL-HYP2,主要是在无纺织物外表面黏结一层 HDPE 膜,两种类型防渗效果一样。

（2）受采动影响下的防渗措施。

项目区受未来开采影响,直接采动影响对项目区造成的表观破坏主要有沉降和拉伸裂缝,沉降形成区域积水盆地,拉伸变形影响范围内的局部区域地表易产生采动裂缝,裂缝过大会导致盆地湖水沿裂缝渗出,从而增加湖水的补给量。

为防止湖水受采动疏干影响,应在湖区水面外的拉伸影响区内铺设抗变形能力较强的防渗材料,如纳基膨润土防水毯等。

根据目前项目区钻孔的地下水位埋深情况,采取正常的防渗措施即可。

（3）地裂缝处理。

对较小的地面裂缝进行回填压实,而对蓄水区域较大裂缝采用黄泥灌浆。将黄泥搅拌成具有一定浓度(例如 1∶3)的泥浆,倒入裂缝并经多次压实确保水体不会渗入裂缝。

一般情况下,地面小裂缝采取无压灌浆措施,只有在极特殊情况下,地表延伸出较大裂缝时,采取加压注浆充填措施,钻孔深度 50 m,采用黏土浆加压注浆直到地面返浆为止。

（4）人工堤岸裂缝处理。

① 土石堆积堤裂缝处理。

堤(坝)对裂缝较敏感,如果堤(坝)上出现了大断裂、错台等,应沿裂缝或错台挖到相应深度,然后用黏土分层填满夯实。

对受采动影响,特别是处于地表移动活跃期的堤(坝),要加强巡检工作,遇有险情,要及时处理。当土质堤(坝)背水坡浸润线高出坡脚时,应采取降低浸润线的工程措施进行处理或者采取大量碎石压坡处理。

② 片石砌筑堤裂缝处理。

一般片石砌筑堤的小裂缝采用水泥砂浆(M15)勾缝或填塞处理。较大、较深裂缝或堤下有片石塌落时,应采取注浆加固措施,注浆液采用水泥浆,并在迎水面做防渗处理,保证施工质量。

2）地表裂缝探测

（1）人工开挖探硐。

地面裂缝深度的探测要求先灌注白灰浆,采用人工开挖探槽、探硐等方式确定。

如果裂缝深度较浅,可通过开挖探槽方式探明;如果裂缝深度较深,可根据地形条件通过开挖探硐方式探明。

(2) 物理方法探测。

EH-4 探测仪器是一种用来测量地下电阻率的电法仪器,它是一种特殊的大地电磁测深仪器。它既可以接收天然场源的大地电磁信号,又可以接收人工场源的电磁信号,并且它所接收的频率高于 MT 仪器所采集的频率。

EH-4 探测仪器由美国的 Geometrics 公司和 EMI 公司联合研制。在中国 EH-4 经历了十几年的使用与发展,已成为一种稳定成熟的电磁测深仪器,并得到广泛的应用,例如地下水的调查、环境的地下特征调查、矿产与地热勘探及工程研究等。利用 EH-4 电导率成像仪探测裂缝形态和深度简单方便,准确度较高。

另外,为了安全起见,建议在蓄水坑周围施工潜水位水文监测孔,连续监测记录蓄水区潜水位变化情况。

3) 水体安全管理措施

(1) 引水工程设施保护要求。

对于蓄水区的引水管线涵渠和泵站,建筑荷载不大,传递深度较浅且煤层开采深度大,结合引水工程的建筑特点保护起来难度相对较低,具体技术要求如下:

① 引水段和出水段管线如果采用钢筋混凝土管,要用柔性接口,承插口连接,加密封圈,并在适当位置加检查井,掩埋方式采用盖板沟形式,以利于管线维修。

② 无论是明渠还是生态渠,岸边的小路或亲水小路宜选用抗变形能力强、适应性好的连锁块硬化路面。

③ 对生态渠的钢筋混凝土挡水墙,每隔 10~15 m 设置一道变形缝,缝宽 30~50 mm,并采取妥善止水措施。

④ 渠上若设置过人小桥,除考虑其艺术造型之外,还要适当考虑抗变形措施。

⑤ 设计过程中应采用刚柔相济的抗变形措施,加强重点部位(如泵站、倒虹吸管装置等)结构刚度;同时可以采取适当的柔性措施,如设置变形缝、管道的补偿接头等。

⑥ 为保证工程质量,施工时尽量避开地下水上升的春季,实行分期施工,并做好施工排水工作,减少工程建设中土壤流失。

(2) 防洪措施。

项目区大水面建设有利于改善旅游景观和市区生态环境,是一件利在当代、功在千秋的好事,但由于存水结构物面积大、水容量大,基本相当于一个小型水库,如遇汛期暴雨或特大暴雨,导致过境河水水位上涨,湖区属于采煤沉陷地,地形低洼,下沉盆地汇水,极易引起湖面上涨外溢,形成内涝,会对湖区附近低洼处居民和厂、矿企业造成生命财产损失。

为安全起见,不应使湖区成为行洪或滞洪区,应事先编制汛期的防洪抢险应急预案。同时,为了防洪、保水,建议在湖区出口建设溢流堰坝(砌石、混凝土、橡胶),必要时可设置节制闸或建排涝泵站。以上这些问题应引起重视,在项目区大水面施工设计中加以通盘考虑。

（3）成立水体安全管理领导小组及办公室。

① 提前制订防灾预案，并根据蓄水的变化情况及时对应急预案进行修订，确保安全。

② 蓄水过程中与邢台市相关部门保持联系，及时通报蓄水相关情况，以确保相应的安全措施顺利实施。

③ 项目区蓄水后对地面水体进行日常水位监测，发现异常情况及时采取措施。

④ 对地表水渠、水沟、水体堤坝进行维修加固。

⑤ 处理堤坝周围积水及其他异常情况，例如要注意特殊年份特大暴雨导致水体爆满或溢出。

⑥ 与邢东矿及时联系沟通，了解井下开采情况，掌握地表变形活跃区域，重点安排地面巡查、采取预防性安全措施。

4）新建建（构）筑物技术措施

新建建（构）筑物受老采空区的残余变形和未来开采的影响，可能会产生不同程度的损坏，因此新建建（构）筑物要采取能够抵抗地表残余和未来开采沉陷变形的抗变形结构技术措施，才能确保新建建（构）筑物的安全。抗变形结构技术措施包括吸收地表沉陷变形的柔性措施和抵抗地表沉陷变形的刚性措施，刚柔措施相结合，使建（构）筑物能够经受各种采动沉陷变形的作用而不破坏。对受影响的建（构）筑物可采取下述措施予以保护。

（1）变形缝。

变形缝是设计采动区建（构）筑物时采用的基本措施之一，是保护采动区建（构）筑物免受损坏，经济而有效的方法。当建（构）筑物平面形状为 L 形时，地表变形可能使其平面转折处产生集中应力而破坏，因此在转折处宜设置变形缝。另外，采动区建（构）筑物附加轴力与建（构）筑物长度成正比，因此减小建（构）筑物单体长度是降低其附加内力值最有效的方法。当建（构）筑物立面各部分参差不齐时，荷载变化较大处也应切割变形缝。变形缝两侧应从基础至屋顶全部分开，被变形缝分开的各单体体型应力求简单，避免立面高低起伏和平面凹凸曲折。应根据地表倾斜值及建（构）筑物高度合理确定变形缝宽度。

（2）基础。

由于项目区曾经受地下采煤的影响，地表可能产生了一些采动裂缝，因此建设前应对地基进行处理，以提高地基的承载能力及改变地基变形性态。可采用表层压实法、强夯法，这些方法在采空区地表已得到广泛应用。

根据实践经验，受采动影响的建（构）筑物基础，不仅向地基传递竖向荷载，还要承受由于地表水平变形作用而产生的水平荷载，并且要承受部分作用于建（构）筑物竖面内的弯矩和剪力。因此，要尽可能地提高基础的强度和刚度，如尽可能做成整体基础；采用独立基础的建（构）筑物，应采用钢筋混凝土联系梁把同一单体内的独立基础连成一体，以防止各独立基础独立移动；采用桩基础的，应在桩顶设置整体承台梁；采用墙下条形基础的建（构）筑物，应布置成纵横交叉的十字形，并在基础的上部设置钢筋混凝土基础圈梁，要求同一单体钢筋混凝土基础圈梁成一个闭合的箍。联系梁、承台梁、钢筋混凝土基础圈梁等的配筋要按地表变形值的大小计算配置。

在满足承载力的前提下,基础应尽可能浅埋,为防止基础下产生集中变形,可以在基础下加砂垫层、碎石垫层等。在基础与上部结构间设置水平滑动层,且同一单体水平滑动层设置在同一标高上。

(3) 上部结构。

根据地表变形值的大小,相应增大上部结构的强度和刚度,除应满足当地抗震设防烈度要求外,墙壁圈梁、构造柱设置的位置、数量、断面大小及配筋量均应按给出的地表变形值大小计算确定。圈梁应在同一水平面形成闭合系统,不被门窗洞口切断。砖墙的标号不低于 MU7.5,砂浆标号不低于 M5,且构造柱与墙体间应加设拉结钢筋。门窗洞口上方要采用钢筋混凝土过梁。

砖混结构建(构)筑物为增加其整体刚度,提高抵抗地表变形的能力,要设置基础圈梁、构造柱、中间圈梁、檐口圈梁等。以基础圈梁、构造柱、中间圈梁、檐口圈梁组成的上部结构空间骨架体系,可以有效地抵抗地表变形作用在砖混结构建(构)筑物上的采动附加应力。

采动区建筑物的楼、屋面应尽可能采用整体现浇钢筋混凝土板,楼、屋面板应与墙壁的钢筋混凝土圈梁同时浇捣,使二者为一体。

(4) 设备。

设备基础应做成整体基础,整体基础强度和刚度都比较大,水平变形对其影响较小。对倾斜变形的影响,通过采用地脚螺栓增加或减少垫圈或垫铁的方法进行调整,安装时将地脚螺栓预留出调整量。

(5) 管道。

开采沉陷使管道产生附加作用力的原因有三个:①地表水平变形引起土壤沿管道表面相对移动所产生的挟持作用;②地表不均匀下沉产生的地表曲率变形使管道竖直面内产生弯矩;③地表沿管道横向的不均匀水平移动使管道在水平面内产生弯矩。采动影响的主要表现是管道坡度的变化、管道接头脱开、管道的集中弯曲变形以及管道的断裂等现象。

地面敷设和架空的管道保护措施比较简单,可将原有的固定支座改为铰支座,调整管道支座的高度,以恢复原设计坡度。管道穿墙或基础时,应在墙上或基础上凿出直径为(D + 120)mm 的孔洞,以使管道和墙壁或基础之间可以相对移动。对于穿孔或通过变形缝处的管道,应设置柔性接头,以适应地表不均匀变形的要求。

地下管道的保护措施有:①管道外挂沥青层和外填炉渣层(在管道上外挂沥青玻璃纤维隔层,管道四周回填炉渣,这能十分有效地降低管道在土壤中受到的摩擦力);②挖管道沟(将管道架设在管道沟内,管道沟可用砖砌筑,上面用盖板覆盖,支座做成铰支座,可以调节管道的坡度);③设置补偿器(利用补偿器的可伸缩性,吸收地表变形引起的管道拉伸和压缩,以达到减少作用于管道上的附加纵向应力,防止管道产生破坏)。

9. 结论与建议

1) 结论

综合前述分析,项目区建设大水面和小型非建筑类景观设施是可行的。

(1) 项目区内地表被第四系松散层覆盖,邢东矿各煤层开采后,项目区下方尚有较完整岩层存在,第四系中有良好的隔水层,在项目区作防渗处理后建设大水面是可行的。

(2) 项目区受阶段性、重复性、累积性采动影响,损坏变形区域分为四级,在小于Ⅱ级损坏(含Ⅱ级损坏)变形区域,采取合适的抗变形结构技术措施后,可进行小型低层钢结构设施建设;在大于Ⅱ级损坏变形区域,采取加强性抗变形技术措施或采取沉降变形可调整措施后,可进行小型低层钢结构设施建设;线性钢结构设施应控制单体长度、设置变形调整措施。

(3) 项目区内进行场地、道路及陆域景观设施建设是可行的。场地和道路硬化应采用连锁块硬化方式,陆域景观采取分层预填高的方式进行构建和维护。

(4) 项目区内建设大型钢结构设施、非钢结构建(构)筑物和大型非建筑类景观,应单独进行采动影响评价,采取针对性措施,确保安全。

主要结论的相关说明如下:

(1) 项目区内是邢东矿区,项目区受邢东矿 2# 煤开采影响地表最大下沉 3 850 mm,南北方向地表最大倾斜变形为 43.8 mm/m,东西方向地表最大倾斜变形为 50.0 mm/m,南北方向地表最大水平变形为 22.6 mm/m,东西方向地表最大水平变形为 29.7 mm/m。项目区最大损坏等级为Ⅳ级。

(2) 项目区受邢东矿所有可采煤层开采影响地表最大下沉 15 020 mm,南北方向地表最大倾斜变形为 70.4 mm/m,东西方向地表最大倾斜变形为 80.4 mm/m,南北方向地表最大水平变形为 30.7 mm/m,东西方向地表最大水平变形为 39.1 mm/m。项目区最大损坏等级为Ⅳ级。

(3) 项目区开采煤层靠近深部,导水裂缝带最大发育高度为 2# 煤开采发育高度 72.1 m。而项目区下方对应的最小采深为 500 m,因此项目区下方尚有较完整岩层存在,地下煤炭开采对地表水体不会产生直接影响。

(4) 煤层开采后,上部岩体发生破坏,该破坏对松散层而言,仅仅是产生整体移动和变形,不产生结构破坏,即采动后,松散层内部的含、隔水性能基本不变,采动后底砾层和顶砾层之间仍存在良好的隔水层,不会产生水力联系。由于地表水体位于顶砾层之上,因此,地表水体不会形成工作面溃水,对工作面的开采没有影响。

(5) 邢台市眼科医院异地迁建项目、邢台市邢州大道污水工程(东三环以东)、邢台市青青小镇东区岩土工程这些项目均分布在项目区边缘,且均匀分布,地层结构和项目区内类似。揭露的地层中,都有多层、稳定的粉质黏土存在,粉质黏土是相对隔水层,该区域基本适宜建设大型水体。

(6) 根据工程勘察资料,项目区下方分布着多层稳定的粉质黏土,粉质黏土分布在第四系顶砾孔隙含水层上面,粉质黏土属相对隔水层,隔水效果一般。考虑煤层开采地表变形影响,为安全起见,对拟建大水面作防渗处理,堤坝应采取宽体抗变形措施。

（7）项目区可采煤层多、开采年限长，采动影响具有阶段性、重复性和累积性，大部分区域最终损坏等级均达到Ⅳ级，工程建设时，应根据受影响程度因地制宜安排工程。小于Ⅱ级损坏（含Ⅱ级损坏）变形区域，采取合适的抗变形结构技术措施后，建设小型低层钢结构设施是可行的；大于Ⅱ级损坏变形区域，采取加强性抗变形技术措施或采取沉降变形可调整措施后，建设小型低层钢结构设施是可行的。

（8）由于地表受到不同程度的开采影响，下沉影响场地和路面的平整、场地和道路的硬化，可选用抗变形能力强、适应性好、可维修的连锁块硬化方式建设。

（9）陆域景观由于受到下沉影响，应根据井下开采计划、地表动态变形程度，采取分层预填高的方式建设，对陆域景观分阶段进行构建和维护。

2）建议

（1）为了安全起见，建议在蓄水区周围施工潜水位水文监测孔，连续监测记录蓄水区潜水位变化情况。

（2）建议深部开采区域，对地面裂缝深度进行探测，以便掌握符合邢东矿地质条件的地表破坏规律。

附录B 【高端访谈】张古江：开启经济强市美丽邢台建设新征程

2016-12-27 06:01:23 来源:河北新闻网

河北日报记者:张永利、高志顺、李文亮

奋发进取走好新路 开启经济强市美丽邢台建设新征程
——访邢台市委书记张古江

记者:您在市委常委(扩大)会议上特别强调,走好加快转型、绿色发展、跨越提升新路是邢台跨越赶超、加速崛起的捷径,怎么理解"捷径"这个说法?

张古江:毋庸讳言,邢台目前仍属于经济欠发达地区,与全省、全国一道进入小康社会,差距不小、短板不少。如果还是按部就班地发展,还是沿着传统的路径发展,邢台(与其他地区)的差距只会越拉越大。

我们要想抢抓新机遇、展现新作为,必须更加坚定地走加快转型、绿色发展、跨越提升的新路,因为只有这条路才更加符合"四个加快""六个扎实"的要求,只有这条路才更加符合稳中求进工作总基调,只有这条路才更加符合人民群众对美好生活的新期待。比如,我们可以将去产能与培育发展新动能结合起来,通过去产能为新动能腾出更多的环境容量,加快转型升级步伐;我们可以将承接京津产业转移与提升城市品位相结合,加快建设邢东新区这一战略平台,使邢台在京津冀这一世界级城市群中有一席之地;我们可以立足于太行山丰富的旅游资源,蹚出一条"生态优先、绿色发展、共同富裕"的路子;我们还可以将水生态的恢复保护与提高防灾抗灾减灾能力相结合,狠抓一批功在当代、利在千秋的大型水利工程建设,让城市更加安全宜居。

我相信,只要我们坚定地走加快转型、绿色发展、跨越提升这条新路,邢台就一定能够步入发展的快车道,最终实现弯道取直、跨越赶超。

记者:面对京津冀协同发展的历史机遇,省第九次党代会报告里特别提到要大力推进重大承接平台建设,打造发展战略支点,邢台重点打造了邢东新区这个产业承接平台,请问今后邢东新区将如何加快发展?

张古江:邢东新区于今年(2016年)1月得到省政府批准,上升为省级战略,被定位为转型升级及产城融合示范区、先进装备制造业基地、新能源产业基地、新兴业态孵化基地,并获批成为国家产业转型升级示范区。今年,我们重点启动了4.5 km² 的起步区建设,谋划了总投资超160亿元的高铁综合交通枢纽、中央生态公园等一批重点工程项目,部分项目启动实施,起步区建设势头迅猛。为破解园区建设资金和招商难题,我们积极引进了一批战略投资者和专业运营商,特别是与华夏幸福基业就共建产业新城正式签约,新区建设驶入了快车道。

下一步,我们将立足于京津冀协同发展战略,坚持绿色化、高端化、集约化、国际化标准,着力推动一批重大基础设施和重大产业支撑项目,力争"一年起好步、两年出形象、三年成规模",到2020年实现新区跨越式发展,生产总值达到380亿元,财政收入超过50亿元,将邢东新区打造成为全市经济发展新的增长极、承接京津产业转移和科技成果转化的主平台。

记者:今后五年,全省将压减炼钢产能4 913万t、煤炭产能5 103万t,邢台是全省唯一一个兼有所有去产能任务的设区市,去产能任务艰巨。这个"硬骨头"怎么啃? 今年在打好去产能硬仗的同时,邢台实现了经济发展稳中有进、回升向好,邢台是如何做到这一点的?

张古江:我们深刻地认识到,去产能是转型升级的必由之路和关键一招,是绕不过、躲不开的关口,必须有壮士断腕的决心才能抓好。因此,我们坚持"坚决去、主动调、加快转",力争早去、快去、多去,全力打好化解过剩产能攻坚战。今年,我市共压减炼铁产能76万t、炼钢产能132万t、煤炭产能234万t,均完成了省定任务。对省里没有下达任务的玻璃行业,我们也积极推动,年内可压减1 919万重量箱。明年(2017年)是全省"6643"计划的收官之年,也是去产能工作最为较劲的一年,我们将认真贯彻落实全省领导干部会议要求,抓紧一季度、主攻上半年,确保在党的十九大之前完成全部任务。

面对去产能的巨大压力和各方面挑战,前11个月,邢台实现了经济的稳中有进、回升向好,主要指标增速均高于全省平均增速,为近年来最好态势。这主要得益于我们在做好去产能"减法"的同时,更加注重做好"加法",着力培育新的增长点,确保发展不失速。我们坚持以战略性新兴产业培强新动能,大力发展先进装备制造、汽车及新能源汽车、新能源新材料、节能环保和现代服务业、现代农业,积极培育生命健康和电子信息产业,使战略性新兴产业方兴未艾,有的已经挑起大梁。同时,注重对传统产业的改造升级,瞄准传统产业的中高端水平,通过引进大企业、争上大项目,解决"多的不好、好的不多"的问题,促进了产业水平的整体提升。

记者:小康不小康、关键看老乡。邢台作为全省脱贫攻坚工作重点区域之一,有扶贫重点县10个、贫困人口32.85万,脱贫攻坚任务艰巨,如何才能打赢这场精准脱贫攻坚战?

张古江:人民群众对美好生活的向往,就是我们的奋斗目标。实现贫困人口稳定脱贫,关系全面建成小康社会目标的顺利实现,我们坚持把脱贫攻坚作为头等大事和第一号民生工程来抓,坚决贯彻中央和省委、省政府战略部署,大力实施精准脱贫攻坚年活动,到年底将实现内丘、临西、任县、南和4个县脱贫摘帽,12.1万贫困人口稳定脱贫目标。

下一步,我们要从以下四个方面做起:一是抓组织领导,确保责任上肩。贫困县党委、政府必须承担起脱贫攻坚的主体责任,县委书记、县长要以高度的政治自觉担负起脱贫攻坚第一责任人的责任。二是抓产业扶贫,确保群众增收。重点围绕特色种植、特色养殖、家庭手工业、光伏扶贫、电商扶贫和旅游服务六大业态,探索推行"资金入股""农户贷""资产收益""土地流转""培训就业""光伏+电商"六种产业扶贫模式,为每个贫困家庭培育一项稳定增收项目,帮助贫困人口实现持续增收、稳定脱贫。三是抓基础设施,确保硬件达标。充分利用好财政涉农整合资金、新增债券资金和平台融资等资金,加快所有贫困村通动力电、通自来水、危房改造等基础设施建设工作,进一步改善贫困村群众生活条件。四是抓政策落实,确保应享尽享。我们要把低保兜底、医疗救助、教育扶持等一系列脱贫攻坚政策不折不扣地落实好,确保贫困群众该享受的政策不落一项、不落一人。

记者:环境就是民生、青山就是美丽、蓝天也是幸福。邢台市生态环境特别是大气环境质量不容乐观,想必您的压力也很大。在这方面邢台将有哪些硬措施?

张古江:众所周知,环境问题当前已经成为邢台的一个社会焦点、民生痛点、工作难点。治理生态环境,让邢台大地尽快展现天蓝、地绿、水秀的美好景象,既是当务之急,也是百年大计。在这方面,我们的压力确实非常大,但是我们有信心、有力量来完成这项艰巨使命,打赢环境治理的攻坚战、持久战,走好生态优先、绿色发展之路。

要大力实施蓝天行动,坚持压能、减煤、治企、控车、抑尘、禁烧等重点工作统筹抓,加快推进"气化邢台""集中供热县县全覆盖"等工作,铁腕治霾、利剑斩污,争取早日摘掉重污染城市的"黑帽子"。

要大力实施碧水行动,以水生态文明城市建设试点为载体,全面推行河长制,着力抓好地下水超采综合治理、重点河流水生态保护修复、饮用水水源地安全防护、重大水利项目等工程,特别是要抓好生态湿地建设,不断优化全市水生态环境。

要大力实施增绿行动,以创建国家森林城市为抓手,坚决打好太行山绿化三年攻坚战,把邢台打造成为名副其实的"太行山最绿的地方"。开展以创建全国文明城市为牵总,以创建国家园林城市、国家森林城市、国家水生态文明城市、国家环保模范城市、国家卫生城市为支撑的"六城同创"活动,打造生态宜居的城市环境。